教育部高等学校生物医学工程类专业教学指导委员会规划教材
生物医学工程实践教学联盟规划教材

医用 FPGA 开发

——基于 Xilinx 和 VHDL

但 果 冯博华 主 编

董 磊 张利民 黄荣祯 副主编

U0304009

电子工业出版社

Publishing House of Electronics Industry

北京 · BEIJING

内 容 简 介

本书以 FPGA 高级开发系统为平台，共安排 17 个实验，其中前 12 个实验为 FPGA 基础实验，后 5 个实验为医疗电子专业实验。所有实验均详细介绍了实验内容、实验原理，并且都有详细的步骤和源代码，以确保读者能够顺利完成。每章的最后都安排了一个任务，作为本章实验的延伸和拓展。本书中的程序均按照《VHDL 语言程序设计规范》（LY-STD009—2019）编写。所有实验均基于模块化设计，以便于将模块应用在不同的项目和产品中。

本书配有丰富的资料包，包括 FPGA 高级开发系统原理图、例程、软件包、硬件包，以及配套的 PPT、视频等。这些资料会持续更新，下载链接可通过微信公众号"卓越工程师培养系列"获取。

本书既可以作为高等院校相关课程的教材，也可以作为 FPGA 系统设计及相关行业工程技术人员的参考书。

图书在版编目（CIP）数据

医用 FPGA 开发：基于 Xilinx 和 VHDL / 但果，冯博华主编. —北京：电子工业出版社，2021.12
ISBN 978-7-121-38026-6

Ⅰ. ①医…　Ⅱ. ①但…　②冯…　Ⅲ. ①可编程序逻辑器件—系统开发　Ⅳ. ①TP332.1

中国版本图书馆 CIP 数据核字（2021）第 270227 号

责任编辑：张小乐　　文字编辑：曹　旭
印　　刷：三河市鑫金马印装有限公司
装　　订：三河市鑫金马印装有限公司
出版发行：电子工业出版社
　　　　　北京市海淀区万寿路 173 信箱　　邮编：100036
开　　本：787×1092　1/16　印张：18.5　字数：485 千字
版　　次：2021 年 12 月第 1 版
印　　次：2021 年 12 月第 1 次印刷
定　　价：65.00 元

凡所购买电子工业出版社图书有缺损问题，请向购买书店调换。若书店售缺，请与本社发行部联系，联系及邮购电话：（010）88254888，88258888。

质量投诉请发邮件至 zlts@phei.com.cn，盗版侵权举报请发邮件至 dbqq@phei.com.cn。

本书咨询联系方式：（010）88254462，zhxl@phei.com.cn。

前　言

FPGA 系统设计是高等学校生物医学工程、医疗器械工程、康复工程等专业的核心课程，学生既要掌握 FPGA 设计的基本技能，还要将这些技能熟练应用于医用电子技术领域。要想成为一名优秀的医用电子系统设计工程师，还需要进一步掌握软硬件联合调试的技能，具备模块化设计思想，能够从宏观角度进行系统架构设计，并灵活地将各种技术规范融入设计中。

"耳闻之不如目见之，目见之不如足践之，足践之不如手辨之。"实践决定认识，是认识的源泉和动力，也是认识的目的和归宿。而当今的高等院校工科生，最缺乏的就是实践，没有大量的实践，就很难对某一个问题进行深入剖析和思考，当然，也就谈不上真才实学，毕竟"实践，是个伟大的揭发者，它暴露一切欺人和自欺"。在科学技术日新月异的今天，卓越工程师的培养必须配以高强度的实训。

本书是一本介绍 Xilinx Spartan-6 系列 FPGA 设计的书，严格意义上讲，本书也是一本实训手册。本书以 FPGA 高级开发系统为平台，共安排 17 个实验，其中前 12 个实验为 FPGA 基础实验，后 5 个实验为医疗电子专业实验。所有实验均详细介绍了实验内容、实验原理，并且都有详细的实验步骤和源代码，以确保读者能够顺利完成。每章的最后都安排了一个任务，作为本章实验的延伸和拓展。

目前主流 FPGA 的功能非常强大，想要掌握其知识点，必须花费大量的时间和精力熟悉 FPGA 的集成开发环境、程序下载工具、仿真综合工具等。为了减轻初学者查找资料和熟悉开发工具的负担，能够将更多的精力聚集在实践环节，快速入门，本书将每个实验涉及的知识点汇总在"实验原理"中，将 FPGA 集成开发环境、程序下载工具、仿真综合工具等的使用方法穿插于各章节中。这样，读者就可以通过本书和 FPGA 高级开发系统，秉承"勇于实践+深入思考"的思想，轻松踏上学习 FPGA 之路，在实践过程中不知不觉地掌握各种知识和技能。

本书的特点如下：

第一，以 FPGA 高级开发系统为实践载体，主要考虑到 Xilinx 是目前市面上使用最为广泛的 FPGA 芯片厂商之一，且该系列的 FPGA 芯片具有成本低、使用成熟、逻辑规模小、配套资料多、开发板种类多等优势，FPGA 选取 XC6SLX16 芯片。

第二，详细介绍 17 个实验所涉及的知识点，未涉及的内容尽量不予介绍，以便于初学者快速掌握 FPGA 系统设计的核心要点。

第三，将各种规范贯穿于整个 FPGA 系统设计过程中，如 ISE 开发环境参数设置、工程和文件命名规范、版本规范、软件设计规范等。

第四，所有实验严格按照统一的工程架构设计，每个子模块按照统一标准设计。

第五，配有丰富的资料包，包括 FPGA 高级开发系统原理图、例程、软件包、硬件包，以及配套的 PPT、视频等，这些资料会持续更新，下载链接可通过微信公众号"卓越工程师培养系列"获取。

本书中的程序严格按照《VHDL 语言程序设计规范》（LY-STD009—2019）编写。设计规范要求每个模块的实现必须有清晰的模块信息，模块信息包括模块名称、模块摘要、当前版本、模块作者、完成日期、模块内容和注意事项。

但果和冯博华对本书的编写思路与大纲进行了总体策划，指导全书的编写，并参与了部分章节编写。董磊、张利民、黄荣祯、彭芷晴完成统稿工作，并参与了例程设计和部分章节的编写；黄荣祯和刘宇林在例程优化和文本校对中做了大量的工作。书中涉及的实验基于深圳市乐育科技有限公司的LY-SPTN6M 型 FPGA 高级开发系统，该公司提供了充分的技术支持；本书的出版还得到了电子工业出版社的鼎力支持，张小乐编辑为本书的顺利出版做了大量的工作，在此一并致以衷心的感谢！

由于编者水平有限，书中难免有不成熟和错误的地方，恳请读者批评指正。读者反馈发现的问题、获取相关资料或遇实验平台技术问题，可发邮件至深圳市乐育科技有限公司官方邮箱：ExcEngineer@163.com。

编　者

2021 年 10 月

目　录

第 1 章　FPGA 和开发环境

1.1　FPGA 基础概念

1.1.1　什么是 FPGA

FPGA 是 Field Programmable Gate Array 的英文缩写，中文名称为现场可编程门阵列，是一种可编程器件，即 FPGA 是一堆逻辑门电路的组合，不仅可以编程，还可以重复编程。可将 FPGA 比作一个乐高积木资源库，里面有很多零件，可以根据图纸将这些零件组合，搭建出各种各样的模型。或者将 FPGA 比作一块橡皮泥，什么硬件电路都可以设计，想将这块橡皮泥捏成什么样子都可以，若不满意，则可以重来，即可重复编程。

FPGA 的优点有：①FPGA 由逻辑单元、RAM、乘法器等硬件资源组成，通过将这些硬件资源合理组织，可实现乘法器、寄存器、地址发生器等硬件电路；②FPGA 可通过使用框图或硬件描述语言来设计，从简单的门电路到 FIR 或 FFT 电路都可以；③FPGA 可无限次地重复编程，加载一个新的设计方案只需几百毫秒，利用重配置可以减少硬件的开销；④FPGA 的工作频率由 FPGA 芯片及设计决定，可以通过修改设计或更换速度更快的芯片来达到特定的要求，不过工作频率也不是可以无限制地提高的，会受当前的 IC 工艺等因素制约。

FPGA 的缺点有：①FPGA 的所有功能均依靠硬件实现，无法实现分支条件跳转等操作；②FPGA 只能实现定点运算。

FPGA 的工作原理：由于 FPGA 需要被反复下载，所以它需要采用一种易于反复配置的结构，查找表（Look-Up-Table，LUT）可以很好地满足该要求。目前，主流 FPGA 都采用了基于 SDRAM 工艺的查找表结构，也有一些军品和宇航级 FPGA 采用 Flash 或熔丝与反熔丝工艺的查找表结构。通过下载文件改变查找表内容的方法可以实现对 FPGA 的重复配置。

由于 FPGA 是由存放在片内的 RAM 设置其工作状态的，因此工作时需要对片内 RAM 进行编程。用户可根据不同的配置模式，采用不同的编程方式。FPGA 有以下几种配置模式。

（1）并行模式：并行 PROM、Flash 配置 FPGA。

（2）主从模式：一片 PROM 配置多片 FPGA。

（3）串行模式：串行 PROM 配置 FPGA。

（4）外设模式：将 FPGA 作为微处理器的外设，由微处理器对其编程。

目前，FPGA 市场占有率最大的两家公司 Xilinx 和 Altera 生产的 FPGA 都是基于 SRAM 工艺的，在使用时需要外接一个片外存储器以保存程序。上电时，FPGA 将外部存储器中的数据读入片内 RAM，完成配置后，进入工作状态；掉电后，FPGA 恢复为白片，内部逻辑消失。这样，FPGA 不仅能反复使用，还不需要专门的 FPGA 编程器，只需要通用的 EPROM、PROM 编程器即可。Xilinx、Altera 公司还提供反熔丝技术的 FPGA，只能下载一次，具有抗辐射、耐高/低温、低功耗和速度快等优点，在军品和航空航天领域中应用较多，但这种 FPGA 不能重复擦写，开发初期比较麻烦，价格也比较昂贵。

FPGA 的应用场景有：①通信领域，从开始到现在，FPGA 应用最广的领域就是通信领域，一方面通信领域需要高速的通信协议处理方式，另一方面通信协议随时在修改，非常不适合做成专门的芯片。因此能够灵活改变功能的 FPGA 就成为了首选，到目前为止，FPGA 一半以上的应用集中在通信领域。②数字信号处理，FPGA 可用于信号处理，包括图像处理、雷达信号处理、医学信号处理等，优势是实时性好。③嵌入式领域，随着生产和消费领域对嵌入式系统高可靠性、小体积、低功耗要求的不断提高，使 FPGA 应用于嵌入式系统设计日显必要；同时，随着现代计算机技术的高速发展，专业的软硬件协同设计工具日渐成熟易用，为 FPGA 在嵌入式系统设计中的应用提供了技术上的支持。④安防监控领域，安防监控领域的视频编码、解码等协议在前端数据采集和逻辑控制的过程中可以利用 FPGA 处理。⑤工业自动化领域，FPGA 可以做到多通道的电动机控制，目前电动机电力消耗是全球能源消耗的大头，在节能环保的趋势下，未来各类精准控制电动机仅需一片 FPGA 就可以实现对大量电动机的控制。

FPGA 设计不是简单的芯片研究，而是利用 FPGA 的模式进行其他行业产品的设计。随着信息产业和微电子技术的发展，FPGA 技术已经成为信息产业最热门的技术之一，应用范围遍及航空航天、汽车、医疗、广播、测试测量、消费电子、工业控制等热门领域，并随着工艺的进步和技术的发展，从各个角度开始渗透到生活当中。

1.1.2　FPGA 的基本结构

FPGA 主要由 6 部分组成：可编程输入/输出单元、基本可编程逻辑单元、完整的时钟管理模块、嵌入式块 RAM、丰富的布线资源和底层嵌入式功能单元。

1. 可编程输入/输出单元（IOB）

可编程输入/输出单元简称 I/O 单元，是芯片与外界电路的接口部分，目前大多数 FPGA 的 I/O 单元被设计为可编程模式，即通过软件的灵活配置，适应不同的电器标准与 I/O 物理特性。

2. 基本可编程逻辑单元（CLB）

FPGA 的基本可编程逻辑单元是由查找表（LUT）和寄存器（Register）组成的，查找表完成纯组合逻辑功能。FPGA 可编程的特性决定了只能采用一种可以重复配置的结构来实现数字逻辑，而查找表可以很好地满足这一要求，目前主流的 FPGA 芯片便是基于 SRAM 工艺的查找表结构。

查找表本质上就是一个 RAM。目前 FPGA 内部多使用 4 输入的 LUT，每个 LUT 可以看成一个有 4 位地址线的 RAM。当用户通过原理图或硬件描述语言设计一个逻辑电路时，FPGA 开发软件会自动计算逻辑电路的所有可能结果，并把真值表（结果）事先写入 RAM 中。这样，每输入一个信号进行逻辑运算就等于输入一个地址进行查找表操作，通过地址找到对应的 RAM 中的结果，然后将其输出。

寄存器用于完成同步时序逻辑功能，FPGA 内部寄存器可配置为带同步/异步复位和置位及时钟使能的触发器，也可以配置为锁存器等。通常基本可编程逻辑单元的配置是一个寄存器加一个查找表，查找表和寄存器的组合方式不同，是各个 FPGA 家族之间区别的重要依据，并且查找表本身的结构也可能各不相同。

3. 完整的时钟管理模块

FPGA 器件的时钟信号源通常来自外部，如使用晶体振荡器（简称晶振）产生时钟信号。一些规模较大的 FPGA 器件内部会有可以对时钟信号进行倍频或分频的专用时钟管理模块，如锁相环（Phase Locked Loop，PLL）或延迟锁相环（Delay Locked Loop，DLL）。在实际应用中，FPGA 器件内部使用的时钟信号往往不只提供给单个寄存器使用，成百上千甚至更多的寄存器很可能共用一个时钟源，那么从时钟源到不同寄存器间的时延也可能存在较大偏差（通常称为时钟网络时延）。为此，FPGA 器件内部设计了一些称为"全局时钟网络"的走线池。通过这种专用时钟网络走线，同一时钟到达不同寄存器的时间差可以被控制在很小的范围内。

4．嵌入式块 RAM

大多数 FPGA 都具有内嵌的块 RAM，这大大拓展了 FPGA 的应用范围和提高了灵活性。块 RAM 可被配置为单端口 RAM、双端口 RAM、内容地址存储器（CAM）及 FIFO 等常用存储结构。在实际应用中，芯片内部块 RAM 的数量也是选择芯片的一个重要因素。

5．丰富的布线资源

布线资源连通 FPGA 内部的所有单元，而连线的长度和工艺决定着信号在连线上的驱动能力和传输速度。FPGA 芯片内部有着丰富的布线资源，根据工艺、长度、宽度和分布位置的不同，布线资源可划分为 4 类：全局资源、长线资源、短线资源及分布式资源。

在实际中不需要直接选择布线资源，布局布线器可自动根据输入逻辑网表的拓扑结构和约束条件选择布线资源，以连通各个模块单元。

6．底层嵌入式功能单元

底层嵌入式功能单元是指通用程度较高的嵌入式功能模块。例如，能够实现时钟倍频和分频、调整占空比和移相的 PLL、DLL、DSP（Digital Signal Processing，数字信号处理）、乘法器和 CPU 等。另外，部分 FPGA 还具有一些比底层嵌入式功能单元处理能力更强大的功能模块，这些模块被称为内嵌专用硬核，其性能等效于 ASIC。

1.1.3　FPGA 与 ASIC 之间的关系

FPGA 是一个可以通过编程来改变内部结构的芯片。ASIC 是针对某一项功能的专用集成电路芯片，通常是厂商在确定市场需求量比较大的情况下，为了降低成本而把比较成熟的功能集中在一颗芯片中，执行已经确定的一些应用，优点是便宜、专用。若把 FPGA 看作可以搭建出各种模型的乐高积木，那么 ASIC 就是现成的玩具模型，如小汽车、城堡、轮船等，这些都是玩具厂商做好的，买了小汽车后，若想要轮船，那就只能再买了。若把 FPGA 看作可以捏成各种形状的橡皮泥，那么 ASIC 就是一件成型的雕塑品，要雕成一个成品，往往要浪费很多半成品和原料，这就是 ASIC 的制造。

因为 ASIC 只是针对某一项功能做的专用芯片，如果要完成其他的功能就还得另外做一个专用 ASIC，但是 ASIC 设计流程复杂、生产良率低、设计周期长、研发制造费用高，需要非常高的时间成本和人力成本。FPGA 可以解决上述问题，FPGA 内部有丰富的触发器和 I/O 引脚，可以采用 FPGA 设计全定制或半定制 ASIC 的中试样片，FPGA 是 ASIC 电路中设计周期最短、开发费用最低、风险最小的器件之一。

1.1.4　FPGA、CPU 与 DSP 之间的关系

应用不同，所采用的解决方案也会不同，在大规模数字芯片中比较典型的技术主要有 FPGA、CPU、DSP 等。

CPU 是 Central Processing Unit 的英文缩写，中文名称为中央处理器。在计算机体系结构中，CPU 是对计算机的所有硬件资源（如存储器、输入/输出单元）进行控制调配、执行通用

运算的核心硬件单元。CPU 是计算机的运算和控制核心。计算机系统中所有软件层的操作，最终都将通过指令集映射为 CPU 的操作。CPU 是具有冯·诺依曼结构的固定电路，这种结构擅长做指令调度，因此它可以运行软件，即软件可编程。而 FPGA 逻辑电路结构是可变的，是可以随时定义的，它可以通过硬件描述语言实现任何电路，当然也可以变成一个 CPU。因为逻辑电路结构不同，因此运行方式也不同：CPU 是串行地执行一系列指令，而 FPGA 可以实现并行操作，就像在一个芯片中嵌入多个 CPU，其性能会是单个 CPU 的十倍、百倍。通常 CPU 可以实现的功能，都可以用硬件的方法由 FPGA 来实现。

当然，FPGA 并不是要替代 CPU。大部分的重要任务都由 CPU 处理，FPGA 则可以处理很多重复、简单的工作。即当要实现极其复杂的算法时，单纯用硬件实现会比较困难，资源消耗也很大，但可以对一个复杂系统进行合理划分，由 CPU 和 FPGA 合作完成会非常高效地实现系统功能。

DSP 是 Digital Signal Processor 的英文缩写，中文名称为数字信号处理器，是一种独特的微处理器，是以数字信号来处理大量信息的器件。其工作原理是接收模拟信号，转换为 0 或 1 的数字信号，再对数字信号进行修改、删除、强化，并在其他系统芯片中把数字数据转换为模拟数据或实际环境格式。它不仅具有可编程性，还具有高实时运行速度，每秒可处理千万条复杂指令程序，远远超过通用微处理器，强大数据处理能力和高运行速度是它的两大特点。DSP 芯片的内部采用程序和数据分开的哈佛结构，具有专门的硬件乘法器，广泛采用流水线操作，提供特殊的 DSP 指令，可以用来快速地实现各种数字信号处理算法。DSP 的优点是灵活、由软件控制的可编程、支持大规模的乘/除法运算，缺点与 CPU 一样，运行方式为串行处理，无论做多少事情，都要排队完成。与 CPU 一样，DSP 也可以用 FPGA 来构建乘、除法单元，然后做出几个 DSP，而且这些 DSP 可以并行工作，与此同时还可以利用 FPGA 内部未用的资源做其他辅助功能。FPGA 和 DSP 也各有优势和不足，对于复杂的系统，可以采取 FPGA 和 DSP 分工合作的方式来完成，通常 DSP 用于运算密集型，FPGA 用于控制密集型，可以用 DSP 实现算法，用 FPGA 作外围控制电路。

CPU 支持操作系统管理，处理能力更强；FPGA 是可编程逻辑器件，侧重时序，可构建从小型到大型的几乎所有数字电路系统；DSP 主要完成复杂的数字信号处理。一个复杂系统可以由 CPU、FPGA 和 DSP 中的一种或几种构成，相辅相成。

1.1.5　VHDL 与 Verilog HDL

HDL 是 Hardware Description Language 的英文缩写，中文名称为硬件描述语言，是一种用形式化方法来描述数字电路和系统的语言。硬件描述语言应用于设计的各个阶段：建模、仿真、验证、综合等。在 20 世纪 80 年代，已出现了上百种硬件描述语言，对设计自动化起到了极大的促进和推动作用。但是这些语言一般各自面向特定的设计领域和层次，而且众多的语言使用户无所适从。因此，急需一种面向设计的多领域、多层次并得到普遍认同的标准硬件描述语言。20 世纪 80 年代后期，VHDL 和 Verilog HDL 语言适应了这种趋势的要求，先后成为 IEEE 标准。VHDL 最初是由美国国防部开发出来的，美军用它来提高设计的可靠性和缩减开发周期，VHDL 当时还是一种使用范围较小的设计语言。在 1987 年年底，VHDL 被 IEEE 和美国国防部确认为标准硬件描述语言。Verilog HDL 由 Gateway Design Automation 公司（该公司于 1989 年被 Cadence 公司收购）开发，在 1995 年成为 IEEE 标准。

VHDL 和 Verilog HDL 作为描述硬件电路设计的语言，共同特点在于能形式化地抽象表示电路的行为和结构；支持逻辑设计中层次与范围的描述；可借用高级语言的精巧结构来简化电路行为的描述；具有电路仿真与验证机制，以保证设计的正确性；支持电路描述由高层到低层的综合转换；独立于器件的设计，与工艺无关；便于文档管理；易于共享和复用。

但是，VHDL 和 Verilog HDL 又有各自的特点，与 Verilog HDL 相比，VHDL 的语法更严谨，可通过 EDA 工具进行自动语法检查，易于排除许多设计中由于疏忽产生的问题；VHDL 有很好的行为级描述能力和一定的系统级描述能力，Verilog HDL 在建模时，行为与系统级抽象及相关描述能力不及 VHDL。不过 VHDL 代码比较冗长，在进行相同的逻辑功能描述时，Verilog HDL 的代码量比 VHDL 少很多；由于 VHDL 对数据类型匹配要求过于严格，初学时会感到不太方便，编程所需时间也比较长，而 Verilog HDL 支持自动类型转换，初学者容易入门；Verilog HDL 的最大特点是易学易用，如果有 C 语言的编程经验，那么可以很快地学习和掌握 Verilog HDL，相比之下，对 VHDL 的学习要困难些；VHDL 对版图级、管子级这些较为底层的描述几乎不支持，无法直接用于集成电路底层建模。

无论如何，语言只是 FPGA 开发的一个工具或手段，在精通一门语言的同时，还可以熟练使用另一门语言，这样才可以更好地使语言服务于开发设计工作。

1.1.6　Xilinx 与 Altera

现今知名的 FPGA 厂商主要有 Xilinx、Altera 及 Lattice，Xilinx 和 Altera 的产品占据了市场 90% 的份额，其中 Xilinx 的产品更是占据了超过 50% 的市场份额。在欧洲，Xilinx 深入人心；在亚太地区，Altera 的产品则得到了大部分工程技术人员的喜爱；在美国，二者平分秋色，不分上下。

Xilinx 公司成立于 1984 年，总部在加利福尼亚州圣何塞市。Xilinx 首创了具有创新性的现场可编程逻辑阵列技术，并于 1985 年首次推出商业化产品。ISE 是 Xilinx FPGA 和 CPLD 产品集成开发的工具，简便易用的内置式工具和向导使 I/O 分配、功耗分析、时序驱动和 HDL 仿真变得快速而直观。另外，从 2013 年 10 月起 ISE 系列开发软件不再更新，而是替换为 Vivado 系列的开发软件。Vivado 设计套件是 Xilinx 面向未来 10 年的 "All-Programmable" 器件打造的开发工具，Vivado 设计套件包括高度集成的设计环境和新一代从系统到 IC 级的开发工具，这些均建立在共享的可扩展数据模型和通用调试环境的基础上。Xilinx 有两大类 FPGA 产品：Spartan 类和 Virtex 类，这两类产品的差异仅限于芯片的规模和专用模块的差别，它们都采用了先进的 0.13μm、90nm 甚至 65nm 制造工艺，都具有卓越的品质。Spartan 系列主要面向低成本的中低端应用，是目前业界成本最低的一类 FPGA，目前最新器件为 Spartan-7，为 28nm 工艺，Spartan-6 是 45nm 工艺，该系列器件价格实惠，逻辑规模相对较小。Virtex 系列主要面向高端应用，属于业界的顶级产品。

Altera 公司于 1983 年成立，总部在美国加利福尼亚州，在 2015 年被 Intel 以 167 亿美元收购。Quartus II 软件和 MAX+PLUS II 软件是具有编译、仿真和编程功能的 Altera 工具，MAX+PLUS II 和 Quartus II 提供了一种与结构无关的设计环境，设计人员不需要精通器件的内部结构，只需要运用自己熟悉的输入工具（如原理图输入或高级行为描述语言）进行设计，就可以通过 MAX+PLUS II 和 Quartus II 把这些设计转换为最终结构所需要的格式。有关结构的详细知识已装入开发工具软件，设计人员不需要手动优化自己的设计，因此设计速度非常快。Altera 的主流 FPGA 分为两类，一类侧重于低成本应用，容量中等，性能可以满足一般的逻辑设计要求，如 Cyclone，Cyclone II；另一类侧重于高性能应用，容量大，性能可以满足各类高端应用，如 Startix，Stratix II 等。

1.2　FPGA 开发流程

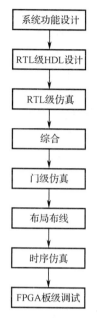

图 1-1　FPGA 开发流程

FPGA 开发流程如图 1-1 所示，首先进行系统功能设计，其次通过 VHDL/Verilog HDL 硬件描述语言进行 RTL 级 HDL 设计，再次进行 RTL 级仿真、综合、门级仿真、布局布线和时序仿真等，最后生成下载配置文件，下载到 FPGA 中进行板级调试。

（1）系统功能设计。在系统功能设计之前，首先要进行方案论证、系统设计和 FPGA 芯片选型等准备工作。通常采用自顶向下的设计方法，把系统分成若干个基本模块，再把每个基本模块细分。

（2）RTL 级 HDL 设计。RTL 级 HDL 设计是指不关注寄存器和组合逻辑的细节（如使用了多少个逻辑门、逻辑门的连接拓扑结构等），描述数据在寄存器之间的流动及处理、控制这些数据流动的模型的 HDL 设计方法。RTL 级比门级设计更抽象，同时也更简单高效。RTL 级设计的最大特点是可以直接用综合工具将其综合为门级网表，其中 RTL 级设计直接决定系统的功能和效率。

（3）RTL 级仿真。RTL 级仿真也称为功能（行为）仿真，或者综合前仿真，是在编译之前对用户所设计的电路进行的逻辑功能验证，此时的仿真没有延迟信息，仅对初步的功能进行检测。仿真前，要先利用波形编辑器和 HDL 等建立波形文件和测试向量（将所关心的输入信号组合成序列），仿真结果将会生成报告文件和输出信号波形，从中可观察各个节点信号的变化。虽然仿真不是必要步骤，但却是系统设计中最关键的一步。为了提高功能仿真的效率，需要建立测试平台，其测试激励通常使用行为级 HDL 语言描述。

（4）综合。综合就是将较高级抽象层次的描述转化成较低级抽象层次的描述。综合优化根据目标与要求优化所生成的逻辑连接，使层次设计平面化，供 FPGA 布局布线软件进行实现。从目前的层次来看，综合优化是指将设计输入编译成由与门、或门、非门、RAM、触发器等基本逻辑单元组成的逻辑连接网表，而并非真实的门级电路。真实具体的门级电路需要利用 FPGA 制造商的布局布线功能，根据综合后生成的标准门级结构网表来产生。

（5）门级仿真。门级仿真也称为综合后仿真，综合后仿真检查综合结果是否和原设计一致。在仿真时，把综合生成的标准延迟文件反标注到综合仿真模型中去，可估计门延迟带来的影响。但该步骤不能估计线延迟，因此和布线后的实际情况相比还有一定的差距，并不十分准确。目前的综合工具较为成熟，对于一般的设计可以省略这步，但如果在布局布线后发现电路结构和设计意图不符，则需要回溯综合后仿真来确认问题所在。

（6）布局布线。将综合生成的逻辑网表配置到具体的 FPGA 芯片上，将工程的逻辑和时序与器件的可用资源匹配。布局布线是最重要的过程，布局将逻辑网表中的硬件原语和底层单元合理地配置到芯片内部的固有硬件结构上，并且往往需要在速度最优和面积最优之间进行选择。布线根据布局的拓扑结构，利用芯片内部的各种连线资源，合理正确地连接各个元件；也可以简单地将布局布线理解为对 FPGA 内部查找表和寄存器资源的合理配置，布局可以被理解为挑选可实现设计网表的最优资源组合，布线就是将这些查找表和寄存器资源以最优的方式连接起来。FPGA 的结构非常复杂，特别是在有时序约束条件时，需要利用时序驱动的引擎进行布局布线。布线结束后，软件工具会自动生成报告，提供有关设计中各部分资源的使用情况。由于只有 FPGA 芯片生产商对芯片结构最了解，所以布局布线必须选择芯片开发商提供的工具。

（7）时序仿真。时序仿真是指将布局布线的延迟信息反标注到设计网表中来检测有无时序违规（即不满足时序约束条件或器件固有的时序规则，如建立时间、保持时间等）现象。时序仿真包含的延迟信息最全，也最精确，能较好地反映芯片的实际工作情况。由于不同芯片的内部延迟不同，不同的布局布线方案也给延迟带来不同的影响。因此在布局布线后，对系统和各个模块进行时序仿真、分析时序关系、估计系统性能，以及检查和消除竞争冒险是非常有必要的。

（8）FPGA 板级调试。调试时，通过编程器将布局布线后的配置文件下载到 FPGA 中，对 FPGA 硬件进行编程。

1.3　XC6SLX16 芯片介绍

1.3.1　Spartan-6 系列介绍

Spartan-6 FPGA 为 Xilinx 的低成本、低功耗 FPGA。Spartan-6 系列拥有 13 个成员，提供了从 3840 到 147443 逻辑单元的扩展密度，其功耗仅为以前 Spartan 系列产品的一半，并且连接速度更快，功能更全面。 Spartan-6 系列以成熟的 45nm 低功耗铜工艺技术为基础，可在成本、功率和性能之间实现最佳平衡，并提供了新型和更高效的双寄存器 6 输入查询表（LUT）逻辑和丰富的内置系统级模块选择。其中包括 18 Kbit（2×9 Kbit）的块 RAM、第二代 DSP48A1 Slice、SDRAM 存储器控制器、增强的混合模式时钟管理模块、SelectIO 技术模块、功耗优化的高速串行收发器模块、PCIExpress 兼容的端点模块、高级系统级电源管理模式、自动检测配置选项及具有 AES 和设备 DNA 保护的增强的 IP 安全性模块。这些功能为定制 ASIC 产品提供了低成本的可编程替代方案，具有前所未有的易用性。Spartan-6 FPGA 为大批量逻辑设计、面向消费者的 DSP 设计及对成本敏感的嵌入式应用提供了最佳解决方案。Spartan-6 FPGA 是目标设计平台的可编程芯片基础，可提供集成的软件和硬件组件，使设计人员能够在开发周期开始时就立即专注于创新。

1.3.2　XC6SLX16-2CSG324C 芯片介绍

FPGA 高级开发系统上使用的芯片为 Spartan-6 系列的 XC6SLX16-2CSG324C，相关属性如表 1-1 所示。

表 1-1　XC6SLX16-2CSG324C 相关属性

属　　性	参　数　值
封装类型	CSG
引脚数量	324 个
电源电压	1.14～1.26V
速度等级	−2

续表

属　　性	参　数　值
I/O 数量	232 个
逻辑单元数量	14579 个
分布式 RAM 容量	136KB
内嵌式块 RAM-EBR 容量	576KB
最大工作频率	1080MHz
工作温度	−40～100℃

1.3.3　FPGA 速度等级

FPGA 的速度等级取决于芯片内部的门延迟和线延迟,速度等级越高,芯片性能越好。Altera FPGA 的-6、-7、-8 速度等级逆向排序,序号越低,速度等级越高,-6 速度等级是最高的。而 Xilinx FPGA 的速度等级排序正好相反,序号越高,速度等级越高。

1.3.4　FPGA 可用 I/O 数量

XC6SLX16-2CSG324C 芯片引脚总数为 324 个,其中可用 I/O 数量为 232 个。FPGA 高级开发系统上的核心板通过两个 3710F 连接器将 148 个可用 I/O 引出供给平台上的外部设备使用,剩下的 I/O 用于核心板上的外扩 SDRAM、Flash、摄像头、JTAG 下载等。

1.3.5　FPGA 逻辑单元

逻辑单元在 FPGA 器件内部,是用于完成用户逻辑的最小单元;逻辑单元在 Altera 产品中被称为 LE(Logic Element),在 Xilinx 产品中称为 LC(Logic Cell)。1 个逻辑阵列包含 16 个逻辑单元和一些其他资源,在 1 个逻辑阵列内部,16 个逻辑单元有着更为紧密的联系,可以实现特有的功能。1 个逻辑单元主要由 4 个部件组成:1 个 4 输入查询表、1 个可编程的寄存器、1 条进位链和 1 条寄存器级连接链。XC6SLX16-2CSG324C 芯片内部的逻辑单元数量为 14579 个。

1.3.6　Spartan-6 FPGA 配置

Spartan-6 FPGA 将配置数据(程序)储存在片内 SRAM 型的内部锁存器中,配置区域存储容量为 3～33MB,具体取决于设备大小和用户设计实现选项。SRAM 具有易失性,因此在 FPGA 上电时必须重新载入配置数据。通过将 PROGRAM_B 引脚拉至低电平,也可以随时重新加载。

Spartan-6 FPGA 能从外部非易失性存储设备加载配置数据,当然也可以由智能设备加载配置数据到 FPGA 配置区域中,如微处理器、DSP 处理器、微控制器、PC 等,甚至还可以从互联网中远程载入配置数据。

Spartan-6 FPGA 芯片有两个通用配置数据路径。第一个适用于最小设备引脚要求,如 SPI 协议,占用 I/O 数量少,但速度较慢;第二个路径是 8 位或 16 位数据路径,适用于更高性能的工业设备,如控制器、8 位或 16 位并行接口的 Flash 存储设备。

Spartan-6 FPGA 可以通过 5 种配置模式加载数据，具体使用哪种模式由引脚 M[1:0]确定，如表 1-2 所示，总线位宽由 ISE 集成开发环境配置，具体可以参考本书配套资料包中的"09.硬件资料\Spartan-6_FPGA_Configuration_User_Guide.pdf"文件。

表 1-2　Spartan-6 FPGA 配置模式

配 置 模 式	M[1:0]	总 线 位 宽
主串行或 SPI 模式	01	1，2，4
主 SelectMAP/BPI 模式	00	8，16
JTAG 模式	xx	1
从 SelectMAP 模式	10	8，16
从串行配置模式	11	1

1.4　FPGA 开发工具安装和配置

本书所有的示例程序均基于 ISE 14.7，建议读者选择相同版本的开发环境来学习。

1.4.1　ISE

集成软件环境（Intergrated Software Environment，ISE）是 Xilinx FPGA/CPLD 的综合性集成设计平台，该平台集成了设计输入、仿真、逻辑综合、布局布线与实现、时序分析、芯片下载与配置、功率分析等几乎所有设计流程所需要的工具。

ISE 的主要特点如下。

（1）ISE 是一个集成开发环境，利用它可以实现 FPGA/CPLD 的整个开发过程。ISE 集成了诸多开发工具，资源丰富，操作灵活，能满足用户的各类开发需要。

（2）ISE 操作界面简洁直观，操作方便。ISE 的界面根据 FPGA/CPLD 的设计流程进行组织，通过一次执行界面中的设计流程选项就可以实现整个设计过程。

（3）ISE 拥有在线帮助选项，结合网络技术支持，用户在一般的设计过程中遇到的问题都能得到快速解决。

（4）ISE 拥有强大的辅助设计功能。在设计的每个阶段，ISE 都能通过相关的辅助设计帮助用户实现设计。在编写源代码时，可用编写向导生成文件头和模块框架，然后使用语言模板帮助用户编写代码。ISE 的 CORE Generator 可以生成各类 IP 核供用户使用，从而大大减少了工作量，提高了设计的质量和效率。

1.4.2　安装 ISE 14.7

双击运行本书配套资料包"02.相关软件\Xilinx_ISE_DS_14.7\Xilinx_ISE_DS_Win_14.7_1015_1"目录下的"xsetup.exe"文件，在如图 1-2 所示的欢迎界面中单击"Next"按钮。

如图 1-3 所示，勾选"I accept and agree to the terms and conditions above"和"I also accept and agree to the following terms and conditions"复选框，然后单击"Next"按钮。

如图 1-4 所示，勾选"I accept and agree to the terms and conditions above"，然后单击"Next"按钮。

图 1-2 ISE 14.7 安装步骤 1

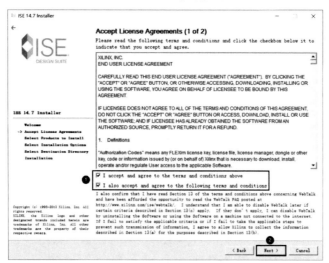

图 1-3 ISE 14.7 安装步骤 2

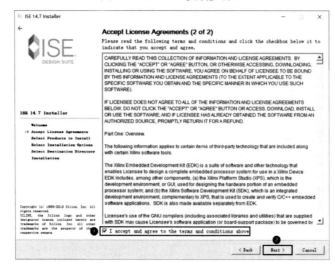

图 1-4 ISE 14.7 安装步骤 3

如图 1-5 所示，单击选中"ISE Design Suite System Edition"单选按钮，然后单击"Next"按钮。

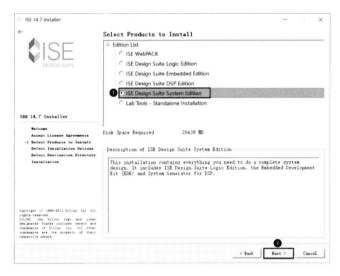

图 1-5　ISE 14.7 安装步骤 4

如图 1-6 所示，继续单击"Next"按钮。

图 1-6　ISE 14.7 安装步骤 5

如图 1-7 所示，选择安装路径，本书选择安装在 C:\Xilinx 中，然后单击"Next"按钮。

如图 1-8 所示，单击"Install"按钮进入软件安装界面，安装时间较长，需要耐心等待一段时间。

在安装过程中会出现如图 1-9 所示的界面，一直单击"Next"按钮即可。

图 1-7　ISE 14.7 安装步骤 6

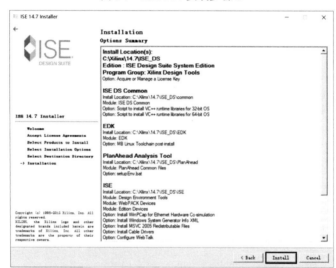

图 1-8　ISE 14.7 安装步骤 7

图 1-9　ISE 14.7 安装步骤 8

直到出现如图 1-10 所示的界面，单击"I Agree"按钮。

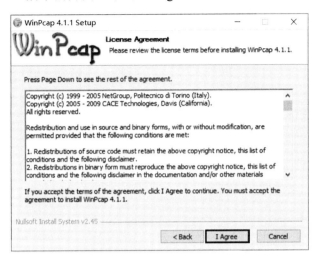

图 1-10　ISE 14.7 安装步骤 9

如图 1-11 所示，单击"Install"按钮开始安装。

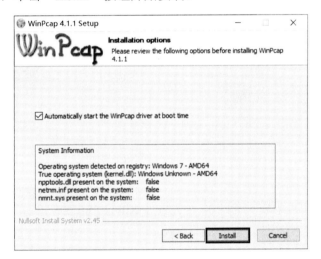

图 1-11　ISE 14.7 安装步骤 10

如图 1-12 所示，在安装过程中不要连接任何下载器，然后单击"确定"按钮。

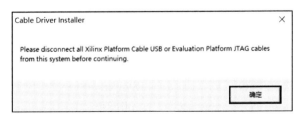

图 1-12　ISE 14.7 安装步骤 11

如图 1-13 所示，单击"Ok"按钮。

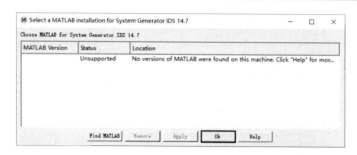

图 1-13　ISE 14.7 安装步骤 12

安装成功后如图 1-14 所示，单击"Finish"按钮完成安装。

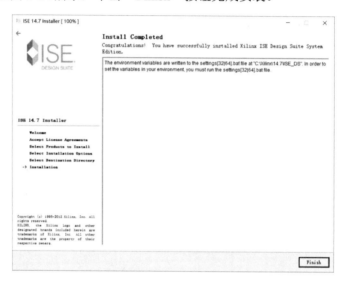

图 1-14　ISE 14.7 安装步骤 13

　　限于篇幅，本节仅简单介绍 ISE 14.7 软件的安装及配置，如果读者在安装过程中遇到问题，那么可以参考本书配套资料包"02.相关软件\Xilinx_ISE_DS_14.7"目录下的"ISE 14.7 软件的安装和配置教程"文件。

1.4.3　Synplify

　　综合工具在 FPGA 的设计中非常重要，类似于 C 语言的编译器将 C 语言翻译成机器能执行的代码，综合工具将 HDL 描述的语句转换为 EDA 工具可以识别的格式，Synplify 还可以将设计映射到具体的 FPGA 器件中，即用选定的 FPGA 型号中的资源来实现设计。

　　Synplify/Synplifiy Pro 是 Synplicity 公司出品的综合工具，该工具支持大多数半导体厂商的 FPGA。在实际应用中，可以使用 Synplify 对设计进行综合得到 EDIF 网表文件，再在 ISE 中引入网表文件进行布局布线就可以实现设计。Synplify 和 Synplify Pro 是两个不同的版本，后者的功能更强大，这体现在很多功能只能在 Synplify Pro 中使用，Synplify 的功能是 Synplify Pro 中的一部分。

1.4.4　安装 Synplify

　　双击运行本书配套资料包"02.相关软件\Synplify201103"目录下的"fpga201103sp2.exe"

文件，在弹出的如图 1-15 所示的对话框中，单击"Next"按钮。

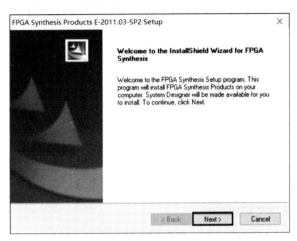

图 1-15　安装 Synplify 步骤 1

如图 1-16 所示，单击选中"I accept the terms of the license agreement"单选按钮，然后单击"Next"按钮。

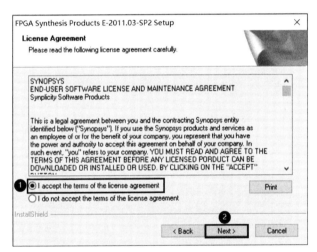

图 1-16　安装 Synplify 步骤 2

保持默认设置，一直单击"Next"按钮，在 Synplify 的安装过程中会弹出如图 1-17 所示的对话框，单击"是"按钮。

图 1-17　安装 Synplify 步骤 3

Synplify 成功安装后如图 1-18 所示，单击"Finish"按钮结束。

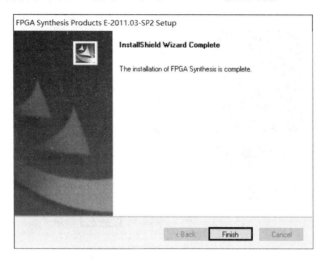

图 1-18　安装 Synplify 步骤 4

安装成功后，需要在 ISE 中添加 Synplify 工具，打开 ISE Design Suite 14.7 软件，执行菜单命令"Edit"→"Preferences"，配置步骤如图 1-19 所示。

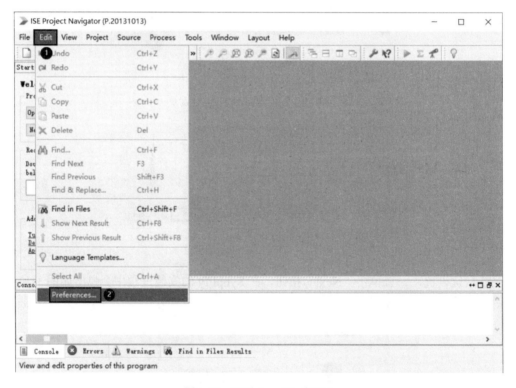

图 1-19　配置 Synplify 步骤 1

在弹出的"Preferences"对话框中，在 ISE General→Integrated Tools 标签页的"Synplify"文本框中输入 synplify.exe 的路径，在"Synplify Pro"文本框中输入 synplify_premier.exe 的路径，然后单击"Apply"按钮，配置步骤如图 1-20 所示。

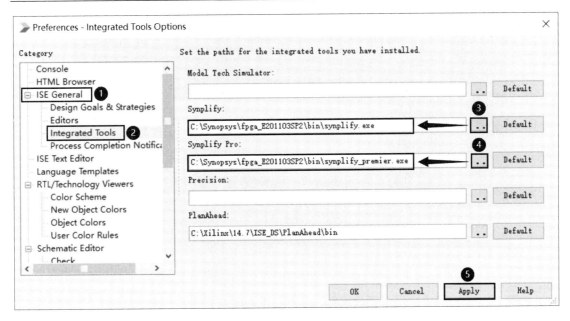

图 1-20　配置 Synplify 步骤 2

　　限于篇幅，本节仅简单介绍 Synplify 软件的安装及配置，如果读者在安装过程中遇到问题，那么可以参考本书配套资料包"02.相关软件\Synplify201103"目录下的"Synplify 软件的安装和配置教程"文件。

1.4.5　安装 Xilinx USB Cable 驱动程序

　　Xilinx USB Cable 是 FPGA 下载器中的一种，用于将本书的实验代码下载到 FPGA 高级开发系统中，在使用下载器之前，要先安装驱动程序。如图 1-21 所示，在 ISE 的安装目录"C:\Xilinx\14.7\ISE_DS\ISE\bin\nt64"下找到"install_drivers.exe"文件，如果是 32 位的计算机则找到安装目录"C:\Xilinx\14.7\ISE_DS\ISE\bin\nt32"下的"install_drivers.exe"文件。然后，以管理员身份运行"install_drivers.exe"程序。

图 1-21　安装 Xilinx USB Cable 驱动程序步骤 1

　　先确保计算机没有与 Xilinx USB Cable 相连，然后在如图 1-22 所示的对话框中单击"确定"按钮。

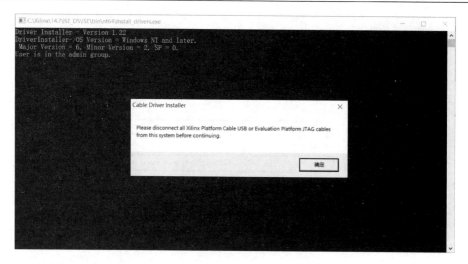

图 1-22　安装 Xilinx USB Cable 驱动程序步骤 2

如图 1-23 所示，安装程序开始运行，几秒后安装窗口会自动关闭。

图 1-23　安装 Xilinx USB Cable 驱动程序步骤 3

　　将 Xilinx USB Cable 插入计算机的 USB 接口，可以看到指示灯亮起，说明驱动程序安装成功；同时，在计算机的"设备管理器"中也能看到"Xilinx USB Cable"，如图 1-24 所示。这样就完成了驱动程序的安装。

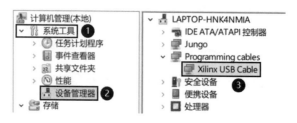

图 1-24　安装 Xilinx USB Cable 驱动程序步骤 4

1.5　VHDL 语法基础

1.5.1　库声明

库（library）的建立和使用有利于设计重用和代码共享，同时可以使代码结构更加清晰，在 VHDL 设计中有 3 个常用的库：ieee 库、std 库和 work 库。在使用库之前，首先需要对库进行声明，经过声明后，在设计中就可以调用库中的代码。库语句关键字 library 指明所使用的库名，use 语句指明库中的程序包，声明语法格式如下：

```
library 库名;
use 库名.程序包名.all;
use 库名.程序包名.项目名;
```

本书所有实验都使用了 ieee 库，用到的程序包有 std_logic_1164、std_logic_arith 和 std_logic_unsigned，声明语法格式如下：

```
library ieee;
use ieee.std_logic_1164.all;
use ieee.std_logic_arith.all;
use ieee.std_logic_unsigned.all;
```

1.5.2　实体

实体（entity）用来描述电路的所有输入/输出引脚。实体名可以自由命名，用来表示被设计电路的名称，但必须与 VHDL 程序中的程序文件名相同，语法格式如下：

```
entity 实体名 is
    port(
    引脚名 : in 信号类型;
    引脚名 : inout 信号类型;
    引脚名 : out 信号类型
    );
end entity;
```

例如，某 led 实验涉及 3 个外部引脚：2 个输入引脚（clk_50mhz_i 和 rst_n_i）和 1 个输出引脚（led_o），信号类型为 std_logic 和 std_logic_vector，其中 "--" 后面为注释内容。

```
entity led is
  port(
    clk_50mhz_i : in std_logic; --时钟输入，50MHz
    rst_n_i     : in std_logic; --复位输入，低电平有效
    led_o       : out std_logic_vector(3 downto 0) --LED 输出，共 4 位
    );
end entity;
```

1.5.3　结构体

结构体（architecture）实现了设计单元具体的功能，描述了设计单元的行为、元件和内部的连接关系，语法格式如下：

```
architecture rtl of 结构体名 is
```

```
    声明语句
begin
    功能描述语句
end rtl;
```

"声明语句"包含在结构体中,用来说明和定义数据对象、数据类型、元件声明等,声明的内容是局部的。"声明语句"并非是必需的。但"功能描述语句"必须在结构体中给出相应的电路功能描述。

1.5.4　数据类型

本书常用的数据类型主要有 3 种,下面依次进行简单介绍。

1. std_logic 和 std_logic_vector

std_logic 和 std_logic_vector 是 ieee 1164 标准中引入的 8 逻辑值系统。其中,std_logic 是长度(位宽)为 1 位的逻辑值,而 std_logic_vector 是标准逻辑矢量,定义的是长度大于 1 位的逻辑值,需要确定赋值方向(n downto 0)或(0 downto n),n 为定义的位宽。不同于只能取 0 和 1 的 bit 和 bit_vector 数据类型,std_logic 和 std_logic_vector 既可以取 0 和 1,还可以取不定态和高阻态等共 8 种不同的值,如表 1-3 所示。

表 1-3　std_logic 和 std_logic_vector 取值

值	描　述
X	"强"不定态(综合后为不确定值)
0	"强" 0(综合后为 0)
1	"强" 1(综合后为 1)
Z	高阻态(综合后为三态缓冲器)
W	"弱"不定态
L	"弱" 0
H	"弱" 1
-	不可能出现的情况

2. integer

integer 是 32 位的整数类型,取值范围从-2147483647 到 2147483647,可以用关键字 range...to 来定义数据的取值范围。

3. character

character 是字符型数据,可以是单个或一串 ASCII 字符。

1.5.5　常量定义

常量的定义和设置主要是为了使程序更容易被阅读和修改,在程序中,常量是一个恒定不变的值,一旦作了数据类型和赋值的定义后,在程序中就不能再改变,具有全局意义。常量定义的语法格式如下:

```
constant 常量名 : 数据类型 := 表达式;
```

例如,某实验中定义了常量 LED0_ON 的数据类型为 std_logic_vector,它等于 0001。

```
constant LED0_ON : std_logic_vector(3 downto 0) := "0001"; --LED0 点亮
```

1.5.6 变量定义

在 VHDL 语法规则中，变量是一个局部量，只能在进程和子程序中使用。变量不能将信息带出对它作出定义的当前结构。变量的赋值是一种理想化的数据传输，是立即发生的，不存在任何延迟行为。变量的主要作用是在进程中作为临时的数据存储单元。变量定义的语法格式如下：

```
variable 变量名 : 数据类型 := 初始值;
```

例如，以下两句表述分别定义了变量 a 为取值范围是 0～15 的整数类型变量；变量 b 为标准位类型的变量，初始值为 1。

```
variable a : integer range 0 to 15;
variable b : std_logic := '1';
```

1.5.7 信号

信号（signal）是电路内部硬件连接的抽象，可以作为设计实体中并行语句模块间的信息交流通道。在综合过程中，信号是硬件电路的线路。信号是全局的，可以定义在结构体、实体、程序包中。信号定义的语法格式如下：

```
signal 信号名 : 数据类型 := 初始值;
```

信号初始值的设置不是必需的,初始值的设置仅在 VHDL 的行为仿真中有效,如定义 1Hz 时钟信号和计数信号,且计数信号的初始值为 00。

```
signal s_clk_1hz : std_logic; --1Hz 时钟信号
signal s_cnt     : std_logic_vector(1 downto 0) := "00"; --计数信号，2 位
```

1.5.8 元件

1. 元件声明

一个元件（component）是一段结构完整的程序（包括库声明、实体和结构体）。如果一段程序被声明为 component，它就可以被其他电路调用（实例化），从而使程序具有层次化结构。调用一个元件之前，要在结构体的声明部分对该元件进行声明。元件声明的语法格式如下：

```
component 元件名 is
    port(
    引脚名表
    );
 end component;
```

例如，在某实验中调用了元件（分频器 clk_gen_1hz），那么在结构体中要对该元件进行声明，"引脚名表"来自元件的实体，元件声明如下：

```
component clk_gen_1hz is
  port(
    clk_i  : in  std_logic; --时钟输入，50MHz
    rst_n_i : in  std_logic; --复位输入，低电平有效
    clk_o  : out std_logic  --时钟输出，1Hz
    );
end component;
```

2. 元件例化

元件例化就是在将预先设计好的设计实体定义为一个元件后，利用映射语句将此元件与调用该元件的设计实体中的指定端口或信号相关联，从而进行层次化设计。元件例化是使 VHDL 设计实体构成"自上而下"或"自下而上"层次化设计的一种重要途径。元件例化是在结构体的功能描述部分实现的，语法格式如下：

```
例化名：元件名
port map(
  信号关联式 1,
  信号关联式 2,
  …
  信号关联式 n
  );
```

例如，在某实验中调用了元件（分频器 clk_gen_1hz），那么在结构体功能描述部分将元件与指定的端口或信号相关联，元件例化如下：

```
u_clk_gen_1hz : clk_gen_1hz
port map(
  clk_i    => clk_50mhz_i,
  rst_n_i  => rst_n_i,
  clk_o    => s_clk_1hz
  );
```

1.5.9 直接赋值语句

直接赋值语句用于信号赋值，语法格式如下：

```
信号名 <= 表达式;
```

例如，计数信号 s_cnt 执行加 1 操作后再赋给 s_cnt，直接赋值语句如下：

```
s_cnt <= s_cnt + '1';
```

1.5.10 process 语句

VHDL 的 process 语句几乎在所有的时序逻辑设计中都会使用，一旦 process 括号内敏感信号的动作条件得到满足，process 语句就会启动并按顺序执行，语法格式如下：

```
process(敏感表)
  变量声明
begin
  顺序语句（详细电路设计）
end process;
```

对 process 语句举例如下，变量声明部分不是必需的，可根据设计需求添加。

```
process(s_cnt)
begin
  case s_cnt is
    when "00"   => led_o <= LED0_ON;
    when "01"   => led_o <= LED1_ON;
    when "10"   => led_o <= LED2_ON;
    when "11"   => led_o <= LED3_ON;
```

```
    when others => led_o <= LED_OFF;
  end case;
end process;
```

1.5.11　when...else 语句

when...else 语句在满足"条件1"时，目标信号取"值1"，否则判断是否满足"条件2"，如果满足，则取"值2"，否则继续判断，以此类推。when...else 语句的语法格式如下：

```
目标信号 <=
  值1 when 条件1 else
  值2 when 条件2 else
  值3 when 条件3 else
  ...
  值n;
```

对 when...else 语句举例如下，在满足 s_cnt 的值为 00 的条件时，led_o 的取值为 LED0_ON，否则判断 s_cnt 的值是否为 01，如果满足条件，那么 led_o 的取值为 LED1_ON，否则继续判断，以此类推。若 s_cnt 的值对列出的 4 个条件都不满足，那么 led_o 取值为 LED_OFF。

```
led_o <=
  LED0_ON when s_cnt = "00" else
  LED1_ON when s_cnt = "01" else
  LED2_ON when s_cnt = "10" else
  LED3_ON when s_cnt = "11" else
  LED_OFF;
```

1.5.12　if...else 语句

if...else 语句首先判断表达式 1 的条件是否得到满足，若满足则执行逻辑电路 1，否则判断表达式 2 的条件是否得到满足，若满足则执行逻辑电路 2，否则继续判断，以此类推，语法格式如下：

```
if 表达式1 then
  逻辑电路1
elsif 表达式2 then
  逻辑电路2
...
else
  逻辑电路n
end if;
```

对 if...else 语句举例如下，此例为在时钟上升沿进行加 1 计数的逻辑电路，如果复位（rst_n_i=0），那么计数变量 s_cnt 赋值为 00；否则在时钟上升沿（rising_edge(s_clk_1hz)），计数变量 s_cnt 加 1 计数。

```
process(s_clk_1hz, rst_n_i)
begin
  if(rst_n_i = '0') then
    s_cnt <= "00";
  elsif rising_edge(s_clk_1hz) then
    s_cnt <= s_cnt + '1';
```

```
    end if;
end process;
```

1.5.13　case 语句

case 语句根据表达式（或信号）的取值来执行相应的逻辑电路，语法格式如下：

```
case 表达式 is
  when 表达式取值 1 =>
     逻辑电路 1
  when 表达式取值 2 =>
     逻辑电路 2
  ...
  when others =>
     逻辑电路 n
end case;
```

对 case 语句举例如下，根据 s_cnt 的值，对 led_o 赋相应的值。

```
process(s_cnt)
begin
  case s_cnt is
    when "00"    => led_o <= LED0_ON;
    when "01"    => led_o <= LED1_ON;
    when "10"    => led_o <= LED2_ON;
    when "11"    => led_o <= LED3_ON;
    when others => led_o <= LED_OFF;
  end case;
end process;
```

1.5.14　运算符

1. 赋值运算符

赋值运算符用来给信号、变量和常量赋值，如表 1-4 所示。

表 1-4　赋值运算符

赋值运算符	描　　述
<=	用于对信号赋值
:=	用于对变量、常量和参数传递赋值，也可用于赋初始值
=>	给矢量中的某些位赋值，或者对某些位之外的其他位（常用 others 表示）赋值

下面举例说明赋值运算符的使用方法：

```
signal x : std_logic;
variable y : std_logic_vector(3 downto 0);
signal z : std_logic_vector(0 to 7);

x <= '1';                --通过<=将值'1'赋给信号 x
y := "0000";             --通过:=将值"0000"赋给变量 y
z <= "10000000";         --最低位是 1，其他位是 0
z <= (0 => '1', others => '0');  --最低位是 1，其他位是 0
```

2．逻辑运算符

逻辑运算符用来执行逻辑运算操作。操作数必须是 bit、std_logic 或 std_ulogic 类型的数据（或是这些数据类型的扩展，即 bit_vector、std_logic_vector 或 std_ulogic_vector）。VHDL 的逻辑运算符如表 1-5 所示，它们的优先级是从上到下递减的。

表 1-5　逻辑运算符

逻辑运算符	描　　述
NOT	取反
AND	与
OR	或
NAND	与非
NOR	或非
XOR	异或
XNOR	同或

下面举例说明逻辑运算符的优先级。注意，在 VHDL 语法中是不区分字母大小写的，这里按照本书规范采用小写形式：

```
y <= not a and b; --a 取反后与 b 相与
y <= not(a and b); --a 和 b 相与的结果取反
y <= a nand b; --a 和 b 相与的结果取反
```

3．算术运算符

算术运算符用来执行算术运算操作，如表 1-6 所示。

表 1-6　算术运算符

算术运算符	描　　述
+	加，A+B
–	减，A–B
*	乘，A*B
/	除，A/B
**	指数运算，A**B
MOD	取模
REM	取余
ABS	取绝对值

4．关系运算符

关系运算符用来对两个操作数进行比较运算，关系运算符左、右两边操作数的数据类型必须相同。VHDL 有 6 种关系运算符，如表 1-7 所示。

表 1-7　关系运算符

关系运算符	描　　述
=	等于
/=	不等于

续表

关系运算符	描　　述
<	小于
>	大于
<=	小于或等于
>=	大于或等于

5．并置运算符

并置运算符用于位的拼接，其操作数可以是支持逻辑运算的任何数据类型。并置运算符有两种：& 和(,,)，下面举例说明：

```
signal x : bit_vector(3 downto 0) := "1100";
signal y : bit_vector(3 downto 0) := "0010";


z <= x & y; --z <= "11000010"
z <= y & x; --z <= "00101100"
z <= ('1', '1', '0', '0', '0', '0', '0', '0'); --z <= "11000000"
```

1.6　FPGA 高级开发系统简介

本书以 FPGA 高级开发系统（型号为 LY-SPTN6M）和人体生理参数监测系统（型号为 LY-M501）为载体对 FPGA 系统设计进行介绍。FPGA 高级开发系统实物图如图 1-25 所示。

图 1-25　FPGA 高级开发系统实物图

FPGA 高级开发系统支持资源及说明如表 1-8 所示。

表 1-8 FPGA 高级开发系统支持资源及说明

序　号	资　　源	说　　明
1	FPGA	Spartan-6 XC6SLX16，CSG324
2	外扩 SDRAM	H57V2562GTR，256Mbit
3	外扩配置 Flash	M25P16，16Mbit
4	外扩用户 Flash	W25Q128，16MB
5	外扩用户 EEPROM	AT24C02，2K（256 字节）
6	电源	AC220 DC12V/2A 电源适配器
7	JTAG 接口	支持 Xilinx Platform Cable USB 下载器下载和调试
8	电容触摸屏	7 寸串口电容触摸屏，分辨率 800×480，串口屏主控为 STM32F429IGT6，外扩 SDRAM 为 W9825G6KH，外扩 NAND Flash 为 MT29F4G08，带蜂鸣器
9	OLED	分辨率 128×64
10	七段数码管	8 位
11	音频	支持耳麦输入、音频线输入、耳机输出
12	以太网	支持
13	SD 卡	支持
14	USB 转 UART	1 路，通过 B 型 USB 线连接计算机
15	RS232 串口	1 路
16	蓝牙	串口蓝牙，采用 HC-05 模块
17	Wi-Fi	串口 Wi-Fi，采用 ESP8266 模块
18	温湿度传感器	采用 SHT20 芯片
19	RTC	外部 DS1302（带锂电池）
20	摄像头接口	支持（位于 Spartan-6 核心板上方）
21	GPIO 接口	预留 GPIO 扩展接口（引出大多数 GPIO）
22	ADC	1 通道，BNC 接口
23	DAC	1 通道，BNC 接口
24	矩阵键盘	4×4 独立按键矩阵键盘
25	拨动开关	16 位
26	独立 LED	8 位
27	独立按键	4 位
28	蜂鸣器	1 位
29	VGA 接口	支持
30	通信模块	NL668，支持 2G、3G、4G、GPS 定位，支持语音通话
31	人体生理参数监测系统接口	通过 USB 线与人体生理参数监测系统进行通信（串口通信方式）

1.7　FPGA 高级开发系统可以开展的部分实验

基于本书配套的 FPGA 高级开发系统，我们可以开展的实验非常丰富，这里仅列出具有代表性的 17 个实验，如表 1-9 所示。

表 1-9　FPGA 高级开发系统可开展的部分实验清单

序　号	实验名称	序　号	实验名称
1	分频器实验	10	SHT20 温湿度测量实验
2	流水灯实验	11	DAC 实验
3	独立按键去抖实验	12	ADC 实验
4	七段数码管显示实验	13	体温测量与显示实验
5	矩阵键盘扫描实验	14	呼吸监测与显示实验
6	OLED 显示实验	15	心电监测与显示实验
7	串口通信实验	16	血氧监测与显示实验
8	读写外部 EEPROM 实验	17	血压测量与显示实验
9	读写外部 Flash 实验		

1.8　本书配套的资料包

本书配套的资料包名称为"医用 FPGA 开发——基于 Xilinx 和 VHDL"（可通过微信公众号"卓越工程师培养系列"提供的链接获取），为了保证实验与本书内容具有一致性，可将资料包复制到计算机的 D 盘中。资料包由若干文件夹组成，如表 1-10 所示。

表 1-10　本书配套资料包清单

序　号	文件夹名	文件夹介绍
1	入门资料	存放学习 FPGA 系统设计相关内容的入门资料，建议读者在开始做实验前，先阅读入门资料
2	相关软件	存放本书使用到的软件，如 ISE 14.7、Synplify、SSCOM 串口助手、CH340 驱动程序等
3	原理图	存放 FPGA 高级开发系统的 PDF 版本原理图
4	例程资料	存放 FPGA 系统设计所有实验的相关素材，读者根据这些素材开展各个实验
5	PPT 讲义	存放配套 PPT 讲义
6	视频资料	存放配套视频资料
7	数据手册	存放 FPGA 高级开发系统所能使用到的元器件的数据手册，便于读者查阅
8	软件资料	存放本书能使用到的小工具，如 PCT 协议打包/解包工具、信号采集工具等，以及《VHDL 程序设计规范（LY-STD009—2019）》
9	硬件资料	存放与 FPGA 高级开发系统相关的硬件资料
10	参考资料	存放与 FPGA 高级开发系统相关的参考资料，如《FPGA 高级开发系统引脚分配表》等

本 章 任 务

下载本书配套的资料包，准备好配套的开发系统，熟悉 FPGA 高级开发系统。

本 章 习 题

1. 什么是 FPGA？FPGA 有哪些优缺点和应用场景？

2. 除了 Xilinx 公司，还有哪些公司推出了 FPGA 芯片？

3. 简述 FPGA 的基本结构。

4. FPGA 的开发流程是什么？

5. 简述 FPGA 和 ASIC、CPU、DSP 之间的关系。

6. FPGA 的开发工具有什么？

7. VHDL 的基本结构包括哪些部分？

8. VHDL 常用的数据类型有哪些？

9. 除 VHDL 外，还有一种硬件描述语言 Verilog HDL，说明两种语言的共同点及区别。

第2章 分频器实验

从本章开始，我们将详细介绍基于 FPGA 高级开发系统的代表性实验。分频器实验旨在通过 VHDL 设计简单的时钟分频器，从而帮助我们理解分频器的原理，掌握基于 FPGA 的分频器设计方法，同时熟悉 FPGA 的开发环境及开发流程。

2.1 实验内容

设计分频器，对 50MHz 的系统时钟进行分频，输出一个占空比为 50%、频率为 1Hz 的方波信号，并且将该方波信号约束到 FPGA 高级开发系统上编号为 LED_0 的发光二极管，使发光二极管每 500ms 更改一次状态。另外，该分频器还可以通过编号为 RESET 的按键进行低电平复位。

2.2 实验原理

2.2.1 分频器 LED 电路原理图

分频器实验涉及的硬件电路包括一个位于 FPGA 高级开发系统上的 LED_0 及与 LED_0 串联的限流电阻 R_{513}，LED_0 通过 470Ω 电阻连接到 XC6SLX16 芯片的 G14 引脚。另外，硬件电路还包括系统时钟引脚和系统复位引脚。其中，系统时钟引脚连接 50MHz 时钟模块，是 XC6SLX16 芯片的时钟源，系统复位引脚连接 RESET 按键，低电平复位，如图 2-1 所示。当 G14 为高电平时，LED_0 点亮；当 G14 为低电平时，LED_0 熄灭。

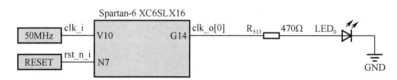

图 2-1 分频器 LED 电路原理图

2.2.2 时钟分频原理

时钟信号的处理是 FPGA 的特色之一，因此分频器也是 FPGA 设计中使用频率非常高的基本部件之一。通常在 FPGA 中都集成了锁相环，可以满足各种时钟的分频和倍频设计，但是通过 VHDL 或 Verilog HDL 进行时钟分频是最基本的技能，在对时钟要求不高的设计场合也能节省珍贵的锁相环资源。

顾名思义，分频即对较高频率的信号进行划分，得到较低频率的信号。若一个高频信号的频率降低为原来的 $1/N$，则称其为 N 分频。例如，50MHz 的信号经过 2 分频可以得到 25MHz 的信号，经过 5 分频可得到 10MHz 的信号，经过 10 分频可以得到 5MHz 的信号。如图 2-2 所示，分频前的时钟为 clk_i，可以通过计数器 s_cnt 对 clk_i 进行计数，产生 16 分频、8 分频、4 分频和 2 分频的时钟。

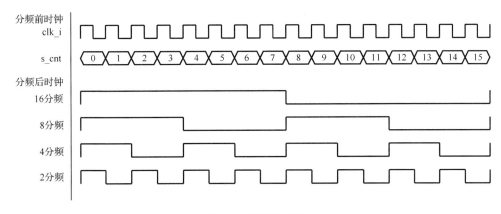

图 2-2 分频示意图

在本实验中，LED_0 每 500ms 更改一次状态，即 LED_0 的闪烁频率为 1Hz，50MHz 的时钟周期为 20ns。因此，基于 50MHz 的时钟，需要计数的次数为 $1s/20ns=1\times10^9ns/20ns=50000000$ 次。此处先定义一个计数器 s_cnt，对 50MHz 的时钟进行计数，在每个时钟上升沿，s_cnt 执行一次加 1 操作，当 s_cnt 计数到 49999999 时，在下一个时钟上升沿，s_cnt 清零。为了产生一个占空比为 50% 的方波信号，即高电平时间占时钟周期的比例为 50% 的时钟信号，当 s_cnt 在 0 和 24999999（包含 0 和 24999999）之间时，clk_o 输出低电平；当 s_cnt 在 25000000 和 49999999（包含 25000000 和 49999999）之间时，clk_o 输出高电平，如图 2-3 所示。

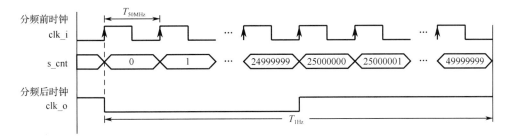

图 2-3 50MHz 时钟分频为 1Hz

2.2.3 分频器模块内部电路图

分频器实验电路有 3 个引脚，引脚的名称、类型、约束及描述如表 2-1 所示。

表 2-1 分频器实验电路引脚说明

引 脚 名 称	引 脚 类 型	引 脚 约 束	引 脚 描 述
clk_i	in	V10	时钟输入，50MHz
rst_n_i	in	N7	复位输入，低电平复位
clk_o	out	G14	时钟输出，1Hz

分频器模块内部电路图如图 2-4 所示。CNT_MAX 和 CNT_HALF 为常量。其中，CNT_MAX 可以调节输出时钟的频率，CNT_HALF 可以调节输出时钟的占空比。本实验要求输出一个占空比为 50%、频率为 1Hz 的方波信号，而系统时钟频率为 50MHz。因此，CNT_MAX 为 49999999，CNT_HALF 为 24999999。该电路中有 2 个寄存器，分别为 s_cnt 和 s_clk。s_cnt

也相当于计数器，该计数器在每个 clk_i 时钟上升沿执行一次加 1 操作。当 s_cnt 大于或等于
CNT_MAX 时，在下一个 clk_i 时钟上升沿，s_cnt 清零；当 s_cnt 在 0 和 24999999（包含 0
和 24999999）之间时，s_clk 为低电平；当 s_cnt 在 25000000 和 49999999（包含 25000000 和
49999999）之间时，s_clk 为高电平。clk_o 是分频器模块的输出端，与 s_clk 相连接，因此，
clk_o 就会输出一个占空比为 50%、频率为 1Hz 的方波信号。复位引脚 rst_n_i 用于对整个系
统进行异步复位，当 rst_n_i 为 0 时，寄存器 s_cnt 和 s_clk 均被清零。

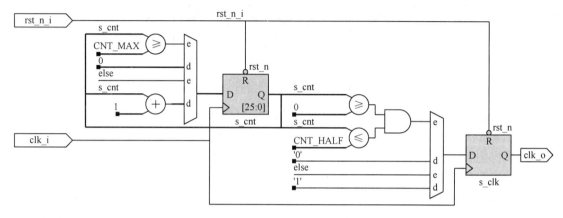

图 2-4　分频器模块内部电路图

2.3　实验步骤

1．ISE 软件标准化设置

在进行程序设计前，建议对 ISE 软件进行标准化设置，如将 Tab 键设置为 2 个空格，这
样可以避免在使用不同的编辑器阅读代码时出现代码布局不整齐的现象。针对 ISE 软件，下
面介绍设置 Tab 键和显示行号的具体方法。

打开 ISE Design Suite 14.7 软件，执行菜单命令 "Edit" → "Preferences"，如图 2-5 所示。

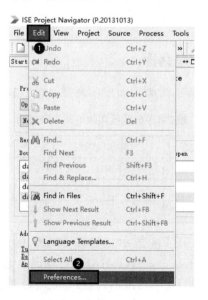

图 2-5　设置 Tab 键步骤 1

在如图 2-6 所示的对话框中，打开"ISE Text Editor"标签页，单击选择"Insert spaces"单选按钮，并且在"Tab width"输入框中输入 2，勾选"Show line numbers"复选框。

最后，单击"OK"按钮。

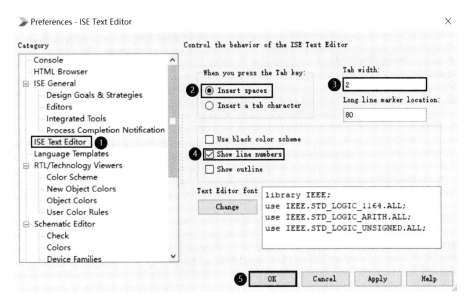

图 2-6　设置 Tab 键步骤 2

2. 创建 FPGA 工程

首先，在计算机的 D 盘新建一个名为 Spartan6FPGATest 的文件夹，将本书配套资料包中的"04.例程资料\Material"文件夹复制到 Spartan6FPGATest 文件夹中，然后在 Spartan6FPGATest 文件夹中新建一个名为"Product"文件夹。当然，工程的保存路径读者可以自行选择，不一定放在 D 盘中，但是完整的工程保存路径及命名一定要严格按照要求进行，要从小处养成良好的规范习惯。此外，工程路径中不能存在中文和特殊字符。

在"D:\Spartan6FPGATest\Product"目录中新建一个名为 exp01_clk_gen_1hz 的文件夹，将"D:\Spartan6FPGATest\Material\exp01_clk_gen_1hz"目录中的所有文件（包括 code、project）复制到"D:\Spartan6FPGATest\Product\exp01_clk_gen_1hz" 目录中，其中，code 文件夹用于存放 VHDL 源码或仿真激励文件，project 文件夹用于存放工程文件。

下面开始新建工程，打开 ISE Design Suite 14.7 软件，在如图 2-7 所示的软件界面中，执行菜单命令"File" → "New Project"。

图 2-7　新建工程

在弹出来的对话框中，在"Name"文本框中输入"clk_gen_1hz"，在"Location"和"Working Directory"文本框中选择如图 2-8 所示的路径，然后，单击"Next"按钮。

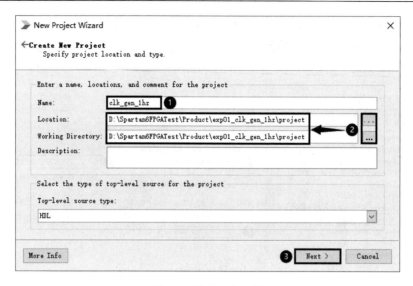

图 2-8　新建一个工程

在弹出来的新对话框中，分别在"Family""Device""Package""Speed""Synthesis Tool""Simulator""Preferred Language"下拉列表中，选择如图 2-9 所示的选项，然后单击"Next"按钮。

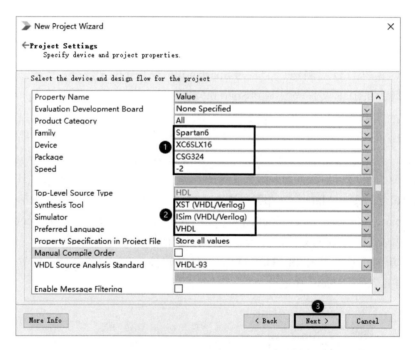

图 2-9　选择器件和综合仿真工具等

确认工程名、工程路径、器件、仿真综合工具等信息是否正确，如果有问题，则单击"Back"按钮返回相应的对话框中进行更改，否则，直接单击"Finish"按钮结束，如图 2-10 所示。

3. 新建 VHDL 文件

完成工程创建后还需要新建 VHDL 文件，如图 2-11 所示，执行菜单命令"Project"→"New Source"。

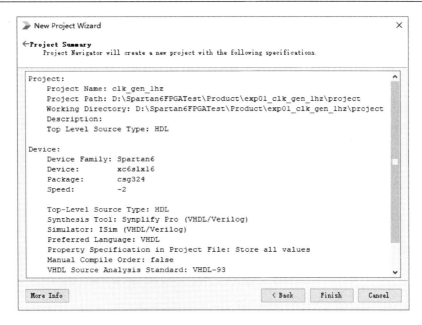

图 2-10 确认工程信息

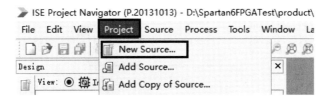

图 2-11 新建 VHDL 文件

在弹出来的对话框中，文件类型选择"VHDL Module"，在"File name"文本框中输入"clk_gen_1hz"，在"Location"文本框中选择如图 2-12 所示的路径，并勾选"Add to project"复选框，最后单击"Next"按钮。

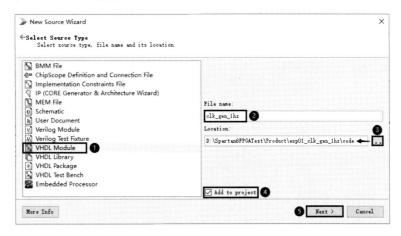

图 2-12 选择 VHDL 文件类型

在弹出来的新对话框中，直接单击"Next"按钮，该对话框用于设置端口等信息，建议在 VHDL 文件中自定义，如图 2-13 所示。

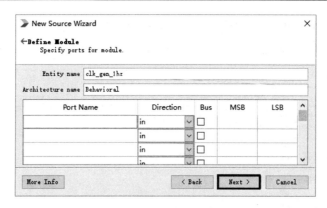

图 2-13　设置端口等信息

确认 VHDL 文件路径、类型、名称等信息是否正确，无误后单击"Finish"按钮，如图 2-14 所示。

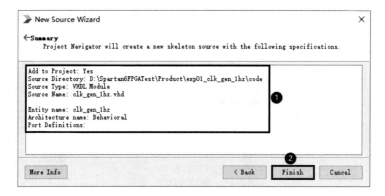

图 2-14　确认 VHDL 文件信息

在如图 2-15 所示的软件界面中，删除 clk_gen_1hz.vhd 文件中由 ISE 自动生成的所有代码。

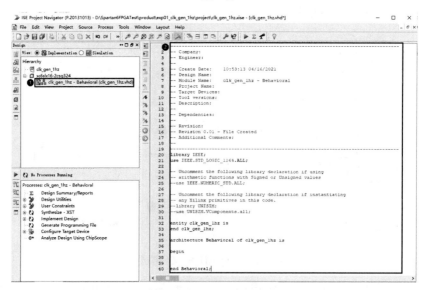

图 2-15　删除代码

4．完善 clk_gen_1hz.vhd 文件

将程序清单 2-1 中的代码输入 clk_gen_1hz.vhd 文件中，下面对关键语句进行解释。

（1）第 4 至 7 行代码：VHDL 程序设计中常用的库有 ieee 库、std 库和 work 库，使用这些库不仅可以提高设计效率，还可以让设计遵循统一语言标准或数据格式。在使用库之前，需要对库进行声明。第 4 行代码通过 library 关键字声明使用的库为 ieee。use 关键字用于说明要使用的库中的程序包，调用格式为"use 库名.程序包名.引用部分"。第 5 至 7 行代码表示可以使用 ieee 库中的 std_logic_1164、std_logic_arith 和 std_logic_unsigned 程序包。其中，std_logic_1164 程序包定义了 std_logic、std_ulogic 和 std_logic_vector 等数据类型，以及这些数据类型的逻辑运算函数；std_logic_arith 程序包定义了 signed 和 unsigned 两种数据类型，以及 signed、unsigned、std_ulogic 等数据类型（但不包含 std_logic_vector）的算术运算函数，还包含一些数据类型转换函数；std_logic_unsigned 程序包定义了一些函数，这些函数可以使 std_logic_vector 类型的数据进行像 unsigned 类型数据一样的运算，同样地，std_logic_signed 程序包也定义了一些函数，这些函数可以使 std_logic_vector 类型的数据进行像 signed 类型数据一样的运算。注意，库的声明总是放在实体前的（默认库可不进行说明），库的作用范围仅限于所说明的实体，并且每个实体都必须有自己完整的库声明语句。

（2）第 12 至 23 行代码：以 entity 引导、end entity 结尾构造的部分称为实体，其中 clk_gen_1hz 称为实体名。在实体中定义的端口是连接实体与外部电路信号和数据的通道，包括 generic 引导的参数通道和 port 引导的端口。generic 引导的主要是参数的说明和传递语句，可以在实体外对该参数进行改变。clk_gen_1hz 实体中的 CNT_MAX 为计数最大值，默认值为 49999999，CNT_HALF 为计数中间值，默认值为 24999999，这两个参数类型均为 integer。port 引导的语句主要描述电路的所有输入和输出引脚，包括端口的信号模式（in、out、inout 或 buffer）和信号类型（如 bit、std_logic 和 integer 等），clk_gen_1hz 实体中有两个输入和一个输出，分别为时钟输入 clk_i、复位输入 rst_n_i 和时钟输出 clk_o，信号类型均为 std_logic。注意，信号类型为 out 的端口不能供电路内部使用。

（3）第 28 至 71 行代码：以 architecture 引导、end rtl 结尾构造的部分称为结构体，其中 rtl 称为结构体名。结构体用来描述电路行为和功能实现，一个 architecture 包含两个部分：声明部分（可选），用于对信号、常量和元件等进行声明；功能描述部分（begin 和 end 之间的部分），用于描述电路行为（功能）。在声明部分，使用 signal 关键字定义两个信号，分别为计数器 s_cnt 和分频后时钟 s_clk，其中 s_cnt 的信号类型为 integer，取值范围为 0~CNT_MAX，初值为 0，s_clk 的信号类型为 std_logic。由 process 引导的语句称为进程语句，在 VHDL 中，process 内部的代码都是顺序执行的，但当 process 语句作为一个整体时，其与外部的其他代码又是并发执行的。process 关键字括号中的内容为敏感信号列表，敏感信号是指发生改变后能引起进程语句执行的信号。

（4）第 41 至 53 行代码：实现时钟计数功能。当复位时，将计数器 s_cnt 清零；在 clk_i 的上升沿，如果 s_cnt 大于或等于 CNT_MAX，则 s_cnt 清零，否则 s_cnt 执行加 1 操作。

（5）第 55 至 67 行代码：实现分频时钟输出功能。当复位时，将分频后的时钟 s_clk 清零；在 clk_i 的上升沿，如果 s_cnt 在 0 和 24999999（包含 0 和 24999999）之间，则 s_clk 为低电平，如果 s_cnt 在 25000000 和 49999999（包含 25000000 和 49999999）之间，则 s_clk 为高电平。

（6）第 69 行代码：将时钟信号 s_clk 赋给输出信号 clk_o，clk_o 输出一个占空比为 50%、频率为 1Hz 的方波信号。

程序清单 2-1

```
1.    ----------------------------------------------------------------------
2.    --                              引用库
3.    ----------------------------------------------------------------------
4.    library ieee;
5.    use ieee.std_logic_1164.all;
6.    use ieee.std_logic_arith.all;
7.    use ieee.std_logic_unsigned.all;
8.
9.    ----------------------------------------------------------------------
10.   --                              实体声明
11.   ----------------------------------------------------------------------
12.   entity clk_gen_1hz is
13.     generic(
14.       CNT_MAX  : integer := 49999999; --0 计数到 49999999 为 50000000
15.       CNT_HALF: integer := 24999999   --0 计数到 24999999 为 25000000
16.     );
17.
18.     port(
19.       clk_i  : in  std_logic; --时钟输入，50MHz
20.       rst_n_i : in  std_logic; --复位输入，低电平有效
21.       clk_o  : out std_logic  --时钟输出，1Hz
22.       );
23.   end entity;
24.
25.   ----------------------------------------------------------------------
26.   --                              结构体
27.   ----------------------------------------------------------------------
28.   architecture rtl of clk_gen_1hz is
29.
30.   ----------------------------------------------------------------------
31.   --                              声明
32.   ----------------------------------------------------------------------
33.     signal s_cnt : integer range 0 to CNT_MAX := 0;
34.     signal s_clk : std_logic;
35.
36.   begin
37.
38.   ----------------------------------------------------------------------
39.   --                              功能描述
40.   ----------------------------------------------------------------------
41.     --时钟计数
42.     process(clk_i, rst_n_i)
43.     begin
44.       if(rst_n_i = '0') then
45.         s_cnt <= 0;
46.       elsif rising_edge(clk_i) then
47.         if(s_cnt >= CNT_MAX) then
48.           s_cnt <= 0;
49.         else
```

```
50.        s_cnt <= s_cnt + 1;
51.      end if;
52.    end if;
53.  end process;
54.
55.  --分频时钟输出
56.  process(clk_i, rst_n_i)
57.  begin
58.    if(rst_n_i = '0') then
59.      s_clk <= '0';
60.    elsif rising_edge(clk_i) then
61.      if(s_cnt >= 0 and s_cnt <= CNT_HALF) then
62.        s_clk <= '0';
63.      else
64.        s_clk <= '1';
65.      end if;
66.    end if;
67.  end process;
68.
69.  clk_o <= s_clk;
70.
71.  end rtl;
```

5. 检查 VHDL 文件语法

在如图 2-16 所示的软件界面中，首先，单击“clk_gen_1hz”文件图标，然后右击“Check Syntax”选项，在弹出的快捷菜单中选择“Run”命令，当“Console”窗口中出现“Process "Check Syntax" completed successfully”时，表示检查语法成功。注意，如果在“Console”窗口中出现错误提示，则以提示信息为线索对 VHDL 源代码进行修改，直到没有 error 为止。

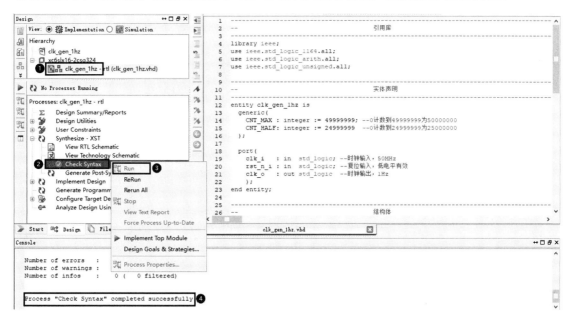

图 2-16　检查 VHDL 文件语法

6. 通过 Synplify 综合工程

Synplify 综合是对整个系统的数学模型描述。在系统设计的初始阶段，人们通过对系统行为描述的仿真来发现系统设计中存在的问题，以此考虑系统结构和工作过程能否达到设计要求。确认 VHDL 文件语法正确后，在如图 2-17 所示的软件界面中，右击"xc6slx16-2csg324"选项，在弹出的快捷菜单中选择"Design Properties"命令。

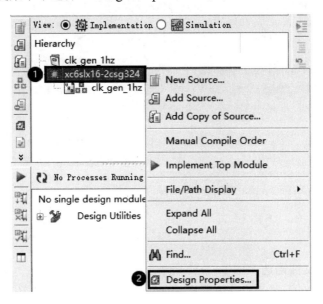

图 2-17　Synplify 综合工程步骤 1

在弹出的对话框中，将"Synthesis Tool"下拉列表设置为"Synplify Pro (VHDL/Verilog)"，如图 2-18 所示，然后单击"OK"按钮。

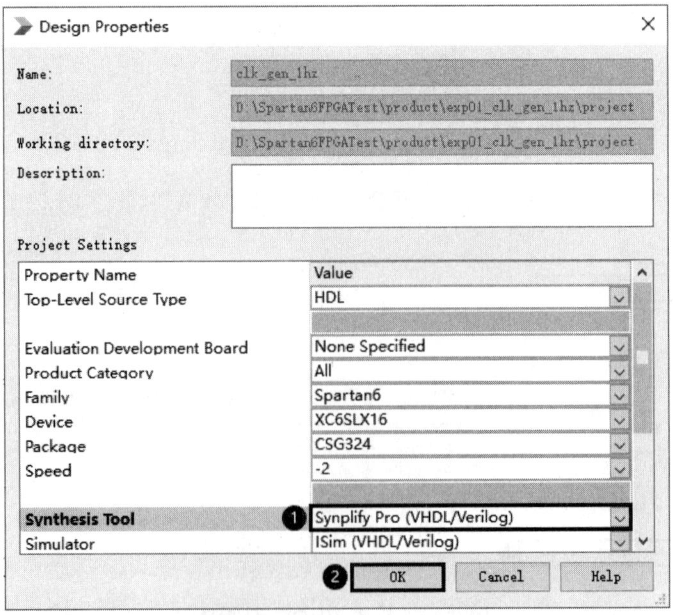

图 2-18　Synplify 综合工程步骤 2

在如图 2-19 所示的界面中，单击"clk_gen_1hz"文件图标，然后右击"View RTL Schematic"选项，在弹出的快捷菜单中选择"Run"命令。

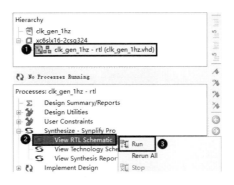

图 2-19　Synplify 综合工程步骤 3

综合成功后会自动弹出 Synplify 软件界面，由 Synplify 综合的工程硬件逻辑电路如图 2-20 所示，与图 2-4 进行对比分析，发现其符合设计预期。注意，当一个综合电路打开后，在未关闭的情况下再次综合，会出现综合失败的情况。

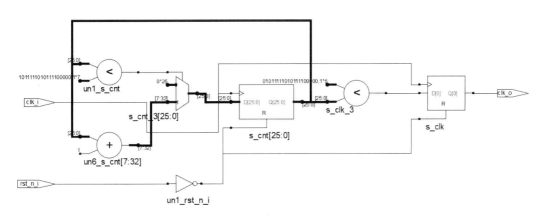

图 2-20　Synplify 综合工程结果

7. 新建 VHDL 测试文件进行仿真

将工程下载到 FPGA 高级开发系统之前，为了检验电路的正确性，需要对电路进行仿真测试，确保无误后再将电路下载到系统中。

首先新建一个测试文件（参考图 2-11），执行菜单命令"Project"→"New Source"，在弹出来的对话框中，文件类型选择"VHDL Test Bench"，在"File name"文本框中输入"clk_gen_1hz_tb"，在"Location"文本框中选择如图 2-21 所示的路径，并勾选"Add to project"复选框，最后，单击"Next"按钮。

在弹出来的对话框中选择仿真目标文件，通常选择顶层文件，本实验只有一个 VHDL 文件，所以直接单击"Next"按钮，如图 2-22 所示。

确认文件路径、文件类型、文件名等信息是否正确，无误后单击"Finish"按钮，如图 2-23 所示。

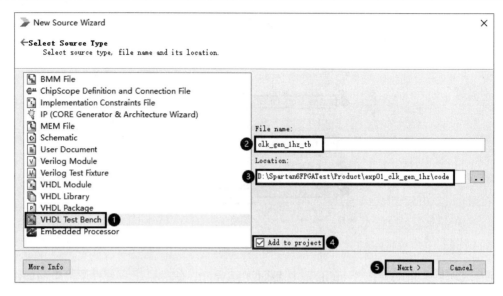

图 2-21　选择 VHDL 测试文件类型

图 2-22　关联 VHDL 测试文件与 VHDL 文件　　　　图 2-23　确认 VHDL 测试文件信息

　　程序清单 2-2 是 ISE 软件自动生成的测试文件 clk_gen_1hz_tb.vhd 中的内容，为了方便介绍，省略了部分代码，下面进行以下修改：①50MHz 对应的周期为 20ns，因此，将程序清单 2-2 中的第 5 行代码由 10ns 更改为 20ns；②clk_o 随着 clk_i 的变化而变化，因此，删除第 6 行代码，以及第 17 至 23 行代码；③rst_n_i 默认为 0，因此，在第 34 行处添加代码将 rst_n_i 拉高。修改之后的测试代码如程序清单 2-3 所示。

程序清单 2-2

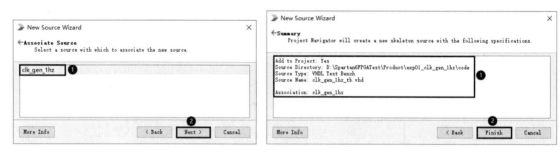

```
1.    LIBRARY ieee;
2.    USE ieee.std_logic_1164.ALL;
3.    --此处为省略部分
4.       -- Clock period definitions
5.       constant clk_i_period : time := 10 ns;
6.       constant clk_o_period : time := 10 ns;
7.    BEGIN
8.    --此处为省略部分
9.       clk_i_process :process
10.      begin
11.           clk_i <= '0';
12.           wait for clk_i_period/2;
13.           clk_i <= '1';
```

```
14.            wait for clk_i_period/2;
15.       end process;
16.
17.    clk_o_process :process
18.    begin
19.           clk_o <= '0';
20.           wait for clk_o_period/2;
21.           clk_o <= '1';
22.           wait for clk_o_period/2;
23.       end process;
24.
25.    -- Stimulus process
26.    stim_proc: process
27.    begin
28.        -- hold reset state for 100 ns.
29.        wait for 100 ns;
30.
31.        wait for clk_i_period*10;
32.
33.        -- insert stimulus here
34.
35.        wait;
36.     end process;
37.
38. END;
```

下面对程序清单 2-3 中的关键语句进行解释。

（1）第 5 行代码：通过 constant 关键字定义一个常量 clk_i_period，其中，常量类型为 time，初值为 20ns，这个初值即为 50MHz 系统时钟的时钟周期。

（2）第 9 至 15 行代码：使用 process 进程产生一个占空比为 50%、频率为 50MHz 的时钟信号。

（3）第 21 至 23 行代码："wait for+延迟时间"语句表示延迟一定时间后再执行下一行代码。例如，第 21 行代码表示延迟 100ns 后再执行第 23 行代码，第 23 行代码表示延迟 10 个时钟周期，即 200ns 后再执行下一行代码。

（4）第 26 行代码：复位信号 rst_n_i 的初始值为 0，表示复位整个系统；将 rst_n_i 拉高，即释放复位，整个系统开始工作。

（5）第 27 行代码：wait 语句表示无条件等待，这样仿真就会一直执行下去。

程序清单 2-3

```
1.   LIBRARY ieee;
2.   USE ieee.std_logic_1164.ALL;
3.   --此处为省略部分
4.      -- Clock period definitions
5.      constant clk_i_period : time := 20 ns;
6.
7.   BEGIN
8.   --此处为省略部分
9.      clk_i_process :process
10.     begin
11.           clk_i <= '0';
```

```
12.        wait for clk_i_period/2;
13.        clk_i <= '1';
14.        wait for clk_i_period/2;
15.    end process;
16.
17.    -- Stimulus process
18.    stim_proc: process
19.    begin
20.        -- hold reset state for 100 ns.
21.        wait for 100 ns;
22.
23.        wait for clk_i_period*10;
24.
25.        -- insert stimulus here
26.        rst_n_i <= '1';
27.        wait;
28.    end process;
29.
30. END;
```

在如图 2-24 所示的软件界面中，单击选择"Simulation"单选按钮，单击"clk_gen_1hz_tb"文件图标，然后双击"Behavioral Check Syntax"选项对仿真文件 clk_gen_1hz_tb.vhd 进行语法检查，当"Console"窗口出现"Process "Behavioral Check Syntax" completed successfully"时，表示检查语法成功。最后，右击"Simulate Behavioral Model"选项，选择"Rerun All"命令。

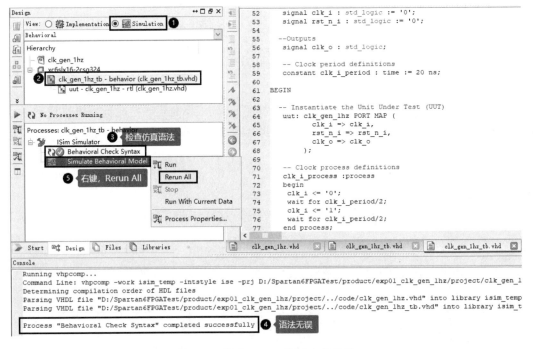

图 2-24　检查 VHDL 测试文件语法

在弹出的如图 2-25 所示的 ISim 软件界面中，执行以下操作查看仿真结果：①单击工具栏的 🔲 按钮；②单击 ▶ 按钮，运行仿真；③运行大约 2500ms；④单击 ‖ 按钮，中止仿真，显示界面会切换到 clk_gen_1hz_tb.vhd 文件；⑤单击"Default.wcfg"文件名，显示界面切换回仿真文件；⑥单击 ⊠ 按钮，查看完整的仿真波形，单击 🔍 🔍 按钮或者按 Ctrl 键且同时滚动鼠标滚轮可以对仿真波形进行放大和缩小。

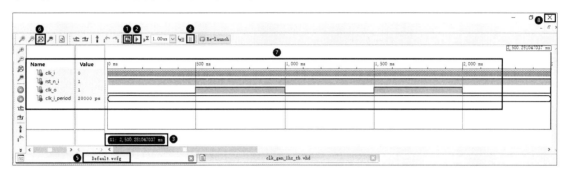

图 2-25　查看仿真结果

在默认情况下，ISim 的仿真文件中仅显示实体中的输入和输出等端口，不会显示内部定义的信号，但在仿真过程中出现错误时，常常需要查看内部信号等信息，因此，还要掌握如何将信号添加到波形窗口。下面以 s_cnt 信号为例进行介绍：①在 ISim 软件界面的"Instances and Processes"面板上，单击"clk_gen_1hz_tb"节点下的"uut"选项；②在"Objects"面板上右击"s_cnt"信号，在弹出的快捷菜单中选择"Add To Wave Window"命令，完成添加 s_cnt 信号到波形窗口后，依次单击 🔁 ▶ 按钮重新运行仿真。如图 2-26 所示，可以看到，s_cnt 信号已经成功添加到波形窗口的最后一行并显示出仿真值。

图 2-26　添加信号后的视图

分频器实验是一个简单的实验，只有两个信号。但绝大多数工程都有非常丰富的内部信号，如果在仿真中出现错误，就需要重新更改 VHDL 源码或 VHDL 测试文件，重新仿真，这样就需要重新添加信号。为了节省时间，可以先保存当前仿真文件：①执行菜单命令"File"→"Save"；②输入文件名，并选择保存路径，如文件名为"clk_gen_1hz"，文件路径为"D:\Spartan6FPGATest\product\exp01_clk_gen_1hz\project"；③关闭该仿真文件。

完成仿真文件的存储后，可以在如图 2-27 所示的软件界面中，右击"Simulate Behavioral Model"选项，在弹出的快捷菜单中选择"Process Properties"命令。

在弹出的如图 2-28 所示的对话框中，勾选"Use Custom Waveform Configuration File"复选框，并在"Custom Waveform Configuration File"文本后输入仿真文件的路径和文件名。

参考图 2-24 和图 2-25，重新进行仿真，就可以在仿真波形窗口同时看到实体的输入和输出端口，以及 s_cnt 信号，这样就可以通过反复仿真确保仿真正确。

图 2-27　"Process Properties" 命令

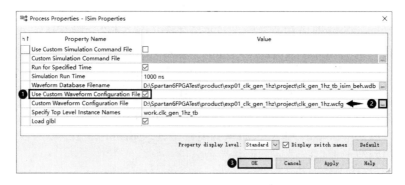

图 2-28　设置 VHDL 仿真文件路径

8. 新建引脚约束文件

在板级调试之前，还需要进行引脚约束。将窗口从 Simulation 切换到 Implementation，然后执行菜单命令"Project"→"New Source"，在弹出的对话框中，文件类型选择"Implementation Constraints File"，在"File name"文本框中输入"clk_gen_1hz"，在"Location"文本框中选择如图 2-29 所示的路径，并勾选"Add to project"复选框，最后，单击"Next"按钮。

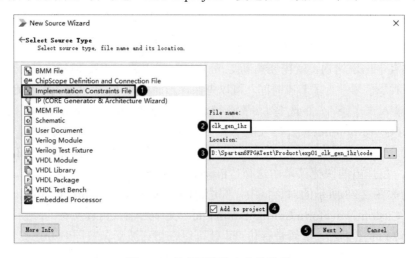

图 2-29　选择引脚约束文件类型

确认文件路径、文件类型、文件名等信息是否正确，无误后单击"Finish"按钮，如图 2-30 所示。

图 2-30　确认引脚约束文件信息

在 ISE 软件界面中，将程序清单 2-4 中的代码输入 clk_gen_1hz.ucf 文件中，下面对关键语句进行解释。

（1）第 1 至 3 行代码：时钟输入引脚约束，将时钟输入 clk_i 分配到 FPGA 芯片的 V10 引脚；建立以 clk_i 驱动的约束组 sys_clk_pin；对约束组 sys_clk_pin 进行周期约束 TS_sys_clk_pin（格式为"TS_约束组名"），时钟频率为 50MHz。

（2）第 5 至 7 行代码：复位输入引脚约束，将复位输入 rst_n_i 分配到 FPGA 芯片的 N7 引脚。在 ISE 软件中，rst_n_i 常被识别为时钟信号，但该信号并没有在专用时钟引脚上，这样，在布局布线时会报错，加上第 7 行代码就会让 ISE 软件忽略这个错误。

（3）第 9 至 10 行代码：时钟输出引脚约束，将时钟输出 clk_o 分配到 FPGA 芯片的 G14 引脚。

另外，IOSTANDARD = "LVCMOS33"语句表示使用 3.3V 电平标准。XC6SLX16 芯片可以适配 1.2V、3.3V 等多个标准，同时还可以调整引脚输入/输出电流，以提高驱动能力，具体方法可以参考配套资料包中的"09.硬件资料\Spartan-6_FPGA_SelectIO_Resources.pdf"文件。

程序清单 2-4

```
1.   #时钟输入引脚约束
2.   NET clk_i LOC = V10 | TNM_NET = sys_clk_pin;
3.   TIMESPEC TS_sys_clk_pin = PERIOD sys_clk_pin 50MHz;
4.
5.   #复位输入引脚约束
6.   NET rst_n_i LOC = N7 | IOSTANDARD = "LVCMOS33"; #核心板上的 RESET 按键
7.   #NET rst_n_i CLOCK_DEDICATED_ROUTE = FALSE;
8.
9.   #时钟输出引脚约束
10.  Net clk_o  LOC = G14 | IOSTANDARD = "LVCMOS33"; #LED0
```

9. 下载程序

在如图 2-31 所示的软件界面中，右击"Generate Programming File"选项，在弹出的快捷菜单中选择"Rerun All"命令，当"Console"窗口出现"Process "Generate Programming File" completed successfully"时，表示生成二进制文件（.bit 文件）成功。

在下载.bit 文件之前，需要通过 12V 电源适配器向 FPGA 高级开发系统供电，同时将电源拨动开关上拨至 ON 打开电源，然后将 Xilinx USB Cable 下载器连接到 FPGA 高级开发系统和计算机上，连接图如图 2-32 所示。

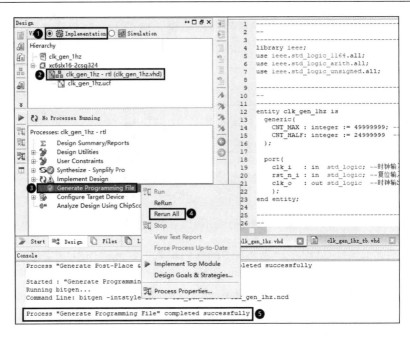

图 2-31　生成二进制文件

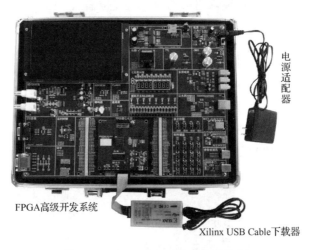

图 2-32　FPGA 高级开发系统连接图

完成连接后检查计算机的设备管理器，如图 2-33 所示，若发现 Xilinx USB Cable 设备则表示下载器与计算机正常连接，此时下载器上的黄灯亮。

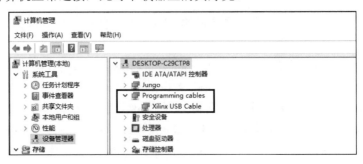

图 2-33　Xilinx USB Cable 与计算机正常连接

在如图 2-34 所示的软件界面中，右击"Configure Target Device"选项，在弹出的快捷菜单中选择"Run"命令，直到"Console"窗口出现"Process "Configure Target Device" launched successfully"。

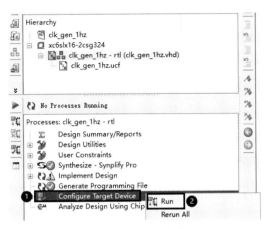

图 2-34　下载.bit 文件步骤 1

在如图 2-35 所示的 ISE iMPACT 软件界面中，双击"Boundary Scan"选项，然后右击窗口空白处，在弹出的快捷菜单中选择"Initialize Chain"命令。

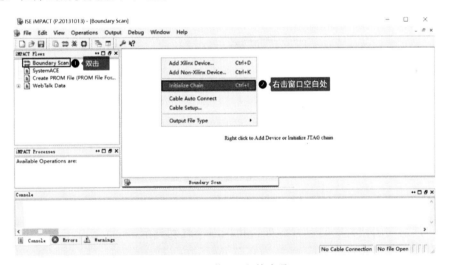

图 2-35　下载.bit 文件步骤 2

在弹出的如图 2-36 所示的对话框中，单击"No"按钮。

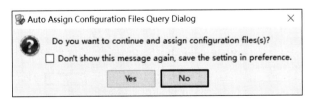

图 2-36　下载.bit 文件步骤 3

然后会弹出如图 2-37 所示的对话框，该对话框用于配置下载参数，使用默认参数即可，单击"OK"按钮回到主界面。

右击"XILINX"芯片图标，在弹出的快捷菜单中选择"Launch File Assignment Wizard"命令，如图 2-38 所示。

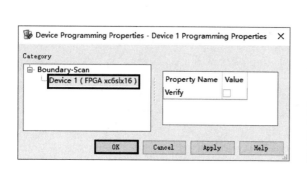

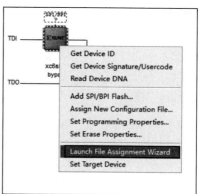

图 2-37　下载.bit 文件步骤 4　　　　　　　图 2-38　选择下载文件命令

在"D:\Spartan6DigitalTest\Product\exp01_clk_gen_1hz\project"目录中选择"clk_gen_1hz.bit"文件，查看"File name"文本框中是否显示正确，如图 2-39 所示，然后单击"Open"按钮。

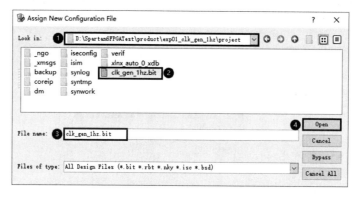

图 2-39　选择.bit 文件

在弹出的如图 2-40 所示的对话框中，单击"No"按钮，目前还不需要将代码下载到外部 Flash 芯片中，后面固化程序时会介绍如何将程序下载到外部 Flash 芯片中。

在如图 2-41 所示的对话框中单击"OK"按钮。

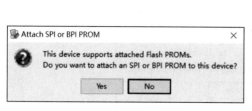

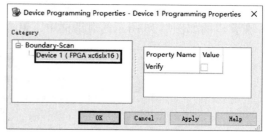

图 2-40　不添加 Flash　　　　　　　　　图 2-41　设备编程属性设置

如图 2-42 所示，二进制文件 clk_gen_1hz.bit 已完成添加，然后右击"XILINX"芯片图标，在弹出的快捷菜单中选择"Program"命令，将.bit 文件下载到 FPGA 芯片中。

如图 2-43 所示，下载成功后将显示"Program Succeeded"。

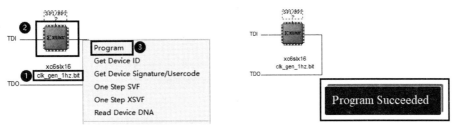

图 2-42　进行下载　　　　　　图 2-43　下载成功

下载完成后，观察 FPGA 高级开发系统的发光二极管模块中的 LED_0，可以看到 LED_0 每 500ms 更改一次状态，从而实现分频器实验的板级验证。

10. 固化程序

步骤 9 中的.bit 文件只是下载到了 XC6SLX16 芯片的配置区域，该配置区域类似于 SRAM，断电后数据会丢失。如果给 FPGA 高级开发系统断电，然后上电，那么此时就会发现刚才下载的程序丢失了，系统就像恢复了出厂设置。

要想实现系统断电再重新上电后程序不丢失，就需要用外部的 Flash 芯片来保存程序，Flash 芯片不具有断电丢失数据的特性，但读写较慢，特别适合存储数据，这一方法也称为 FPGA 的程序固化。程序固化后，当 XC6SLX16 芯片上电时，就能从外部 Flash 芯片中读出程序并写入配置区域，从而避免每次上电都要重新下载程序。

首先，参考步骤 9 进入 ISE iMPACT 软件界面；然后双击"Create PROM File(PROM File Formatter)"选项，在弹出的"PROM File Formatter"对话框中选择"Configure Single FPGA"选项，单击第 1 个绿色箭头。将"Storage Device(bits)"下拉列表设置为 16M，然后单击"Add Storage Device"按钮，在下方的空白框中会显示 16M。单击第 2 个绿色箭头，在"Output File Name"文本框中输入"clk_gen_1hz"，在"Output File Location"文本框中选择工程路径进行保存，最后单击"OK"按钮，如图 2-44 所示。

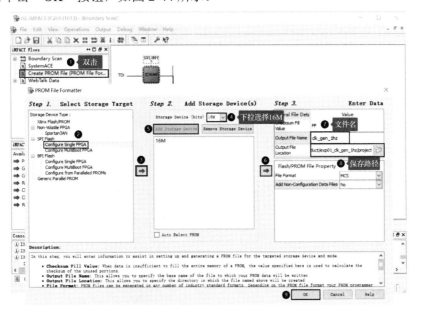

图 2-44　生成.mcs 文件

在弹出的如图 2-45 所示的"Add Device"对话框中，单击"OK"按钮。

在弹出的如图 2-46 所示的对话框中，选择"project"文件夹下的"clk_gen_1hz.bit"文件，然后单击"打开"按钮。

图 2-45　添加设备

图 2-46　选择.bit 文件

如图 2-47 所示，"Add Device"对话框用于提示是否继续添加设备。若一个电路板上有多个 FPGA 芯片，每个 FPGA 芯片都有专门的.bit 文件，那么可以将多个.bit 文件储存在同一个 Flash 芯片中。通常 Flash 芯片容量是远大于 FPGA 配置区域容量的，这样做可以提高 Flash 芯片内存的利用率，节约成本。更多信息请查阅配套资料包中的"09.硬件资料\Spartan-6_FPGA_ Configuration_User_Guide.pdf"文件。

因为只有一个 FPGA 芯片，所以直接单击"No"按钮。

在弹出的对话框中，直接单击"OK"按钮，如图 2-48 所示。

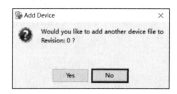

图 2-47　不添加另一个设备

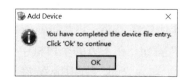

图 2-48　添加设备完成

完成设备添加后 ISE iMPACT 变成如图 2-49 所示的界面，右击空白处，在弹出的快捷菜单中选择"Generate File"命令生成.mcs 文件。

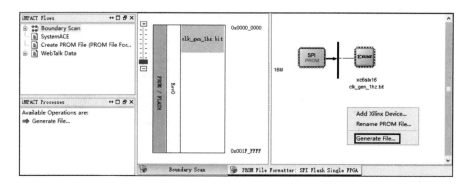

图 2-49　生成.mcs 文件

成功生成.mcs 文件后，界面如图 2-50 所示。

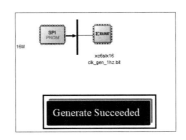

图 2-50 成功生成.mcs 文件

下面进行.mcs 文件的下载，首先双击"Boundary Scan"选项，然后右击"XILINX"芯片图标，在弹出的快捷菜单中选择"Add SPI/BPI Flash"命令添加 Flash，如图 2-51 所示。

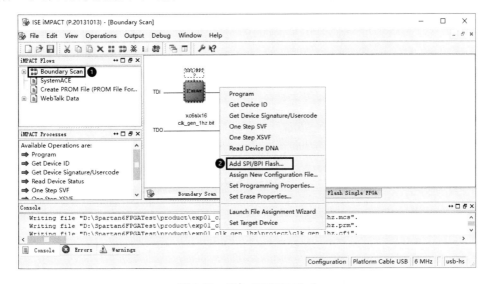

图 2-51 添加 SPI/BPI Flash

在弹出的如图 2-52 所示的对话框中，选择"clk_gen_1hz.mcs"文件，然后单击"打开"按钮。

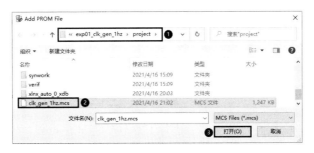

图 2-52 选择.mcs 文件

如图 2-53 所示的对话框用于 Flash 芯片选型，FPGA 高级开发系统使用的 Flash 芯片为 M25P16-VMN6TP，所以选择"SPI PROM"和"M25P16"选项，然后单击"OK"按钮。

成功添加 Flash 后，右击"Flash"图标，在弹出的快捷菜单中选择"Program"命令，如图 2-54 所示。

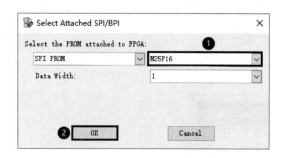

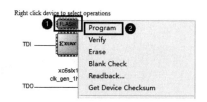

图 2-53　选择 Flash 芯片型号　　　　　　　　图 2-54　下载到 Flash 中

在弹出的如图 2-55 所示的对话框中单击"OK"按钮。

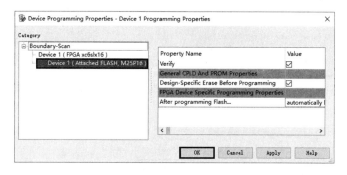

图 2-55　下载配置

文件成功下载到 Flash 后如图 2-56 所示。

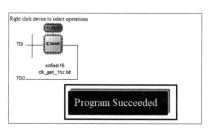

图 2-56　下载成功

程序成功下载到 Flash 后，尝试将 FPGA 高级开发系统断电，再重新上电，查看程序是否会丢失。

本 章 任 务

学习完本章后，严格按照实验步骤，进行 ISE 软件标准化设置，创建 FPGA 工程，新建 VHDL 文件、测试文件和引脚约束文件，并且最终生成.bit 文件和.mcs 文件，将其分别下载到 FPGA 高级开发系统中，查看运行结果。

本 章 习 题

1．为什么要对 ISE 软件进行标准化设置？

2．FPGA 高级开发系统上的 FPGA 芯片型号是什么？封装是什么？

3．简述时钟分频原理。

4．分频器实验主要基于计数器，简述 50MHz 时钟分频到 1Hz 时钟的过程。

5．假如在一个分频模块 clk_gen 中，generic 引导的 CNT_MAX 为 49999，CNT_HALF 为 24999，如何在不更改 clk_gen.vhd 文件代码的前提下，在实例化 clk_gen 时，将 CNT_MAX 和 CNT_HALF 分别更改为 499 和 249？

6．generic 引导的参数说明和传递语句中的参数与 constant 关键字定义的常量有何区别？

7．如何在结构体的声明部分定义一个信号类型为 std_logic、取值范围为 000～111、初值为 000 的计数器 s_cnt？

8．通过查找资料，总结.bit 文件和.mcs 文件的区别。

第3章 流水灯实验

流水灯实验旨在通过 VHDL 语言设计一个基于分频器子模块的流水灯顶层模块。该流水灯模块不仅包括分频器，还包括计数器。因此，该实验主要是让读者掌握基于模块化设计思想的分频器应用及计数器设计的方法。

3.1 实验内容

学习模块化设计思想及分频器和计数器工作原理，基于 FPGA 高级开发系统设计一个流水灯模块，使编号为 $LED_0 \sim LED_7$ 的 8 个发光二极管（LED）依次点亮、熄灭，呈流水状显示，即先让最右端的 LED 点亮，等待 1s 后熄灭，再让第二个 LED 点亮，等待 1s 后熄灭，以此类推，当最左端的 LED 熄灭后，再点亮最右端的 LED，形成循环。

3.2 实验原理

3.2.1 流水灯实验 LED 电路原理图

流水灯实验涉及的硬件电路包括 8 个位于 FPGA 高级开发系统上的 LED（编号为 $LED_0 \sim LED_7$），以及分别与这 8 个 LED 串联的限流电阻 $R_{513} \sim R_{520}$，这 8 个 LED 分别通过 470Ω 电阻连接到 XC6SLX16 芯片的 G14、F16、H15、G16、H14、H16、J13 和 J16 引脚，另外，硬件电路还包括系统时钟引脚和系统复位引脚，如图 3-1 所示。可以通过 FPGA 控制这 8 个 LED，当 FPGA 输出高电平时，LED 点亮，当 FPGA 输出低电平时，LED 熄灭。

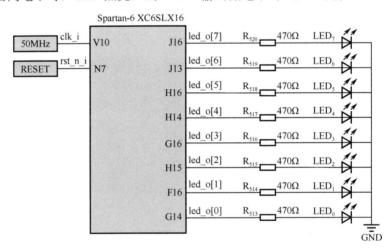

图 3-1 流水灯实验 LED 电路原理图

3.2.2 流水灯工作原理

以 4 位的流水灯为例，其工作原理就是 4 个 LED（$LED_0 \sim LED_3$）依次点亮、熄灭，呈流水状显示。在 T_1 时刻，先让 LED_0 点亮，等待一段时间；在 T_2 时刻，LED_0 熄灭，LED_1 点亮，等待一段时间；在 T_3 时刻，LED_1 熄灭，LED_2 点亮；以此类推，当 LED_3 熄灭后，再点亮 LED_0，形成循环，如图 3-2 所示。注意，通常流水灯两个相邻状态之间的时间间隔是固定的，8 位的流水灯工作原理与之类似。

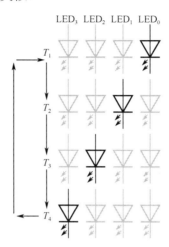

图 3-2　流水灯工作原理

3.2.3　流水灯模块内部电路图

流水灯实验电路有 10 个引脚，引脚的名称、类型、约束及描述如表 3-1 所示。

表 3-1　流水灯实验电路引脚说明

引 脚 名 称	引 脚 类 型	引 脚 约 束	引 脚 描 述
clk_i	in	V10	时钟输入，50MHz
rst_n_i	in	N7	复位输入，低电平复位
led_o[7]	out	J16	通过电阻连接到 LED_7
led_o[6]	out	J13	通过电阻连接到 LED_6
led_o[5]	out	H16	通过电阻连接到 LED_5
led_o[4]	out	H14	通过电阻连接到 LED_4
led_o[3]	out	G16	通过电阻连接到 LED_3
led_o[2]	out	H15	通过电阻连接到 LED_2
led_o[1]	out	F16	通过电阻连接到 LED_1
led_o[0]	out	G14	通过电阻连接到 LED_0

流水灯实验内部电路如图 3-3 所示。1Hz 分频模块 clk_gen_1hz 用于将 50MHz 的系统时钟分频为 1Hz 的内部时钟，作为计数器 s_cnt 的时钟输入，s_cnt 初始值为 000，在每个 s_clk_1hz 时钟的上升沿执行一次加 1 操作，s_cnt 按照 "000→001→010→011→100→101→110→111→000" 的顺序循环计数。led_o[7:0] 根据计数器 s_cnt 输出流水灯的不同状态值：当 s_cnt 为 000 时，led_o[7:0] 取值为 LED0_ON；当 s_cnt 为 001 时，led_o[7:0] 取值为 LED1_ON；以此类推。其中，LED0_ON～LED7_ON、LED_OFF 均为常量，分别指示 LED_0～LED_7 点亮、所有 LED 熄灭。复位引脚 rst_n_i 用于对整个系统进行异步复位，当 rst_n_i 为 0 时，计数器 s_cnt 被清零。

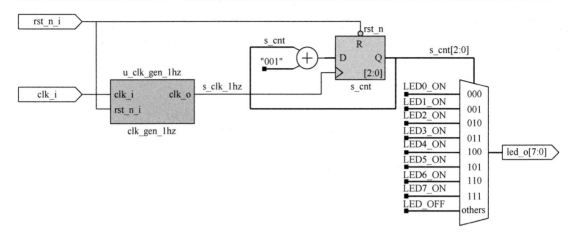

图 3-3　流水灯实验内部电路

3.3　实验步骤

1. 复制工程文件夹并添加 VHDL 文件

将"D:\Spartan6FPGATest\Material"目录中的 exp02_led 文件夹复制到"D:\Spartan6
FPGATest\Product"目录中。然后，双击运行"D:\Spartan6FPGATest\Product\exp02_led\project"
目录中的 led.xise 文件打开工程。

工程打开后，右击"xc6slx16-2csg324"选项，在弹出的快捷菜单中选择"Add Source"
命令，如图 3-4 所示。

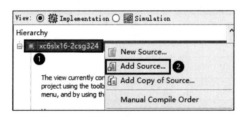

图 3-4　添加文件

在弹出的如图 3-5 所示的对话框中，选择"D:\Spartan6FPGATest\Product\exp02_led\code"
路径下的.vhd 文件和.ucf 文件，然后单击"打开"按钮。

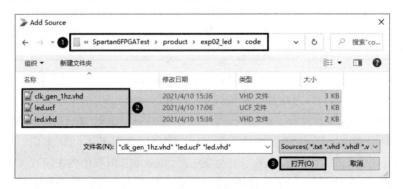

图 3-5　选择文件

在弹出的如图 3-6 所示的对话框中，单击"OK"按钮将.vhd 文件和.ucf 文件添加到工程中。

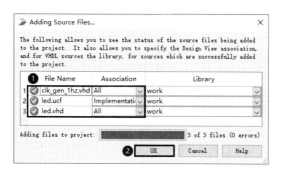

图 3-6　添加文件

添加完成的效果如图 3-7 所示。其中，带有 ▦ 图标的模块为设计的顶层文件，即 ISE 将顶层文件默认为 clk_gen_1hz.vhd，因为本实验的顶层文件为 led.vhd，因此还需要对顶层文件进行设置。

如图 3-8 所示，右击"led.vhd"选项，在弹出的快捷菜单中选择"Set as Top Module"命令。

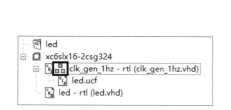

图 3-7　顶层文件

图 3-8　设置顶层文件

2. 完善 led.vhd 文件

双击"led.vhd"文件打开编辑界面，将程序清单 3-1 中的代码输入 led.vhd 文件中，并参考 2.3 节步骤 5 检查 led.vhd 文件的语法，下面对关键语句进行解释。

（1）第 20 至 28 行代码：在结构体中，定义了 9 个常量并赋初值，用于表示流水灯的 9 种状态，如 LED0_ON 表示 LED_0 点亮，初值为 00000001。

（2）第 30 至 36 行代码：由于流水灯实验会使用到分频模块 clk_gen_1hz，因此，还需要在结构体中通过 component 关键字声明该模块，这类似于函数声明。

（3）第 46 至 51 行代码：通过 port 和 map 关键字实例化 clk_gen_1hz 模块，其中，clk_gen_1hz 为元件名，u_clk_gen_1hz 为例化名。如果将流水灯模块看作一块 PCB 电路板，clk_gen_1hz 就相当于一个抽象的元器件名。例如，100nF 的贴片电容，u_clk_gen_1hz 就相当于摆放在 PCB 电路板上的具体编号的电容，如果电路板上有多个 100nF 的贴片电容，就可以将这些电容依次命名为 u1_clk_gen_1hz、u2_clk_gen_1hz、u3_clk_gen_1hz、…。注意，在同一个结构体中，例化名必须不同，而在不同结构体中，例化名可以相同。

（4）第 53 至 60 行代码：实现计数功能。

（5）第 62 至 75 行代码：通过 case 语句实现一个选择器电路，led_o 根据 s_cnt 输出流水灯的不同状态值。

程序清单 3-1

```
1.    --------------------------------------------------------------------
2.    --                           实体声明
3.    --------------------------------------------------------------------
4.    entity led is
5.      port(
6.        clk_50mhz_i : in std_logic; --时钟输入，50MHz
7.        rst_n_i     : in std_logic; --复位输入，低电平有效
8.        led_o       : out std_logic_vector(7 downto 0) --LED 输出，共 8 位
9.        );
10.   end entity;
11.
12.   --------------------------------------------------------------------
13.   --                           结构体
14.   --------------------------------------------------------------------
15.   architecture rtl of led is
16.
17.   --------------------------------------------------------------------
18.   --                           声明
19.   --------------------------------------------------------------------
20.     constant LED0_ON : std_logic_vector(7 downto 0) := "00000001"; --LED$_0$ 点亮
21.     constant LED1_ON : std_logic_vector(7 downto 0) := "00000010"; --LED$_1$ 点亮
22.     constant LED2_ON : std_logic_vector(7 downto 0) := "00000100"; --LED$_2$ 点亮
23.     constant LED3_ON : std_logic_vector(7 downto 0) := "00001000"; --LED$_3$ 点亮
24.     constant LED4_ON : std_logic_vector(7 downto 0) := "00010000"; --LED$_4$ 点亮
25.     constant LED5_ON : std_logic_vector(7 downto 0) := "00100000"; --LED$_5$ 点亮
26.     constant LED6_ON : std_logic_vector(7 downto 0) := "01000000"; --LED$_6$ 点亮
27.     constant LED7_ON : std_logic_vector(7 downto 0) := "10000000"; --LED$_7$ 点亮
28.     constant LED_OFF : std_logic_vector(7 downto 0) := "00000000"; --全部 LED 熄灭
29.
30.     component clk_gen_1hz is
31.       port(
32.         clk_i   : in  std_logic; --时钟输入，50MHz
33.         rst_n_i : in  std_logic; --复位输入，低电平有效
34.         clk_o   : out std_logic  --时钟输出，1Hz
35.         );
36.     end component;
37.
38.     signal s_clk_1hz : std_logic; --1Hz 时钟信号
39.     signal s_cnt     : std_logic_vector(2 downto 0) := "000"; --计数信号，3 位
40.
41.   begin
42.
43.   --------------------------------------------------------------------
44.   --                           功能描述
45.   --------------------------------------------------------------------
46.     u_clk_gen_1hz : clk_gen_1hz
47.       port map(
```

```
48.      clk_i    => clk_50mhz_i,
49.      rst_n_i => rst_n_i,
50.      clk_o    => s_clk_1hz
51.      );
52.
53.    process(s_clk_1hz, rst_n_i)
54.    begin
55.      if(rst_n_i = '0') then
56.        s_cnt <= "000";
57.      elsif rising_edge(s_clk_1hz) then
58.        s_cnt <= s_cnt + '1';
59.      end if;
60.    end process;
61.
62.    process(s_cnt)
63.    begin
64.      case s_cnt is
65.        when "000"   => led_o <= LED0_ON;
66.        when "001"   => led_o <= LED1_ON;
67.        when "010"   => led_o <= LED2_ON;
68.        when "011"   => led_o <= LED3_ON;
69.        when "100"   => led_o <= LED4_ON;
70.        when "101"   => led_o <= LED5_ON;
71.        when "110"   => led_o <= LED6_ON;
72.        when "111"   => led_o <= LED7_ON;
73.        when others => led_o <= LED_OFF;
74.      end case;
75.    end process;
76.
77. end rtl;
```

3. 通过 Synplify 综合工程

参考 2.3 节步骤 6，通过 Synplify 对工程进行综合，综合生成电路图后，结果如图 3-9 所示，可以看到一个黄色的方块，这就是顶层文件调用的 clk_gen_1hz 模块，单击工具栏的 按钮，将光标移动到黄色方块内部，待光标变成向下的箭头后单击鼠标左键，即可进入查看 clk_gen_1hz 模块内部综合的电路图。

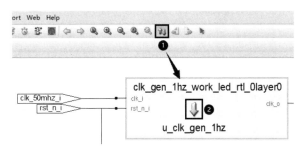

图 3-9　Synplify 综合工程结果

4. 新建 VHDL 测试文件并仿真工程

新建名为 led_tb.vhd 的仿真文件，选择仿真对象为 led.vhd。

ISE 软件会自动生成测试代码，参考 2.3 节步骤 7 将自动生成的代码进行修改，同时在"--insert stimulus here"注释的下一行，将 rst_n_i 值拉高。

完成测试文件的修改之后，对流水灯模块进行仿真，从如图 3-10 所示的仿真结果中可以看出，led_o[7:0]的值循环改变，每 1s 更改一次（按 Shift 键，单击波形位置可以查看该位置与光标间的时间间隔），说明仿真结果正确。

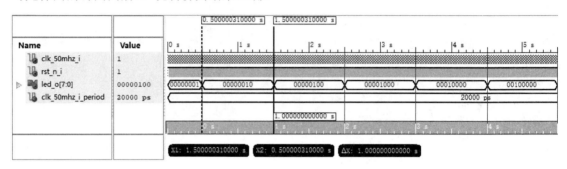

图 3-10　查看仿真结果

5. 导入并完善引脚约束文件

打开 led.ucf 文件编辑界面，参考 2.3 节步骤 8，将程序清单 3-2 中的代码输入 led.ucf 文件中。

程序清单 3-2

```
1.   #时钟输入引脚约束
2.   NET clk_50mhz_i LOC = V10 | TNM_NET = sys_clk_pin;
3.   TIMESPEC TS_sys_clk_pin = PERIOD sys_clk_pin 50MHz;
4.
5.   #复位输入引脚约束
6.   NET rst_n_i LOC = N7 | IOSTANDARD = "LVCMOS33"; #核心板上的 RESET 按键
7.   NET rst_n_i CLOCK_DEDICATED_ROUTE = FALSE;
8.
9.   #LED 输出引脚约束
10.  Net led_o<7> LOC = J16 | IOSTANDARD = "LVCMOS33"; #LED₇
11.  Net led_o<6> LOC = J13 | IOSTANDARD = "LVCMOS33"; #LED₆
12.  Net led_o<5> LOC = H16 | IOSTANDARD = "LVCMOS33"; #LED₅
13.  Net led_o<4> LOC = H14 | IOSTANDARD = "LVCMOS33"; #LED₄
14.  Net led_o<3> LOC = G16 | IOSTANDARD = "LVCMOS33"; #LED₃
15.  Net led_o<2> LOC = H15 | IOSTANDARD = "LVCMOS33"; #LED₂
16.  Net led_o<1> LOC = F16 | IOSTANDARD = "LVCMOS33"; #LED₁
17.  Net led_o<0> LOC = G14 | IOSTANDARD = "LVCMOS33"; #LED₀
```

引脚约束文件完成后，参考 2.3 节步骤 9 编译工程并生成.bit 文件，下载到 FPGA 高级开发系统上，观察发光二极管模块是否每 1s 点亮一个 LED，并且呈流水状显示。

本 章 任 务

基于 FPGA 高级开发系统，使用 VHDL 语言实现 LED 编码计数功能。假设 LED 熄灭为 0，点亮为 1，通过 4 个 LED 实现编码计数功能：初始状态为 $LED_3 \sim LED_0$ 均熄灭（0000）；第二状态为 $LED_3 \sim LED_1$ 熄灭，LED_0 点亮（0001）；第三状态为 LED_3、LED_2、LED_0 熄灭，LED_1 点亮（0010）；第四状态为 LED_3、LED_2 熄灭，LED_0、LED_1 点亮（0011）；…；第十五

状态为 $LED_3 \sim LED_1$ 点亮，LED_0 熄灭（1110）；第十六状态为 $LED_3 \sim LED_0$ 均点亮（1111）。按照"初始状态→第二状态→第三状态→…→第十六状态→初始状态"的顺序循环执行，两个相邻状态之间的时间间隔为 500ms。

本 章 习 题

1．在本实验中，如果测试文件中的 clk_50mhz_i_period 保持 10ns 不变，那么仿真中流水灯两个相邻状态之间的时间间隔有多长？这对板级验证时流水灯闪烁时间间隔会有影响吗？

2．在本实验中，如果测试文件中的 rst_n_i 始终保持 0 不变，那么 led_o[7:0]的值会发生什么变化？为什么？

3．模块化设计有什么优点？

4．C 语言中的函数调用与 VHDL 中的元件例化有什么不同？

第 4 章 独立按键去抖实验

流水灯实验主要学习 FPGA 的输出控制,独立按键去抖实验主要学习 FPGA 的输入检测,旨在通过 VHDL 语言设计一个基于分频器子模块和按键去抖子模块的按键控制 LED 计数顶层模块。该模块不仅包括分频模块,还包括按键去抖模块,同时按键去抖模块会涉及状态机,因此,本章将详细介绍状态机设计。

4.1 实验内容

通过学习 FPGA 高级开发系统上的独立按键电路原理图、按键去抖原理和状态机设计,设计一个基于 FPGA 高级开发系统的按键控制 LED 计数顶层模块,当按下按键 KEY_1 时,控制编号为 $LED_0 \sim LED_3$ 的 4 个发光二极管按照"0000→0001→0010→…→1111→0000"的顺序循环执行,这里假设 LED 熄灭为 0,点亮为 1。

4.2 实验原理

4.2.1 独立按键电路原理图

独立按键实验涉及的硬件电路包括 4 个位于 FPGA 高级开发系统上的 LED (编号为 $LED_0 \sim LED_3$)、1 个独立按键 (编号为 KEY_1),以及与独立按键串联的 10kΩ 限流电阻、与独立按键并联的 100nF 滤波电容,KEY_1 连接到 XC6SLX16 芯片的 G13 引脚,另外,硬件电路还包括系统时钟引脚和系统复位引脚,如图 4-1 所示。当按键未按下时,G13 引脚上的电平为高电平;当按键按下时,G13 引脚上的电平为低电平。

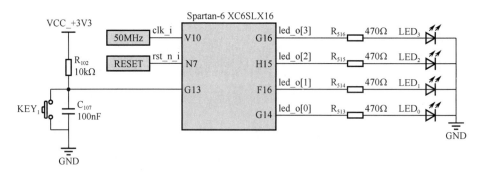

图 4-1 独立按键电路原理图

4.2.2 按键去抖原理

市场上绝大多数按键都是机械式开关结构,而机械式开关的核心部件为弹性金属簧片,因而在开关切换的瞬间会在接触点出现来回弹跳的现象。在按键松开后时,也会出现类似的情况,这种情况被称为抖动。按键按下时产生前沿抖动,按键松开后产生后沿抖动,如图 4-2 所示。

独立按键去抖原理图如图 4-3 所示，因为按键未按下时为高电平，按键按下时为低电平，所以对于理想按键，按键按下时可以立刻检测到低电平，按键松开后可以立刻检测到高电平。但是，实际情况是按键一旦按下，就会产生前沿抖动，抖动持续时间为 5～10ms，接着，芯片引脚会检测到稳定的低电平；按键松开后，会产生后沿抖动，抖动持续时间依然为 5～10ms，接着，芯片引脚会检测到稳定的高电平。去抖实际上是每 1ms 检测一次连接到按键

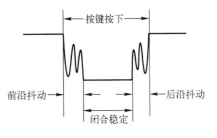

图 4-2 前沿抖动和后沿抖动

的引脚电平，连续检测到 20 次低电平，即低电平持续时间超过 20ms，表示识别到按键按下。同理，按键按下后，如果连续检测到 20 次高电平，即高电平持续时间超过 20ms，表示识别到按键松开。

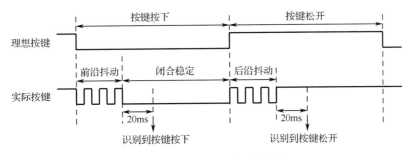

图 4-3 独立按键去抖原理图

根据前面的分析，要求每 1ms 检测一次连接到按键的引脚电平，因此，需要通过 50MHz 的系统时钟分频出一个 1kHz 的时钟。假设去抖前的按键名为 btn_i，去抖后的按键名为 btn_o，未检测到按键按下时 btn_o 为低电平，在连续 20 次检测到按键按下时，btn_o 产生一个脉宽为 1ms 的脉冲信号。这样，就实现了按键的去抖，如图 4-4 所示。

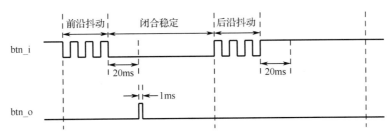

图 4-4 独立按键去抖时序图

4.2.3 状态机工作原理

状态机的全称为有限状态机（Finite State Machine，FSM），由状态寄存器和组合逻辑电路构成，能够根据控制信号按照预先设定的状态进行状态转移，是协调相关信号动作、完成特定操作的控制中心。

状态机由 3 部分组成，分别为产生下一状态的组合逻辑电路、当前状态的时序逻辑电路和产生输出的组合逻辑电路。产生下一状态的组合逻辑电路包含 2 个输入和 1 个输出：输入分别为当前状态 curr_state 和实际的电路输入信号 input，输出为下一状态 next_state。当前状

态的时序逻辑电路包含 3 个输入和 1 个输出：输入分别为时钟信号 clock、复位信号 reset 和下一状态 next_state，输出为当前状态 curr_state。产生输出的组合逻辑电路包含 1 个输入和 1 个输出：输入为当前状态 curr_state，输出为实际的电路输出信号 output。注意，输入信号 input 可以是多个输入信号，同样，输出信号 output 也可以是多个输出信号。

如果状态机的输出信号 output 仅由当前状态决定，则这种状态机称为摩尔（Moore）型有限状态机，如图 4-5 所示；如果状态机的输出信号 output 不仅与电路当前状态 curr_state 有关，还与当前的输入 input 有关，则这种状态机称为米利（Mealy）型有限状态机，如图 4-6 所示。

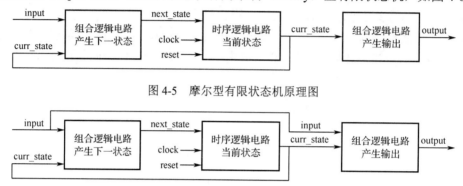

图 4-5　摩尔型有限状态机原理图

图 4-6　米利型有限状态机原理图

4.2.4　独立按键去抖处理状态机

基于 FPGA 的独立按键去抖模块设计有很多种方法，如第 6 章的矩阵键盘扫描实验将会使用双寄存器边沿检测电路，而本章实验使用状态机对独立按键进行去抖处理。从图 4-4 可以看出，如果按照状态机概念对独立按键去抖时序图进行状态编码分析可以得到以下 4 个状态：①按键未按下时的空闲状态 IDLE，复位时进入该状态；②检测到按键按下且计数器小于 20 的延迟状态 DELAY；③检测到按键按下且计数器大于或等于 20 时产生一个脉宽为 1ms 脉冲的脉冲状态 PULSE；④按键未松开时的保持状态 KEEP。对独立按键进行去抖处理的状态转换示意图如图 4-7 所示。

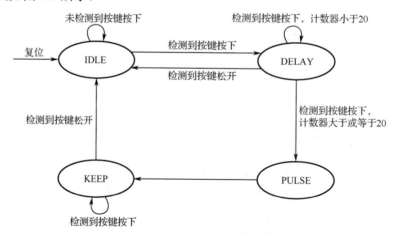

图 4-7　独立按键去抖处理的状态转换示意图

状态转换条件如表 4-1 所示。

表 4-1　独立按键去抖状态转换条件

当前状态	下一状态	转换条件
IDLE	IDLE	未检测到按键按下
IDLE	DELAY	检测到按键按下，按键按下为低电平，从 IDLE 状态跳转至 DELAY 状态，同时启动计数器
DELAY	DELAY	检测到按键按下且计数器小于 20，计数器执行加 1 操作
DELAY	IDLE	计数器小于 20 并检测到按键松开
DELAY	PULSE	检测到按键按下且计数器大于或等于 20，即按键引脚低电平持续时间为 20ms，说明成功检测到按键已有效按下
PULSE	KEEP	在成功检测到按键已有效按下时，将 btn_o 置 1，由于 PULSE 状态只会保持一个状态，从 PULSE 状态跳转至 KEEP 状态时，btn_o 将被置 0，因此，btn_o 的高电平只会持续 1ms
KEEP	IDLE	识别到按键松开，跳转至 IDLE 状态
KEEP	KEEP	识别到按键依然处于按下状态

4.2.5　独立按键去抖实验内部电路图

独立按键去抖实验电路有 7 个引脚，引脚的名称、类型、约束及描述如表 4-2 所示。

表 4-2　独立按键去抖实验电路引脚说明

引脚名称	引脚类型	引脚约束	引脚描述
clk_i	in	V10	时钟输入，50MHz
rst_n_i	in	N7	复位输入，低电平复位
btn_i	in	G13	按键输入，按下为低电平
led_o[3]	out	G16	通过电阻连接到 LED_3
led_o[2]	out	H15	通过电阻连接到 LED_2
led_o[1]	out	F16	通过电阻连接到 LED_1
led_o[0]	out	G14	通过电阻连接到 LED_0

独立按键去抖实验内部电路图如图 4-8 所示。1kHz 分频模块 u_clk_gen_1khz 用于将 50MHz 的系统时钟分频为 1kHz 的内部时钟，作为计数器 s_cnt 和 u_clr_jitter 模块的时钟输入。按键去抖模块 u_clr_jitter 用于对原始按键输入 btn_i 进行去抖处理。当 s_cnt 在 s_clk_1khz 时钟上升沿，同时 s_btn_after_clr_jitter 为 1 时，执行一次加 1 操作，s_cnt 按照 "0000→0001→0010→0011→…→1111→0000" 的顺序循环计数，led_o 根据 s_cnt 输出不同状态值。rst_n_i 用于对整个系统进行异步复位，当 rst_n_i 为 0 时，s_cnt 被清零。

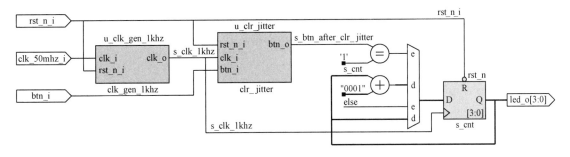

图 4-8　独立按键去抖实验内部电路图

4.3　实验步骤

1. 复制工程文件夹并添加 VHDL 文件

将"D:\Spartan6FPGATest\Material"目录中的 exp03.clr_jitter_with_fsm 文件夹复制到"D:\Spartan6FPGATest\Product"目录中。然后，双击运行"D:\Spartan6FPGATest\Product\exp03.clr_jitter_with_fsm\project"目录中的 btn_led_cnt.xise 文件，打开工程。

工程打开后，参考 3.3 节步骤 1，将"D:\Spartan6FPGATest\Product\exp03.clr_jitter_with_fsm\code"目录中的.vhd 文件和.ucf 文件全部添加到工程中，并将顶层文件设置为 btn_led_cnt.vhd。

2. 完善 clr_jitter_with_fsm.vhd 文件

将程序清单 4-1 中的代码输入 clr_jitter_with_fsm.vhd 文件中，并参考 2.3 节步骤 5 检查该文件的语法，下面对关键语句进行解释。

（1）第 21 至 29 行代码：定义常量 BTN_DOWN，并赋初值 0，代表按键按下为低电平。使用 type 关键字定义一种枚举类型 t_state，枚举成员包括状态机的 4 个状态，分别为空闲状态 IDLE、延迟状态 DELAY、脉冲状态 PULSE 和保持状态 KEEP，进一步使用枚举类型 t_state 定义状态机的当前状态 curr_state 和下一状态 next_state。另外，再定义两个计数器，分别为当前计数器 s_cnt_curr 和下一计数器 s_cnt_next，均赋初值 00000。

（2）第 36 至 45 行代码：实现两个时序逻辑电路，分别为产生当前状态的时序逻辑电路及产生当前计数器值的时序逻辑电路，当 rst_n_i 为 0 复位时，状态机当前状态 curr_state 为 IDLE，当前计数器 s_cnt_curr 清零，在 clk_i 上升沿，curr_state 更新为 next_state，s_cnt_curr 更新为 s_cnt_next。

（3）第 47 至 95 行代码：实现产生下一状态、产生输出的组合逻辑电路，可以参考如图 4-7 所示的状态转换示意图和表 4-1 所示的状态转换条件。

程序清单 4-1

```
1.  ------------------------------------------------------------------------
2.  --                          实体声明
3.  ------------------------------------------------------------------------
4.  entity clr_jitter_with_fsm is
5.    port(
6.      clk_i    : in  std_logic; --时钟输入，1kHz
7.      rst_n_i  : in  std_logic; --复位输入，低电平有效
8.      btn_i    : in  std_logic; --去抖之前的按键
9.      btn_o    : out std_logic  --去抖之后的按键
10.     );
11. end entity;
12.
13. ------------------------------------------------------------------------
14. --                          结构体
15. ------------------------------------------------------------------------
16. architecture rtl of clr_jitter_with_fsm is
17.
18. ------------------------------------------------------------------------
19. --                          声明
20. ------------------------------------------------------------------------
21.   constant BTN_DOWN : std_logic := '0'; --按键按下电平
22.
```

```
23.     type t_state is (IDLE, DELAY, PULSE, KEEP);
24.
25.     signal curr_state : t_state; --当前状态
26.     signal next_state : t_state; --下一状态
27.
28.     signal s_cnt_curr : std_logic_vector(4 downto 0) := "00000";
29.     signal s_cnt_next : std_logic_vector(4 downto 0) := "00000";
30.
31.  begin
32.
33.  --------------------------------------------------------------------------------
34.  --                                 功能描述
35.  --------------------------------------------------------------------------------
36.     process(clk_i, rst_n_i)
37.     begin
38.       if(rst_n_i = '0') then
39.         curr_state <= IDLE;
40.         s_cnt_curr <= "00000";
41.       elsif(rising_edge(clk_i)) then
42.         curr_state <= next_state;
43.         s_cnt_curr <= s_cnt_next;
44.       end if;
45.     end process;
46.
47.     process(curr_state, s_cnt_curr, s_cnt_next, btn_i)
48.     begin
49.       --默认值
50.       --next_state <= IDLE;
51.       --s_cnt_next <= "00000";
52.       --btn_o      <= '0';
53.       case curr_state is
54.         when IDLE =>
55.           if(btn_i = BTN_DOWN) then --首次检测到有按键按下
56.             next_state <= DELAY;
57.             s_cnt_next <= "00000";
58.             btn_o      <= '0';
59.           else
60.             next_state <= IDLE;
61.             s_cnt_next <= "00000";
62.             btn_o      <= '0';
63.           end if;
64.         when DELAY =>
65.           if(btn_i = BTN_DOWN) then --再次检测到有按键按下
66.             if(s_cnt_curr >= "10011") then --计数满 20, 低电平持续 20ms, 跳变至 PULSE
67.               next_state <= PULSE;
68.               s_cnt_next <= "00000";
69.               btn_o      <= '0';
70.             else --计数未满 20, 下一状态依然为 DELAY
71.               next_state <= DELAY;
72.               s_cnt_next <= s_cnt_curr + "00001";
73.               btn_o      <= '0';
74.             end if;
```

```
75.          else --识别到按键松开
76.            next_state <= IDLE;
77.            s_cnt_next <= "00000";
78.            btn_o      <= '0';
79.          end if;
80.        when PULSE => --btn_o拉高并保持1ms
81.          next_state <= KEEP;
82.          s_cnt_next <= "00000";
83.          btn_o      <= '1';
84.        when KEEP =>
85.          if(btn_i = BTN_DOWN) then --按键依然处于按下状态，但将btn_o拉低
86.            next_state <= KEEP;
87.            s_cnt_next <= "00000";
88.            btn_o      <= '0';
89.          else --识别到按键松开，下一状态跳变至 IDLE
90.            next_state <= IDLE;
91.            s_cnt_next <= "00000";
92.            btn_o      <= '0';
93.          end if;
94.      end case;
95.    end process;
96.
97. end rtl;
```

3．仿真工程

检查完 clr_jitter_with_fsm.vhd 文件的语法之后，对 clr_jitter_with_fsm 模块进行仿真，本实验已经提供了测试文件模板 clr_jitter_with_fsm_tb.vhd，不需要再创建，只需要将程序清单 4-2 中的内容输入 "-- insert stimulus here" 代码后面，然后参考 2.3 节步骤 7 进行仿真，下面对该文件的部分代码进行介绍。

（1）第 15 至 25 行代码：模拟按键按下时的前沿抖动过程。

（2）第 27 行代码：模拟按键按下时的稳定状态，持续时间为 120ms。

（3）第 28 至 30 行代码：模拟按键松开后的后沿抖动过程。

（4）第 31 行代码：模拟按键松开后的稳定状态，持续时间为 200ms。

（5）第 33 至 40 行代码：模拟按键抖动过程。

程序清单 4-2

```
1.     -- Stimulus process
2.     stim_proc: process
3.     begin
4.        -- hold reset state for 100 ns.
5.     wait for 100 ns;
6.
7.     wait for clk_1khz_i_period*10;
8.
9.     -- insert stimulus here
10.
11.    rst_n_i <= '1';
12.
13.    wait for 100 ns;
14.
```

```
15.     btn_i <= '0'; wait for 6 ms;
16.     btn_i <= '1'; wait for 2 ms;
17.
18.     btn_i <= '0'; wait for 7 ms;
19.     btn_i <= '1'; wait for 10 ms;
20.
21.     btn_i <= '0';  wait for 6 ms;
22.     btn_i <= '1'; wait for 6 ms;
23.
24.     btn_i <= '0'; wait for 10 ms;
25.     btn_i <= '1'; wait for 6 ms;
26.
27.     btn_i <= '0'; wait for 120 ms;
28.     btn_i <= '1'; wait for 10 ms;
29.
30.     btn_i <= '0'; wait for 8 ms;
31.     btn_i <= '1'; wait for 200 ms;
32.
33.     btn_i <= '0'; wait for 6 ms;
34.     btn_i <= '1'; wait for 2 ms;
35.
36.     btn_i <= '0'; wait for 6 ms;
37.     btn_i <= '1'; wait for 2 ms;
38.
39.     btn_i <= '0'; wait for 6 ms;
40.     btn_i <= '1'; wait for 2 ms;
41.
42.     wait;
43.     end process;
```

完成测试文件的修改后，检查测试文件语法，然后参考 2.3 节步骤 7 对 clr_jitter_with_fsm 模块进行仿真，从如图 4-9 所示的仿真结果可以看出，btn_i 经过一段时间的前沿抖动之后，进入稳定状态，并持续 120ms，经后沿抖动之后，进入松开状态。在进入稳定状态 20ms 时，btn_o 输出一个脉冲信号，说明检测到有效按键。

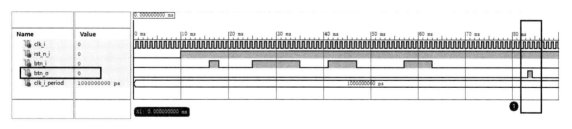

图 4-9　查看仿真结果

4. 完善 btn_led_cnt.vhd 文件

将程序清单 4-3 中的代码输入 btn_led_cnt.vhd 文件中，下面对关键语句进行解释。

（1）第 63 至 72 行代码：当 rst_n_i 为 0 复位时，计数器 s_cnt 清零。在 s_clk_1khz 时钟上升沿，若 s_btn_after_clr_jitter 为 1，则 s_cnt 执行一次加 1 操作，s_cnt 按照 "0000→0001 →0010→0011→…→1111→0000" 的顺序循环计数。

（2）第 74 行代码：led_o 根据 s_cnt 输出不同状态值。

程序清单 4-3

```
1.   ------------------------------------------------------------------------
2.   --                              实体声明
3.   ------------------------------------------------------------------------
4.   entity btn_led_cnt is
5.     port(
6.       clk_50mhz_i : in  std_logic; --时钟输入，50MHz
7.       rst_n_i     : in  std_logic; --复位输入，低电平有效
8.       btn_i       : in  std_logic; --按键输入，按键按下为低电平
9.       led_o       : out std_logic_vector(3 downto 0) --LED 输出，共 4 位
10.      );
11.  end entity;
12.
13.  ------------------------------------------------------------------------
14.  --                              结构体
15.  ------------------------------------------------------------------------
16.  architecture rtl of btn_led_cnt is
17.
18.  ------------------------------------------------------------------------
19.  --                              声明
20.  ------------------------------------------------------------------------
21.    component clk_gen_1khz is
22.      port(
23.        clk_i   : in  std_logic; --时钟输入，50MHz
24.        rst_n_i : in  std_logic; --复位输入，低电平有效
25.        clk_o   : out std_logic  --时钟输出，1kHz
26.        );
27.    end component;
28.
29.    component clr_jitter_with_fsm is
30.      port(
31.        clk_i   : in  std_logic; --时钟输入，1kHz
32.        rst_n_i : in  std_logic; --复位输入，低电平有效
33.        btn_i   : in  std_logic; --去抖之前的按键
34.        btn_o   : out std_logic  --去抖之后的按键
35.        );
36.    end component;
37.
38.    signal s_clk_1khz             : std_logic := '0'; --1kHz 时钟信号
39.    signal s_btn_after_clr_jitter : std_logic; --去抖后的按键信号
40.
41.    signal s_cnt : std_logic_vector(3 downto 0); --计数器
42.
43.  begin
44.
45.  ------------------------------------------------------------------------
46.  --                              功能描述
47.  ------------------------------------------------------------------------
48.    u_clk_gen_1khz : clk_gen_1khz
49.      port map(
```

```
50.      clk_i    => clk_50mhz_i,
51.      rst_n_i => rst_n_i,
52.      clk_o    => s_clk_1khz
53.      );
54.
55.    u_clr_jitter_with_fsm : clr_jitter_with_fsm
56.    port map(
57.      clk_i    => s_clk_1khz,
58.      rst_n_i => rst_n_i,
59.      btn_i    => btn_i,
60.      btn_o    => s_btn_after_clr_jitter
61.      );
62.
63.    process(s_clk_1khz, rst_n_i)
64.    begin
65.      if(rst_n_i = '0')then
66.        s_cnt <= "0000";
67.      elsif(rising_edge(s_clk_1khz)) then
68.        if(s_btn_after_clr_jitter = '1') then
69.          s_cnt <= s_cnt + "0001";
70.        end if;
71.      end if;
72.    end process;
73.
74.    led_o <= s_cnt;
75.
76. end rtl;
```

5. 通过 Synplify 综合工程

参考 2.3 节步骤 6，通过 Synplify 对工程进行综合，综合生成电路图后，单击 ⬆⬇ 按钮进入 clr_jitter_with_fsm 模块的综合电路中，可以看到一个名为 statemachine 的方框，如图 4-10 所示的是 Synplify 通过代码生成的状态机，使用 ⬆⬇ 按钮便可查看状态机内的状态转换图。

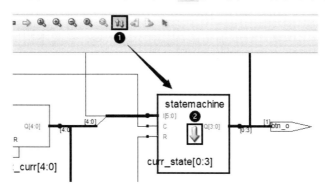

图 4-10　查看综合生成的状态机

6. 完善引脚约束文件

将程序清单 4-4 中的代码输入 btn_led_cnt.ucf 文件中。

程序清单 4-4

```
1.   #时钟输入引脚约束
```

```
2.  NET clk_50mhz_i LOC = V10 | TNM_NET = sys_clk_pin;
3.  TIMESPEC TS_sys_clk_pin = PERIOD sys_clk_pin 50MHz;
4.
5.  #复位输入引脚约束
6.  NET rst_n_i LOC = N7 | IOSTANDARD = "LVCMOS33"; #核心板上的 RESET 按键
7.  NET rst_n_i CLOCK_DEDICATED_ROUTE = FALSE;
8.
9.  Net btn_i    LOC = G13 | IOSTANDARD = "LVCMOS33"; #KEY1
10.
11. #LED 输出引脚约束
12. Net led_o<3> LOC = G16 | IOSTANDARD = "LVCMOS33"; #LED3
13. Net led_o<2> LOC = H15 | IOSTANDARD = "LVCMOS33"; #LED2
14. Net led_o<1> LOC = F16 | IOSTANDARD = "LVCMOS33"; #LED1
15. Net led_o<0> LOC = G14 | IOSTANDARD = "LVCMOS33"; #LED0
```

7. 板级验证

参考 2.3 节步骤 9，将工程编译生成.bit 文件，将其下载到 FPGA 高级开发系统上，然后按下按键 KEY$_1$，观察发光二极管模块，可以看到 4 个发光二极管按照 "0000→0001→0010→…→1111→0000" 的顺序循环点亮。

本 章 任 务

本实验是在按键的前沿（按键按下时），控制 LED 计数的，请尝试在按键的后沿，即按键松开后，控制 LED 计数。

本 章 习 题

1. 简述按键去抖原理。

2. 在本实验中，通过 1kHz 的时钟检测按键的引脚电平，能否将其改为 10Hz 的时钟？为什么？

3. 在本实验中，一个有效按键经过去抖之后会输出一个脉宽为 1ms 的脉冲信号，如果输出一个 2ms 的脉冲信号，则会对本实验产生什么影响？

4. 本实验中的独立按键去抖处理状态机是摩尔型状态机还是米利型状态机？为什么？

5. 如果不使用状态机，那么还可以通过什么方式进行按键去抖？

第5章 七段数码管显示实验

本实验将详细介绍七段数码管显示模块，并且通过一个七段数码管显示实验让读者掌握七段数码管显示原理。

5.1 实验内容

通过学习七段数码管、七段数码管显示模块电路原理图、七段数码管显示原理和七段数码管实验内部电路图，基于 FPGA 高级开发系统，编写七段数码管显示驱动程序，在数码管上显示数字 1～8。

5.2 实验原理

5.2.1 七段数码管

七段数码管实际上由组成"8"字形状的 7 个发光二极管，加上小数点，共 8 个发光二极管构成（见图 5-1），分别由字母（或字母组合）a、b、c、d、e、f、g、dp 表示。当发光二极管被施加电压时，相应的段被点亮，从而显示出不同的字符，如图 5-2 所示。

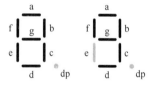

图 5-1 七段数码管示意图 　　图 5-2 七段数码管显示样例

七段数码管内部电路有两种连接方式：一是所有发光二极管的阳极连接在一起，并与电源正极（VCC）相连，称为共阳型，如图 5-3（a）所示；二是所有发光二极管的阴极连接在一起，并与电源负极（GND）相连，称为共阴型，如图 5-3（b）所示。

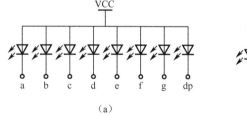

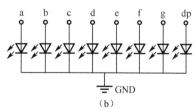

（a） 　　　　　　　　　　　　　　　（b）

图 5-3 共阳型和共阴型七段数码管内部电路示意图

七段数码管常用来显示数字和简单字符，如 0、1、2、3、4、5、6、7、8、9、A、b、C、d、E、F。对于共阳型七段数码管，当 dp 和 g 引脚连接高电平，其他引脚连接低电平时，显示数字 0。如果将 dp、g、f、e、d、c、b、a 引脚按照从高位到低位组成一个字节，且规定引脚为高电平时对应逻辑 1，引脚为低电平时对应逻辑 0，那么，二进制编码 11000000（0xC0）对应数字 0，二进制编码 11111001（0xF9）对应数字 1。表 5-1 为共阳型七段数码管常用数字和简单字符译码表。

表 5-1　共阳型七段数码管译码表

序　号	8位输出（dp g f e d c b a）	显 示 字 符	序　号	8位输出（dp g f e d c b a）	显 示 字 符
0	11000000（0xC0）	0	8	10000000（0x80）	8
1	11111001（0xF9）	1	9	10010000（0x90）	9
2	10100100（0xA4）	2	10	10001000（0x88）	A
3	10110000（0xB0）	3	11	10000011（0x83）	b
4	10011001（0x99）	4	12	11000110（0xC6）	C
5	10010010（0x92）	5	13	10100001（0xA1）	d
6	10000010（0x82）	6	14	10000110（0x86）	E
7	11111000（0xF8）	7	15	10001110（0x8E）	F

　　FPGA 高级开发系统上有两个共阳型 4 位七段数码管，支持 8 个数字或简单字符的显示，4 位七段数码管的引脚图如图 5-4 所示。其中，a、b、c、d、e、f、g、dp 为数据引脚，1、2、3、4 为位选引脚，4 位七段数码管的引脚描述如表 5-2 所示。

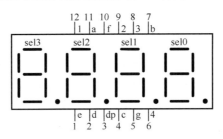

图 5-4　4 位七段数码管引脚图

表 5-2　4 位七段数码管引脚描述

引 脚 编 号	引 脚 名 称	描　　述
1	e	e 段数据引脚
2	d	d 段数据引脚
3	dp	dp 段数据引脚
4	c	c 段数据引脚
5	g	g 段数据引脚
6	4	左起 4 号数码管（sel0）位选引脚
7	b	b 段数据引脚
8	3	左起 3 号数码管（sel1）位选引脚
9	2	左起 2 号数码管（sel2）位选引脚
10	f	f 段数据引脚
11	a	a 段数据引脚
12	1	左起 1 号数码管（sel3）位选引脚

　　如图 5-5 所示为 4 位共阳型七段数码管的内部电路示意图。将数码管 sel3 的所有发光二极管正极相连，引出 sel3 的位选引脚；将数码管 sel2 的所有发光二极管正极相连，引出 sel2

的位选引脚；以此类推，引出 sel1 和 sel0 的位选引脚。4 个数码管的 a 段对应的发光二极管的负极相连，引出 a 段数据的引脚；4 个数码管的 b 段对应的发光二极管的负极相连，引出 b 段数据的引脚；以此类推，引出 c、d、e、f、g、h、dp 段数据的引脚。

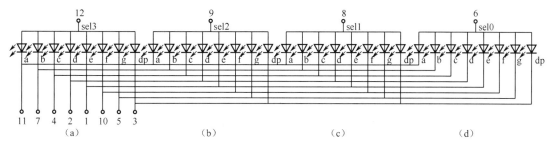

图 5-5　4 位共阳型七段数码管内部电路示意图

5.2.2　七段数码管显示模块电路原理图

七段数码管显示模块的硬件电路如图 5-6 所示，下面以七段数码管 U_{502} 的电路为例进行介绍，U_{502} 是一个 4 位共阳型七段数码管，通过 12 个引脚可以控制数码管每一位的点亮与熄灭。其中，引脚 6、8、9、12 为位选引脚，分别用于控制 SEL0～SEL3 中相应位的数码管点亮，其他 8 个数据引脚则用于控制所选中数码管相应段的点亮，这 12 个引脚均由 XC6SLX16 芯片控制。下面通过对数码管 SEL0 的点亮与熄灭来介绍七段数码管电路的显示原理。

U_{502} 的 6 号数据引脚经过一个电路后连接到 SEL0 网络，SEL0 又与 XC6SLX16 芯片的 F3 引脚相连，当 F3 引脚输出高电平时，三极管 Q_{509} 导通，MOS 管 Q_{501} 的 1 号引脚（G 级）为低电平，因此 Q_{501} 也被导通，U_{502} 的 6 号引脚输入高电平，SEL0 位选引脚使能，此时只要控制 SELA～SELDP 网络输出的电平高低，就可以实现数码管 SEL0 相应段的熄灭与点亮（低电平点亮，高电平熄灭）；反之，当 F3 引脚输出低电平时，SEL0 位选引脚失能，无论 SELA～SELDP 输出何种电平，数码管 SEL0 都为熄灭状态。

另外，七段数码管显示模块硬件电路还有一个 2P 的排针 J_{502}，该排针分别与系统电源 VCC_+3V3 和数码管供电电源 SEG_+3V3 连接。因此，当排针插上跳线帽时，VCC_+3V3 会与 SEG_+3V3 连上，七段数码管电路才有电源供应。否则，无论 SELA～SELDP 和 SEL0～SEL7 输出为何种电平，七段数码管都会处于熄灭状态。

5.2.3　七段数码管显示原理

在如图 5-5 所示的 4 位共阳型七段数码管内部电路示意图中，每个数码管的 8 个段（a～dp）的同名端连接在一起，并且每个数码管由一个独立的公共控制端控制。当向数码管发送一个字符时，所有数码管都接收到相同的字符，由哪个数码管显示该字符取决于公共控制端（sel0～sel3），这种显示方式称为动态扫描。

在动态扫描过程中，每个数码管的点亮时间间隔非常短（约 20ms），由于人的视觉暂留现象及发光二极管的余晖效应，并不会有闪烁感。

如果 4 个数码管轮流显示，每次只在一个数码管上显示某一字符，相邻数码管显示的时间间隔为 5ms，则 4 个数码管轮流显示完成需要 20ms，即同一个数码管显示时间间隔为 20ms。尽管实际上数码管并非同时点亮，但看上去却是一组稳定的字符显示。

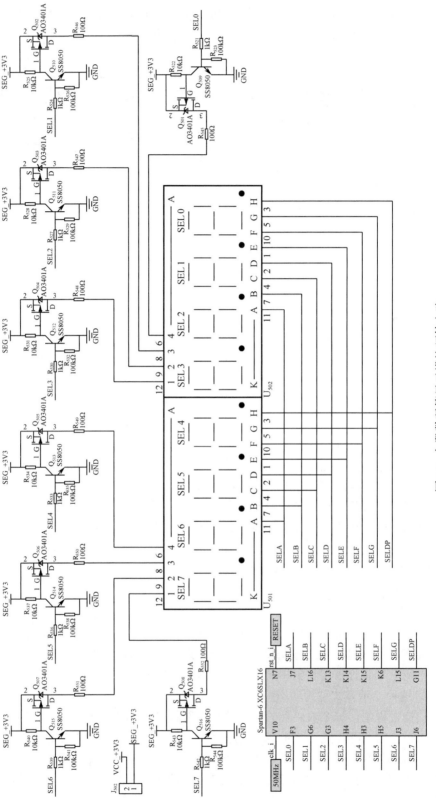

图5-6　七段数码管显示模块硬件电路

如图 5-7 所示，T_1 时刻数码管（a）显示数字 1，T_2 时刻数码管（b）显示数字 2，T_3 时刻数码管（c）显示数字 3，T_4 时刻数码管（d）显示数字 4，相邻时刻的时间间隔为 5ms，这样循环往复，看上去 4 个数码管稳定地显示 1234。

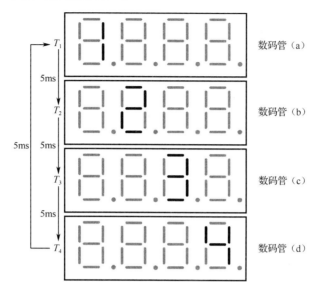

图 5-7　七段数码管动态扫描流程

5.2.4　七段数码管显示实验内部电路图

七段数码管显示实验电路有 4 个引脚，引脚的名称、类型、约束及描述如表 5-3 所示。

表 5-3　七段数码管显示实验电路引脚说明

引 脚 名 称	引 脚 类 型	引 脚 约 束	引 脚 描 述
clk_i	in	V10	时钟输入，50MHz
rst_n_i	in	N7	复位输入，低电平复位
seg7_sel_o[7:0]	out	J6、J3、H5、H3、H4、G3、G6、F3	输出，控制七段数码管位选引脚
seg7_seg_o[7:0]	out	G11、L15、K6、K15、K14、K13、L16、J7	输出，控制七段数码管数据引脚

七段数码管显示实验内部电路图如图 5-8 所示。400Hz 分频模块 u_clk_gen_400hz 用于将 50MHz 的系统时钟分频为 400Hz 的内部时钟，作为移位模块 u_shift 的时钟输入，u_shift 用于进行七段数码管的动态扫描，与位选输出 seg7_sel_o 相连，显示模块 u_seg7_disp 则用于七段数码管的显示，下面对模块 u_shift、u_seg7_disp 进行详细介绍。

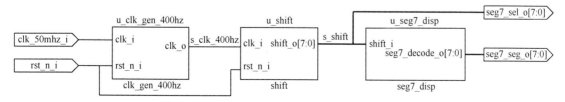

图 5-8　七段数码管显示实验内部电路图

1. u_shift 模块

u_shift 模块电路图如图 5-9 所示,该模块包含一个寄存器 s_shift,s_shift 的初始值为 10000000。在 clk_400hz_i 的上升沿,s_shift 执行循环右移操作,s_shift 与 shift_o 相连接。因此,该模块的功能是使 shift_o 按照 "10000000→01000000→00100000→00010000→00001000→00000100→00000010→00000001→10000000" 的顺序循环输出一个扫描信号,时间间隔为 2.5ms。

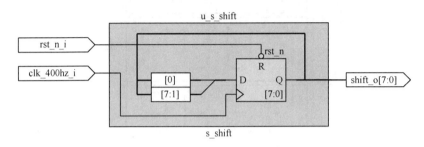

图 5-9　u_shift 模块电路图

2. u_seg7_disp 模块

u_seg7_disp 模块电路图如图 5-10 所示,该模块的功能是根据扫描信号值,在 seg7_decode_o 输出对应位七段数码管的显示值。例如,当 shift_i 为 10000000 时,最左端七段数码管的位选引脚 SEL7 使能,此时数据引脚 SELDP～SELA 输出 11111001,在数码管上显示 1。

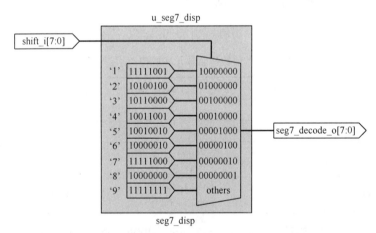

图 5-10　u_seg7_disp 模块电路图

5.3　实验步骤

1. 复制工程文件夹并添加 VHDL 文件

将 "D:\Spartan6FPGATest\Material" 目录中的 exp04_seg7 文件夹复制到 "D:\Spartan6 FPGATest\Product" 目录中。然后,双击运行 "D:\Spartan6FPGATest\Product\exp04_seg7\project" 目录中的 seg7.xise 文件打开工程。

工程打开后,参考 3.3 节步骤 1,将 "D:\Spartan6FPGATest\Product\exp04_seg7\code" 文件夹中的.vhd 文件和.ucf 文件全部添加到工程中,并将顶层文件设置为 seg7.vhd。

2. 完善 shift.vhd 文件

将程序清单 5-1 中的代码输入 shift.vhd 文件中，并参考 2.3 节步骤 5 检查语法。其中，第 28 至 37 行代码实现了循环移位的功能，s_shift 初始值为 10000000，当复位信号不为零时，在每个 400Hz 时钟信号的上升沿，s_shift 进行一次循环右移，用于七段数码管的扫描信号输出。

程序清单 5-1

```
1.   --------------------------------------------------------
2.   --                      实体声明
3.   --------------------------------------------------------
4.   entity shift is
5.     port(
6.       clk_400hz_i : in  std_logic;
7.       rst_n_i     : in  std_logic;
8.
9.       shift_o     : out std_logic_vector(7 downto 0)
10.    );
11.  end entity;
12.
13.  --------------------------------------------------------
14.  --                      结构体
15.  --------------------------------------------------------
16.  architecture rtl of shift is
17.
18.  --------------------------------------------------------
19.  --                      声明
20.  --------------------------------------------------------
21.    signal s_shift: std_logic_vector(7 downto 0);
22.
23.  begin
24.
25.  --------------------------------------------------------
26.  --                      功能描述
27.  --------------------------------------------------------
28.    process(s_shift,clk_400hz_i,rst_n_i)
29.      begin
30.        shift_o <= "10000000";
31.        if(rst_n_i = '0') then
32.          s_shift <= "10000000";
33.        elsif(rising_edge(clk_400hz_i)) then
34.          s_shift <= s_shift(0) & s_shift(7 downto 1); --循环移位
35.        end if;
36.          shift_o <= s_shift;
37.    end process;
38.
39.  end rtl;
```

3. 完善 seg7_disp.vhd 文件

将程序清单 5-2 中的代码输入 seg7_disp.vhd 文件中，并参考 2.3 节步骤 5 检查语法，下面对关键语句进行解释。

（1）第 20 至 45 行代码：这是一个通过 function 关键字自定义的函数，其中 char_to_std_logic_vector 是函数名，(indata：character)是输入的参数与参数的类型，这里输入类型为字符型，variable result: std_logic_vector(7 downto 0)描述的是返回值 result 的类型为 8 位的矢量数组。函数通过 case 语句把输入的控制字符转换为对应的 8 位矢量数组，通过 return 将转换结果 result 返回，调用该函数的格式为 char_to_std_logic_vector ('')，使用时只需把要转换的字符添加到单引号内，得到的返回值就是该字符对应的 8 位矢量数组。其中，字符为七段数码管上显示的字符，对应的矢量数组为显示该字符时数据引脚的输出值（空格为不显示）。例如，第 25 行，当输入为字符 0 时，输出为七段数码管显示 0 时数据引脚的输出值 11000000。

（2）第 52 至 64 行代码：通过 case 语句，实现在不同扫描值时对应数码管显示相应的字符，最终在七段数码管上显示 12345678 的效果。

程序清单 5-2

```
1.  ------------------------------------------------------------------
2.  --                        实体声明
3.  ------------------------------------------------------------------
4.  entity seg7_disp is
5.    port(
6.      shift_i       : in  std_logic_vector(7 downto 0);
7.
8.      seg7_decode_o : out std_logic_vector(7 downto 0)
9.    );
10. end entity;
11.
12. ------------------------------------------------------------------
13. --                        结构体
14. ------------------------------------------------------------------
15. architecture rtl of seg7_disp is
16.
17. ------------------------------------------------------------------
18. --                        声明
19. ------------------------------------------------------------------
20.   function char_to_std_logic_vector(indata:character) return std_logic_vector is
21.     variable result: std_logic_vector(7 downto 0);
22.   begin
23.     case indata is
24.       when ' '    => result := "11111111";
25.       when '0'    => result := "11000000";
26.       when '1'    => result := "11111001";
27.       when '2'    => result := "10100100";
28.       when '3'    => result := "10110000";
29.       when '4'    => result := "10011001";
30.       when '5'    => result := "10010010";
31.       when '6'    => result := "10000010";
32.       when '7'    => result := "11111000";
33.       when '8'    => result := "10000000";
34.       when '9'    => result := "10010000";
35.       when 'A'    => result := "10001000";
36.       when 'b'    => result := "10000011";
37.       when 'C'    => result := "10100111";
38.       when 'd'    => result := "10100001";
```

```
39.        when 'E'    => result := "10000110";
40.        when 'F'    => result := "10001110";
41.        when '-'    => result := "10111111";
42.        when others => result := "11111111";
43.      end case;
44.      return result;
45.    end function;
46.
47. begin
48.
49.    --------------------------------------------------------------------------
50.    --                          功能描述
51.    --------------------------------------------------------------------------
52.    process(shift_i)
53.      begin
54.        case shift_i is
55.          when "10000000" => seg7_decode_o <= char_to_std_logic_vector('1');
56.          when "01000000" => seg7_decode_o <= char_to_std_logic_vector('2');
57.          when "00100000" => seg7_decode_o <= char_to_std_logic_vector('3');
58.          when "00010000" => seg7_decode_o <= char_to_std_logic_vector('4');
59.          when "00001000" => seg7_decode_o <= char_to_std_logic_vector('5');
60.          when "00000100" => seg7_decode_o <= char_to_std_logic_vector('6');
61.          when "00000010" => seg7_decode_o <= char_to_std_logic_vector('7');
62.          when "00000001" => seg7_decode_o <= char_to_std_logic_vector('8');
63.          when others     => seg7_decode_o <= char_to_std_logic_vector(' ');
64.        end case;
65.    end process;
66.
67. end rtl;
```

4. 完善 seg7.vhd 文件

将程序清单 5-3 中的代码输入 seg7.vhd 文件中，并参考 2.3 节步骤 5 检查语法。

程序清单 5-3

```
1.  --------------------------------------------------------------------------
2.  --                          实体声明
3.  --------------------------------------------------------------------------
4.  entity seg7 is
5.    port(
6.      clk_50mhz_i : in  std_logic; --时钟输入，50MHz
7.      rst_n_i     : in  std_logic; --复位输入，低电平有效
8.      seg7_sel_o  : out std_logic_vector(7 downto 0); --位选引脚输出
9.      seg7_seg_o  : out std_logic_vector(7 downto 0)  --数据引脚输出
10.     );
11. end entity;
12.
13. --------------------------------------------------------------------------
14. --                          结构体
15. --------------------------------------------------------------------------
16. architecture rtl of seg7 is
17.
18. --------------------------------------------------------------------------
19. --                          声明
```

```
20.  ------------------------------------------------------------------
21.    component clk_gen_400hz is
22.      port(
23.        clk_i   : in  std_logic; --时钟输入，50MHz
24.        rst_n_i : in  std_logic; --复位输入，低电平有效
25.        clk_o   : out std_logic  --时钟输出，400Hz
26.        );
27.    end component;
28.
29.    component shift is
30.      port(
31.        clk_400hz_i : in  std_logic;                    --时钟输入，400Hz
32.        rst_n_i     : in  std_logic;                    --复位输入，低电平有效
33.        shift_o     : out std_logic_vector(7 downto 0)  --移位输出
34.        );
35.    end component;
36.
37.    component seg7_disp is
38.      port(
39.        shift_i       : in  std_logic_vector(7 downto 0);
40.        seg7_decode_o : out std_logic_vector(7 downto 0)
41.        );
42.    end component;
43.
44.    signal s_clk_400hz  : std_logic;
45.    signal s_shift      : std_logic_vector(7 downto 0);
46.
47.  begin
48.
49.  ------------------------------------------------------------------
50.  --                        功能描述
51.  ------------------------------------------------------------------
52.    u_clk_gen_400hz : clk_gen_400hz
53.      port map(
54.        clk_i   => clk_50mhz_i,
55.        rst_n_i => rst_n_i,
56.        clk_o   => s_clk_400hz
57.        );
58.
59.    u_shift : shift
60.      port map(
61.        clk_400hz_i => s_clk_400hz,
62.        rst_n_i     => rst_n_i,
63.        shift_o     => s_shift
64.        );
65.
66.    seg7_sel_o <= s_shift;
67.
68.    u_seg7_disp : seg7_disp
69.      port map(
70.        shift_i       => s_shift,
71.        seg7_decode_o => seg7_seg_o
```

```
72.        );
73.
74. end rtl;
```

5. 仿真工程

检查完 seg7.vhd 文件的语法之后，对 seg7 模块进行仿真。本实验已经提供了完整的测试文件 seg7_tb.vhd，可以直接参考 2.3 节步骤 7 对 seg7 模块进行仿真。如图 5-11 所示，当扫描信号为不同值时，查看数据引脚的相应输出值是否正确。

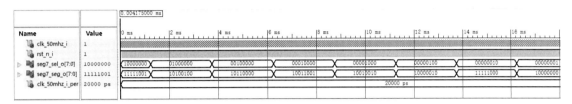

图 5-11　查看仿真结果

6. 板级验证

本实验已提供完整的引脚约束文件，参考 2.3 节步骤 9，将工程编译生成.bit 文件，并将其下载到 FPGA 高级开发系统上，然后观察七段数码管模块，可以看到 8 位的七段数码管从左到右分别显示 12345678。

本 章 任 务

在本实验的基础上增加时钟模块，使七段数码管可以像电子钟一样动态显示时间，如图 5-12 所示，初始时间设置为 23-59-50，每隔 1s 便递增一次，并能实现 23-59-59 到 00-00-00 的时间进位。

图 5-12　本章任务结果效果图

本 章 习 题

1．简述七段数码管显示原理。

2．假设七段数码管为共阳型，则二进制编码 10111111（0xBF）对应显示的字符是什么？

3．七段数码管显示原理虽然简单，但占用较多的 I/O 资源。查找相关资料，尝试使用 2 个 74HC595 芯片重新设计一个七段数码管电路，实现通过 3 个 I/O 控制 8 位七段数码管的点亮与熄灭。

4．简述行为仿真与后综合仿真的区别。

第6章　矩阵键盘扫描实验

矩阵键盘是嵌入式外部设备中所使用的排布类似于矩阵的键盘组。矩阵键盘显然比独立按键要复杂一些，识别也要复杂一些，但是在需要的按键比较多时，矩阵键盘可以节省 I/O 资源。本章将通过一个矩阵键盘扫描实验介绍矩阵键盘扫描原理，以及具有去抖功能的双寄存器边沿检测电路。

6.1　实验内容

通过学习矩阵键盘扫描原理、双寄存器边沿检测电路，以及矩阵键盘扫描实验内部电路图，基于 FPGA 高级开发系统，通过矩阵键盘控制编号为 $LED_0 \sim LED_3$ 的 4 个发光二极管，当依次按下矩阵键盘上的 K_0、K_1、K_2、$\cdots$、K_F 按键时，发光二极管对应显示 0000、0001、0010、$\cdots$、1111，其中，LED 熄灭为 0，点亮为 1。

6.2　实验原理

矩阵键盘模块电路原理图如图 6-1 所示，矩阵键盘共有 4 个行线（ROW3～ROW0）和 4 个列线（COL3～COL0），在行与列的交叉点上就是按键。在矩阵键盘中，同一列上的按键，左侧引脚串联后，一端通过一个串联的 10kΩ 电阻连接 3.3V 的电源，另一端连接 XC6SLX16 芯片的引脚，其中 COL3、COL2、COL1 和 COL0 分别连接 G18、H17、F17 和 F18 引脚；同一行上的按键，右侧引脚串联后，连接 XC6SLX16 芯片的引脚，其中 ROW3、ROW2、ROW1 和 ROW0 分别连接 E12、H18、J18 和 C17 引脚。

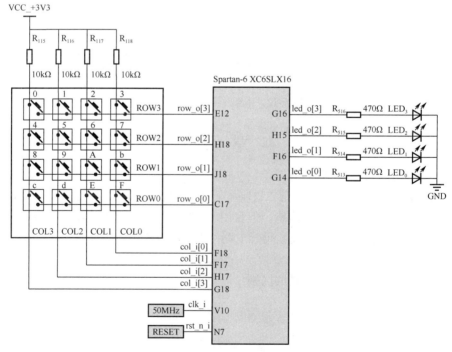

图 6-1　矩阵键盘模块电路原理图

6.2.1　矩阵键盘扫描原理

第 4 章已经介绍了独立按键，独立按键可以视为一个点，一行独立按键可以视为一条线，矩阵键盘可以视为一个面。掌握了独立按键的使用后，下面介绍单行独立按键。为了方便介绍，这里只保留矩阵键盘的第一行（ROW3），并通过 FPGA 控制 ROW3 的电平，然后通过 FPGA 读取 COL3～COL0 的电平，如图 6-2 所示。如果没有任何按键按下，则 FPGA 读取的 COL3～COL0 电平为 1111；当 FPGA 控制 ROW3 的输出为 0 时，如果按键 0 按下，则 FPGA 读取到的 COL3～COL0 电平为 0111。将 ROW3 为 0 与 COL3～COL0 为 0111 拼接之后，译码得出的值就对应按键 0。

接下来，在 1×4 矩阵键盘的基础上，增加一行（ROW2），并通过 FPGA 控制 ROW3 和 ROW2 的电平，再通过 FPGA 读取 COL3～COL0 的电平，如图 6-3 所示。如果没有任何按键按下，则 FPGA 读取的 COL3～COL0 电平为 1111；当 FPGA 控制 ROW3 和 ROW2 输出为 01 时，如果按键 0 按下，则 FPGA 读取的 COL3～COL0 电平为 0111。将 ROW3 和 ROW2 为 01 与 COL3～COL0 为 0111 拼接之后，译码得出的值就对应按键 0。

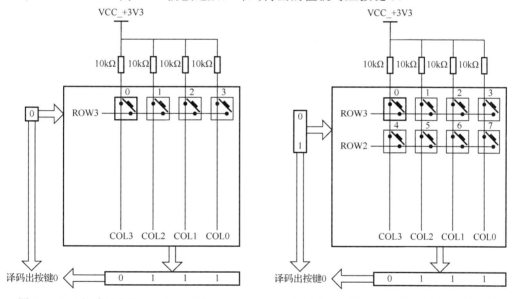

图 6-2　1×4 矩阵键盘按键 0 译码示意图　　　图 6-3　2×4 矩阵键盘按键 0 译码示意图

当 FPGA 控制 ROW3 和 ROW2 的输出为 10 时，如果按键 7 按下，则 FPGA 读取到的 COL3～COL0 的电平为 1110，将 ROW3 和 ROW2 为 10 与 COL3～COL0 为 0111 拼接之后，译码得出的值就对应按键 7，如图 6-4 所示。

在 2×4 矩阵键盘的基础上，继续增加两行（ROW1 和 ROW0），并通过 FPGA 控制 ROW3～ROW0 的电平，然后通过 FPGA 读取 COL3～COL0 的电平，如图 6-5 所示。如果没有任何按键按下，则 FPGA 读取的 COL3～COL0 电平为 1111；当 FPGA 控制 ROW3～ROW0 的输出为 0111 时，如果按键 0 按下，则 FPGA 读取的 COL3～COL0 电平为 0111。将 ROW3～ROW0 为 0111 与 COL3～COL0 为 0111 拼接之后，译码得出的值就对应按键 0。

当 FPGA 控制 ROW3～ROW0 的输出为 1101 时，如果按键 A 按下，则 FPGA 读取的 COL3～COL0 电平为 1101，将 ROW3～ROW0 为 1101 与 COL3～COL0 为 1101 拼接之后，译码得出的值就对应按键 A，如图 6-6 所示。

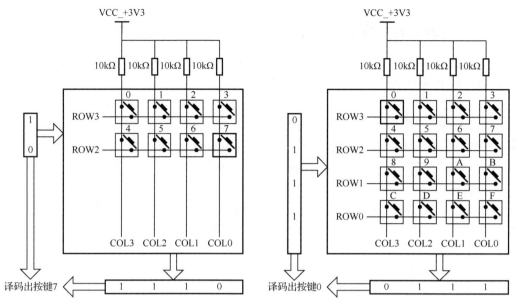

图 6-4　2×4 矩阵键盘按键 7 译码示意图　　　　图 6-5　4×4 矩阵键盘按键 0 译码示意图

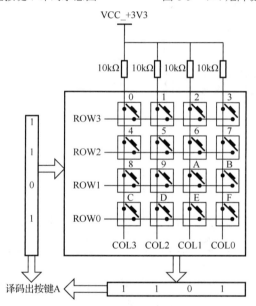

图 6-6　4×4 矩阵键盘按键 A 译码示意图

4×4 矩阵键盘完整译码表如表 6-1 所示。

表 6-1　4×4 矩阵键盘完整译码表

ROW[3:0]	COL[3:0]	译码结果（按键值）
0111	0111	0
0111	1011	1
0111	1101	2
0111	1110	3
1011	0111	4

ROW[3:0]	COL[3:0]	译码结果（按键值）
1011	1011	5
1011	1101	6
1011	1110	7
1101	0111	8
1101	1011	9
1101	1101	A
1101	1110	B
1110	0111	C
1110	1011	D
1110	1101	E
1110	1110	F

6.2.2　双寄存器边沿检测电路

VHDL 可以使用 rising_edge 和 posing_edge 关键字提取时钟的上升沿和下降沿，但是如果需要在程序块内部提取按键的上升沿或下降沿，由于按键按下的持续时间往往很长，相当于一个电平信号，而不是一个脉冲信号，那么这时就需要使用边沿检测电路将其处理成单时钟周期宽度的脉冲信号。假设按键未按下时为高电平，按下时为低电平，在理想状态下，按键按下时会产生一个下降沿，按键松开时会产生一个上升沿。通常使用时钟信号检测按键输入电平，对比两个相邻时钟上升沿检测到的按键输入电平变化：如果是由 1 变为 0，则说明检测到的是下降沿，同时将该电路称为下降沿检测电路；如果是由 0 变为 1，则说明检测到的是上升沿，同时将该电路称为上升沿检测电路。

边沿检测电路有很多种，如图 6-7（a）所示的是双寄存器下降沿检测电路，如图 6-7（b）所示的是双寄存器上升沿检测电路，这两个电路均包含两个寄存器，因此又称为双寄存器边沿检测电路。

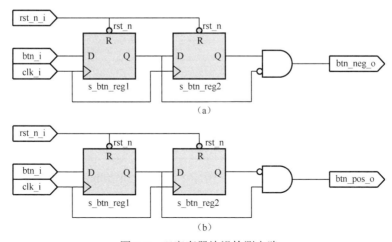

图 6-7　双寄存器边沿检测电路

图 6-7 中的下降沿和上升沿检测电路的时序图如图 6-8 所示。从图中可以看出，对于下降沿检测电路，最终输出的脉冲信号（btn_neg_o）比下降沿延迟了一个时钟周期。同样地，对于上升沿检测电路，最终输出的脉冲信号（btn_pos_o）比上升沿延迟了一个时钟周期。而且它们最终的输出均为一个单时钟周期宽度的脉冲信号。

从如图 6-8 所示的边沿检测电路时序图中可以看出，删除一个寄存器，依然可以实现边沿检测，那为什么还要使用双寄存器边沿检测电路呢？因为这种电路不仅具有边沿检测功能，还具有按键去抖功能。在矩阵键盘扫描电路中使用这种方式去抖，而不是基于状态机去抖，可以让电路变得更简洁。

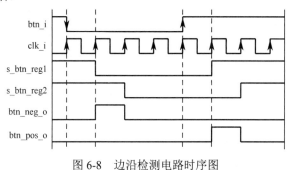

图 6-8　边沿检测电路时序图

6.2.3　矩阵键盘扫描实验内部电路图

矩阵键盘扫描实验电路有 14 个引脚，引脚的名称、类型、约束及描述如表 6-2 所示。

表 6-2　矩阵键盘扫描实验电路引脚说明

引脚名称	引脚类型	引脚约束	引脚描述
clk_i	in	V10	时钟输入，50MHz
rst_n_i	in	N7	复位输入，低电平复位
col_i[0]	in	F18	连接矩阵键盘的 COL0
col_i[1]	in	F17	连接矩阵键盘的 COL1
col_i[2]	in	H17	连接矩阵键盘的 COL2
col_i[3]	in	G18	连接矩阵键盘的 COL3
row_o[3]	out	E12	连接矩阵键盘的 ROW3
row_o[2]	out	H18	连接矩阵键盘的 ROW2
row_o[1]	out	J18	连接矩阵键盘的 ROW1
row_o[0]	out	C17	连接矩阵键盘的 ROW0
led_o[3]	out	G16	通过电阻连接 LED_3
led_o[2]	out	H15	通过电阻连接 LED_2
led_o[1]	out	F16	通过电阻连接 LED_1
led_o[0]	out	G14	通过电阻连接 LED_0

矩阵键盘扫描实验内部电路图如图 6-9 所示。u_clk_gen_50hz 模块用于将 50MHz 的系统时钟分频为 50Hz 的内部时钟，作为 u_row_scan、u_col3_clr_jitter、u_col2_clr_jitter、u_col1_clr_jitter、u_col0_clr_jitter、u_row_delay 和 u_decoder 模块的时钟输入，u_combine_row_col 模块是组合逻辑电路，下面依次对这些模块进行详细介绍。

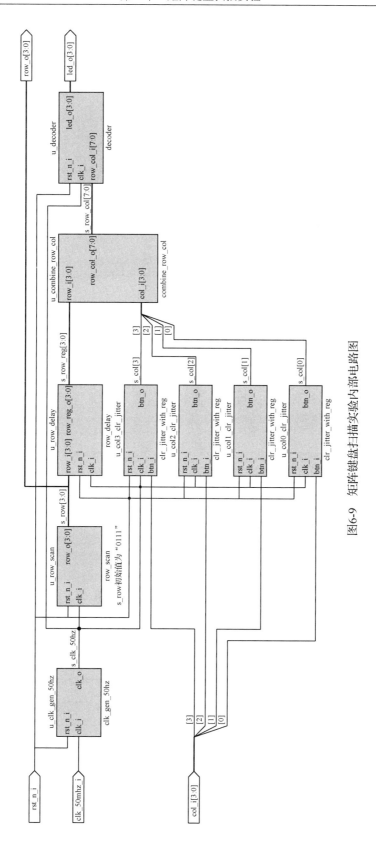

图6-9　矩阵键盘扫描实验内部电路图

1. u_row_scan 模块

u_row_scan 模块电路图如图 6-10 所示，该模块的功能是实现 row_o 按照 "0111→1110→1101→1011→0111" 的顺序循环输出一个行扫描信号，s_row 的初始值为 "0111"。

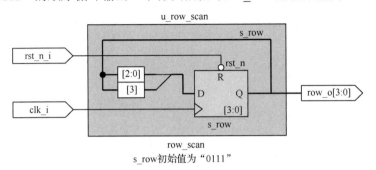

图 6-10　u_row_scan 模块电路图

2. u_colx_clr_jitter 模块

矩阵键盘扫描实验内部电路图包含 4 个按键去抖模块，分别为 u_col3_clr_jitter、u_col2_clr_jitter、u_col1_clr_jitter 和 u_col0_clr_jitter，按键去抖模块电路图如图 6-11 所示。在 6.2.2 节已经介绍了具有去抖功能的双寄存器边沿检测电路，如图 6-11 所示的按键去抖电路属于下降沿检测电路。由于与门之后有个非门，因此，经过去抖处理之后的 btn_o 是一个反相脉冲。另外，btn_o 的下降沿在 btn_i 下降沿的基础上延迟了一个时钟周期，按键去抖电路模块的时序图如图 6-12 所示。

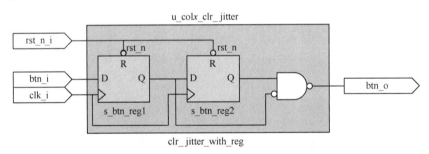

图 6-11　u_colx_clr_jitter 模块电路图

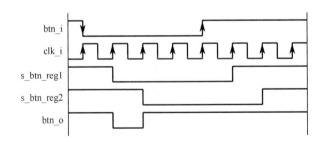

图 6-12　u_colx_clr_jitter 模块时序图

3. u_row_delay 模块

u_row_delay 模块电路图如图 6-13 所示，该模块用于将 row_i 延迟一个时钟周期。因为按键去抖模块不仅对 col_i 进行了去抖处理，还延迟了一个时钟周期，因此通过 u_row_delay

模块对 row_i 延迟一个时钟周期，就可以让行扫描信号和列输入信号的延迟信号 s_row_reg 和 s_col 保持一致，基于 s_row_reg 和 s_col 的拼接信号就可以保证矩阵键盘译码正确。

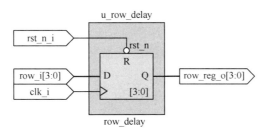

图 6-13　u_row_delay 模块电路图

4. u_decoder 模块

u_decoder 模块电路图如图 6-14 所示，该模块的功能是根据 8 位行列编码值，在 led_o 输出对应的按键值。以按键 A 为例，行线按照"0111→1110→1101→1011→0111"的顺序循环，当按键 A 按下且正好行线为 1101 时，列线为 1101，此时的行列编码值才为有效值。在其他情况下，如按键 A 未按下或按键 A 按下但行线不为 1101 时，列线均为 1111，这时的编码值均为无效值。因此，u_decoder 模块中需要一个寄存器 led_o，只有在编码值有效时，led_o 才发生变化，在编码值无效时，led_o 保持不变。

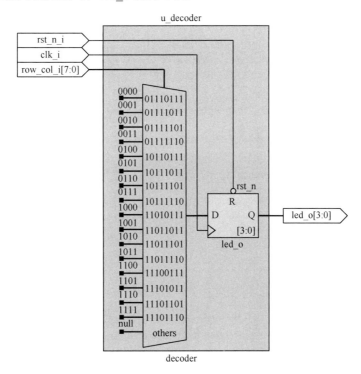

图 6-14　u_decoder 模块电路图

5. u_combine_row_col 模块

u_combine_row_col 模块电路图如图 6-15 所示，这个模块的作用是将 row_i 与 col_i 拼接成一个 8 位行列编码值。其中，row_i 位于高 4 位，col_i 位于低 4 位。

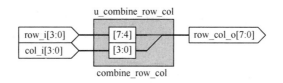

图 6-15　u_combine_row_col 模块电路图

6.3　实验步骤

1. 复制工程文件夹并添加 VHDL 文件

将"D:\Spartan6FPGATest\Material"目录中的 exp05_key4x4 文件夹复制到"D:\Spartan6
FPGATest\Product"目录中。然后，双击运行"D:\Spartan6FPGATest\Product\exp05_key4x4\
project"目录中的 key4x4.xise 文件打开工程。

工程打开后，参考 3.3 节步骤 1，将 "D:\Spartan6FPGATest\Product\exp05_key4x4\code"
目录中的.vhd 文件和.ucf 文件全部添加到工程中，并将顶层文件设置为 key4x4.vhd。

2. 完善 row_scan.vhd 文件

将程序清单 6-1 中的代码输入 row_scan.vhd 文件中，参考 2.3 节步骤 5 检查语法。其中，
第 27 至 34 行代码可以实现一个循环左移寄存器 s_row，当复位信号 rst_n_i 为 0 时，s_row
为初值 0111；在 clk_i 的上升沿，s_row 执行循环左移操作，即按照"0111→1110→1101→
1011→0111"的顺序循环左移。

程序清单 6-1

```
1.  ------------------------------------------------------------------------
2.  --                        实体声明
3.  ------------------------------------------------------------------------
4.  entity row_scan is
5.    port(
6.      clk_i   : in  std_logic; --时钟输入，50Hz
7.      rst_n_i : in  std_logic; --复位输入，低电平有效
8.      row_o   : out std_logic_vector(3 downto 0)
9.      );
10. end entity;
11.
12. ------------------------------------------------------------------------
13. --                        结构体
14. ------------------------------------------------------------------------
15. architecture rtl of row_scan is
16.
17. ------------------------------------------------------------------------
18. --                        声明
19. ------------------------------------------------------------------------
20.   signal s_row : std_logic_vector(3 downto 0) := "0111";
21.
22. begin
23.
24. ------------------------------------------------------------------------
25. --                        功能描述
26. ------------------------------------------------------------------------
27.   process(clk_i, rst_n_i, s_row)
```

```
28.   begin
29.     if(rst_n_i = '0') then
30.       s_row <= "0111";
31.     elsif rising_edge(clk_i) then
32.       s_row(3 downto 0) <= s_row(2 downto 0) & s_row(3);
33.     end if;
34.   end process;
35.
36.   row_o <= s_row;
37.
38. end rtl;
```

3. 完善 clr_jitter_with_reg.vhd 文件

将程序清单 6-2 中的代码输入 clr_jitter_with_reg.vhd 文件中，参考 2.3 节步骤 5 检查语法，下面对关键语句进行解释。

（1）第 29 至 36 行代码：实现一个寄存器 s_btn_reg1，寄存器的输入为 btn_i，时钟为 clk_i，复位信号为 rst_n_i。

（2）第 38 至 45 行代码：实现一个寄存器 s_btn_reg2，寄存器的输入为 s_btn_reg1，时钟为 clk_i，复位信号为 rst_n_i，s_btn_reg2 比 s_btn_reg1 延迟了一个时钟周期。

（3）第 47 行代码：将 s_btn_reg1 取反后的信号与 s_btn_reg2 相与，再将相与的结果取反后输出到 btn_o。

程序清单 6-2

```
1.  ----------------------------------------------------------------
2.  --                        实体声明
3.  ----------------------------------------------------------------
4.  entity clr_jitter_with_reg is
5.    port(
6.      clk_i   : in  std_logic; --时钟输入，频率为 50Hz
7.      rst_n_i : in  std_logic; --复位输入，低电平有效
8.      btn_i   : in  std_logic; --去抖之前的按键
9.      btn_o   : out std_logic  --去抖之后的按键
10.     );
11. end entity;
12.
13. ----------------------------------------------------------------
14. --                        结构体
15. ----------------------------------------------------------------
16. architecture rtl of clr_jitter_with_reg is
17.
18. ----------------------------------------------------------------
19. --                        声明
20. ----------------------------------------------------------------
21.   signal s_btn_reg1 : std_logic;
22.   signal s_btn_reg2 : std_logic;
23.
24. begin
25.
26. ----------------------------------------------------------------
27. --                        功能描述
```

```
28.  ------------------------------------------------------------
29.    process(clk_i, rst_n_i)
30.    begin
31.      if(rst_n_i = '0') then
32.        s_btn_reg1 <= '0';
33.      elsif(rising_edge(clk_i)) then
34.        s_btn_reg1 <= btn_i;
35.      end if;
36.    end process;
37.
38.    process(clk_i, rst_n_i)
39.    begin
40.      if(rst_n_i = '0') then
41.        s_btn_reg2 <= '0';
42.      elsif(rising_edge(clk_i)) then
43.        s_btn_reg2 <= s_btn_reg1;
44.      end if;
45.    end process;
46.
47.    btn_o <= not ((not s_btn_reg1) and s_btn_reg2);
48.
49.  end rtl;
```

4. 完善 row_delay.vhd 文件

将程序清单 6-3 中的代码输入 row_delay.vhd 文件中，并参考 2.3 节步骤 5 检查语法，其中，第 23 至 30 行代码可以实现一个寄存器 row_reg_o，寄存器的输入为 row_i，时钟为 clk_i，复位信号为 rst_n_i，该寄存器的功能是将输入信号 row_i 延迟一个时钟周期。

程序清单 6-3

```
1.  ------------------------------------------------------------
2.  --                          实体声明
3.  ------------------------------------------------------------
4.  entity row_delay is
5.    port(
6.      clk_i    : in  std_logic; --时钟输入，50Hz
7.      rst_n_i  : in  std_logic; --复位输入，低电平有效
8.      row_i    : in  std_logic_vector(3 downto 0);
9.      row_reg_o : out std_logic_vector(3 downto 0)
10.     );
11. end entity;
12.
13. ------------------------------------------------------------
14. --                          结构体
15. ------------------------------------------------------------
16. architecture rtl of row_delay is
17.
18. begin
19.
20. ------------------------------------------------------------
21. --                          功能描述
22. ------------------------------------------------------------
23.   process(clk_i, rst_n_i, row_i)
```

```
24.    begin
25.      if(rst_n_i = '0') then
26.        row_reg_o <= "0000";
27.      elsif rising_edge(clk_i) then
28.        row_reg_o <= row_i;
29.      end if;
30.    end process;
31.
32.  end rtl;
```

5. 完善 combine_row_col.vhd 文件

将程序清单 6-4 中的代码输入 combine_row_col.vhd 文件中，并参考 2.3 节步骤 5 检查语法。其中，第 22 行代码用于将行输入信号 row_i 与列输入信号 col_i 拼接，得到一个 8 位行列编码输出信号 row_col_o，row_i 位于高 4 位，col_i 位于低 4 位。

程序清单 6-4

```
1.  -------------------------------------------------------------------------
2.  --                             实体声明
3.  -------------------------------------------------------------------------
4.  entity combine_row_col is
5.    port(
6.      row_i     : in  std_logic_vector(3 downto 0);
7.      col_i     : in  std_logic_vector(3 downto 0);
8.      row_col_o : out std_logic_vector(7 downto 0)
9.      );
10. end entity;
11.
12. -------------------------------------------------------------------------
13. --                             结构体
14. -------------------------------------------------------------------------
15. architecture rtl of combine_row_col is
16.
17. begin
18.
19. -------------------------------------------------------------------------
20. --                             功能描述
21. -------------------------------------------------------------------------
22.   row_col_o <= row_i & col_i;
23.
24. end rtl;
```

6. 完善 decoder.vhd 文件

将程序清单 6-5 中的代码输入 decoder.vhd 文件中，并参考 2.3 节步骤 5 检查语法。

程序清单 6-5

```
1.  -------------------------------------------------------------------------
2.  --                             实体声明
3.  -------------------------------------------------------------------------
4.  entity decoder is
5.    port(
6.      clk_i    : in  std_logic; --时钟输入，50Hz
7.      rst_n_i  : in  std_logic; --复位输入，低电平有效
```

```
8.        row_col_i : in  std_logic_vector(7 downto 0);
9.        led_o     : out std_logic_vector(3 downto 0)
10.       );
11. end entity;
12.
13. --------------------------------------------------------------------------
14. --                              结构体
15. --------------------------------------------------------------------------
16. architecture rtl of decoder is
17.
18. begin
19.
20. --------------------------------------------------------------------------
21. --                              功能描述
22. --------------------------------------------------------------------------
23.   process(clk_i, rst_n_i, row_col_i)
24.   begin
25.     if(rst_n_i = '0') then
26.        led_o <= "0000";
27.     elsif falling_edge(clk_i) then
28.        case row_col_i is
29.          when "01110111" => led_o <= "0000";
30.          when "01111011" => led_o <= "0001";
31.          when "01111101" => led_o <= "0010";
32.          when "01111110" => led_o <= "0011";
33.
34.          when "10110111" => led_o <= "0100";
35.          when "10111011" => led_o <= "0101";
36.          when "10111101" => led_o <= "0110";
37.          when "10111110" => led_o <= "0111";
38.
39.          when "11010111" => led_o <= "1000";
40.          when "11011011" => led_o <= "1001";
41.          when "11011101" => led_o <= "1010";
42.          when "11011110" => led_o <= "1011";
43.
44.          when "11100111" => led_o <= "1100";
45.          when "11101011" => led_o <= "1101";
46.          when "11101101" => led_o <= "1110";
47.          when "11101110" => led_o <= "1111";
48.          when others      => null;
49.        end case;
50.     end if;
51.   end process;
52.
53. end rtl;
```

7. 完善 key4x4.vhd 文件

将程序清单 6-6 中的代码输入 key4x4.vhd 文件中，并参考 2.3 节步骤 5 检查语法。

程序清单 6-6

```
1. --------------------------------------------------------------------------
2. --                              实体声明
```

```
3.   --------------------------------------------------------------------
4.   entity key4x4 is
5.     port(
6.       clk_50mhz_i : in  std_logic; --时钟输入，50MHz
7.       rst_n_i     : in  std_logic; --复位输入，低电平有效
8.       col_i       : in  std_logic_vector(3 downto 0);
9.       row_o       : out std_logic_vector(3 downto 0);
10.      led_o       : out std_logic_vector(3 downto 0)
11.      );
12.  end entity;
13.
14.  --------------------------------------------------------------------
15.  --                              结构体
16.  --------------------------------------------------------------------
17.  architecture rtl of key4x4 is
18.
19.  --------------------------------------------------------------------
20.  --                              声明
21.  --------------------------------------------------------------------
22.    component clk_gen_50hz is
23.      port(
24.        clk_i  : in  std_logic; --时钟输入，50MHz
25.        rst_n_i : in  std_logic; --复位输入，低电平有效
26.        clk_o  : out std_logic  --时钟输出，50Hz
27.        );
28.    end component;
29.
30.    component row_scan is
31.      port(
32.        clk_i  : in  std_logic; --时钟输入，50Hz
33.        rst_n_i : in  std_logic; --复位输入，低电平有效
34.        row_o  : out std_logic_vector(3 downto 0)
35.        );
36.    end component;
37.
38.    component row_delay is
39.      port(
40.        clk_i   : in  std_logic; --时钟输入，50Hz
41.        rst_n_i  : in  std_logic; --复位输入，低电平有效
42.        row_i    : in  std_logic_vector(3 downto 0);
43.        row_reg_o : out std_logic_vector(3 downto 0)
44.        );
45.    end component;
46.
47.    component clr_jitter_with_reg is
48.      port(
49.        clk_i  : in  std_logic; --时钟输入，50Hz
50.        rst_n_i : in  std_logic; --复位输入，低电平有效
51.        btn_i  : in  std_logic; --去抖之前的按键
52.        btn_o  : out std_logic  --去抖之后的按键
53.        );
54.    end component;
```

```vhdl
55.
56.     component combine_row_col is
57.       port(
58.         row_i     : in  std_logic_vector(3 downto 0);
59.         col_i     : in  std_logic_vector(3 downto 0);
60.         row_col_o : out std_logic_vector(7 downto 0)
61.         );
62.     end component;
63.
64.     component decoder is
65.       port(
66.         clk_i     : in  std_logic; --时钟输入，50Hz
67.         rst_n_i   : in  std_logic; --复位输入，低电平有效
68.         row_col_i : in  std_logic_vector(7 downto 0);
69.         led_o     : out std_logic_vector(3 downto 0)
70.         );
71.     end component;
72.
73.     signal s_clk_50hz : std_logic;
74.     signal s_row      : std_logic_vector(3 downto 0);
75.     signal s_row_reg  : std_logic_vector(3 downto 0);
76.     signal s_col      : std_logic_vector(3 downto 0);
77.     signal s_row_col  : std_logic_vector(7 downto 0);
78.
79.  begin
80.
81.  --------------------------------------------------------------------------------
82.  --                              功能描述
83.  --------------------------------------------------------------------------------
84.     u_clk_gen_50hz : clk_gen_50hz
85.     port map(
86.       clk_i   => clk_50mhz_i,
87.       rst_n_i => rst_n_i,
88.       clk_o   => s_clk_50hz
89.     );
90.
91.     u_row_scan : row_scan
92.     port map(
93.       clk_i   => s_clk_50hz,
94.       rst_n_i => rst_n_i,
95.       row_o   => s_row
96.     );
97.
98.     u_row_delay : row_delay
99.     port map(
100.      clk_i     => s_clk_50hz,
101.      rst_n_i   => rst_n_i,
102.      row_i     => s_row,
103.      row_reg_o => s_row_reg
104.     );
105.
106.    u_col3_clr_jitter_with_reg : clr_jitter_with_reg
```

```
107.    port map(
108.      clk_i    => s_clk_50hz,
109.      rst_n_i => rst_n_i,
110.      btn_i    => col_i(3),
111.      btn_o    => s_col(3)
112.    );
113.
114.    u_col2_clr_jitter_with_reg : clr_jitter_with_reg
115.    port map(
116.      clk_i    => s_clk_50hz,
117.      rst_n_i => rst_n_i,
118.      btn_i    => col_i(2),
119.      btn_o    => s_col(2)
120.    );
121.
122.    u_col1_clr_jitter_with_reg : clr_jitter_with_reg
123.    port map(
124.      clk_i    => s_clk_50hz,
125.      rst_n_i => rst_n_i,
126.      btn_i    => col_i(1),
127.      btn_o    => s_col(1)
128.    );
129.
130.    u_col0_clr_jitter_with_reg : clr_jitter_with_reg
131.    port map(
132.      clk_i    => s_clk_50hz,
133.      rst_n_i => rst_n_i,
134.      btn_i    => col_i(0),
135.      btn_o    => s_col(0)
136.    );
137.
138.    u_combine_row_col : combine_row_col
139.    port map(
140.      row_i    => s_row_reg,
141.      col_i    => s_col,
142.      row_col_o => s_row_col
143.    );
144.
145.    u_decoder : decoder
146.    port map(
147.      clk_i    => s_clk_50hz,
148.      rst_n_i => rst_n_i,
149.      row_col_i => s_row_col,
150.      led_o    => led_o
151.    );
152.
153.    row_o <= s_row;
154.
155. end rtl;
```

8. 板级验证

本实验已提供完整的引脚约束文件，参考 2.3 节步骤 9，将工程编译生成.bit 文件，并将其下载到 FPGA 高级开发系统上，然后依次按下矩阵键盘上的按键 $K_0 \sim K_F$，观察发光二极管模块，可以看到发光二极管 $LED_3 \sim LED_0$ 按照 "0000→0001→0010→…→1111" 的顺序点亮。

本 章 任 务

在本实验的基础上，将 4 个发光二极管用 FPGA 高级开发系统上的最右侧七段数码管替换，即依次按下矩阵键盘上的 $K_0 \sim K_F$，七段数码管对应显示 0、1、2、…、F。

本 章 习 题

1．简述矩阵键盘扫描原理。

2．如何设计一个可以同时检测上升沿和下降沿的电路？

3．如果在本实验的内部电路中删除 u_row_delay 模块，直接将 s_row 连接到 u_combine_row_col 模块的 row_i，则会出现什么现象？

4．如果在本实验内部电路的 u_decoder 模块中删除寄存器 led_o，直接将选择器的输出连接到 led_o，则会出现什么现象？

第7章 OLED显示实验

本实验首先对 OLED 显示原理及 SSD1306 芯片的工作原理进行详细介绍，然后编写 SSD1963 芯片控制 OLED 模块的驱动程序，最终验证 OLED 驱动程序是否能够正常工作。

7.1 实验内容

通过学习 FPGA 高级开发系统上的 OLED 显示模块、显示原理及 SSD1306 工作原理，基于 FPGA 高级开发系统，编写 OLED 驱动程序。

7.2 实验原理

7.2.1 OLED 显示模块

OLED，即有机发光二极管，又称为有机电激光显示。OLED 同时具备自发光、不需要背光源、对比度高、厚度薄、视角广、反应速度快、可用于挠曲性面板、使用温度范围广、构造及制程较简单等优异特性，被广泛应用于各种产品中。OLED 自发光的特性源于其非常薄的有机材料涂层和玻璃基板，当有电流通过时，这些有机材料就会发光。由于 LCD 需要背光，而 OLED 不需要，因此，OLED 的显示效果要比 LCD 好。

FPGA 高级开发系统使用的 OLED 显示模块是一款集 SSD1306 驱动芯片、0.96 寸 128×64ppi 分辨率显示屏及驱动电路为一体的集成显示屏，可以通过 SPI 接口控制 OLED 显示屏。OLED 显示效果如图 7-1 所示。

图 7-1　OLED 显示效果

OLED 显示模块引脚说明如表 7-1 所示。

表 7-1　OLED 显示模块引脚说明

序　号	名　　称	说　　明
1	VCC	电源（3.3V）
2	CS（OLED_CS）	片选信号，低电平有效，连接 FPGA 高级开发系统的 F4 引脚
3	RES（OLED_RES）	复位引脚，低电平有效，连接 FPGA 高级开发系统的 E3 引脚
4	D/C（OLED_DC）	数据/命令控制。D/C=1，传输数据；D/C=0，传输命令，连接 FPGA 高级开发系统的 E4 引脚

续表

序　　号	名　　称	说　　明
5	SCK（OLED_SCK）	时钟线，连接 FPGA 高级开发系统的 D3 引脚
6	DIN（OLED_DIN）	数据线，连接 FPGA 高级开发系统的 F5 引脚
7	GND	接地

OLED 显示屏接口电路原理图如图 7-2 所示，将 OLED 显示模块插在 FPGA 高级开发系统的 OLED 显示屏接口（J_{503}）上，就可通过系统控制 OLED 显示屏了。

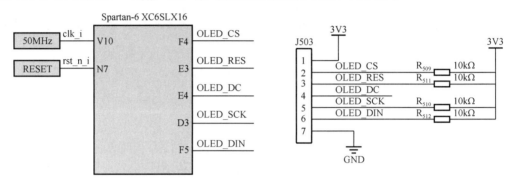

图 7-2　OLED 显示屏接口电路原理图

OLED 显示模块支持的 SPI 通信模式需要 4 根信号线，分别为 OLED 片选信号 CS、数据/命令控制信号 D/C、串行时钟线 SCK、串行数据线 DIN，以及复位控制线（复位引脚 RES）。因此，只能向 OLED 显示模块写数据而不能读数据。在 SPI 通信模式下，每个数据长度均为 8 位，在 SCK 的上升沿，数据从 DIN 移入 SSD1306，高位在前，写操作时序图如图 7-3 所示。

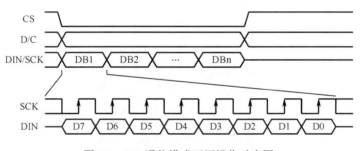

图 7-3　SPI 通信模式下写操作时序图

7.2.2　SSD1306 的显存

SSD1306 的显存大小为 128×64=8192 位，SSD1306 将这些显存分为 8 页，其对应关系如图 7-4（a）所示。可以看出，SSD1306 包含 8 页，每页包含 128 字节，即 128×64 点阵。将图 7-4（a）中的 PAGE3 取出并放大，如图 7-4（b）所示，图 7-4（a）中的每个格子表示 1 字节，图 7-4（b）中的每个格子表示 1 位。从图 7-4（b）、图 7-4（d）中可以看出，SSD1306 显存中的 SEG62、COM29 位置为 1，屏幕上的 62 列、34 行对应的点为点亮状态。为什么显存中的列编号与 OLED 显示屏的列编号是对应的，但显存中的行编号与 OLED 显示屏的行编号不对应？这是因为 OLED 显示屏上的列与 SSD1306 显存上的列是一一对应的，但 OLED 显示屏上的行与 SSD1306 显存上的行正好互补，如 OLED 显示屏的第 34 行对应 SSD1306 显存上的 COM29。

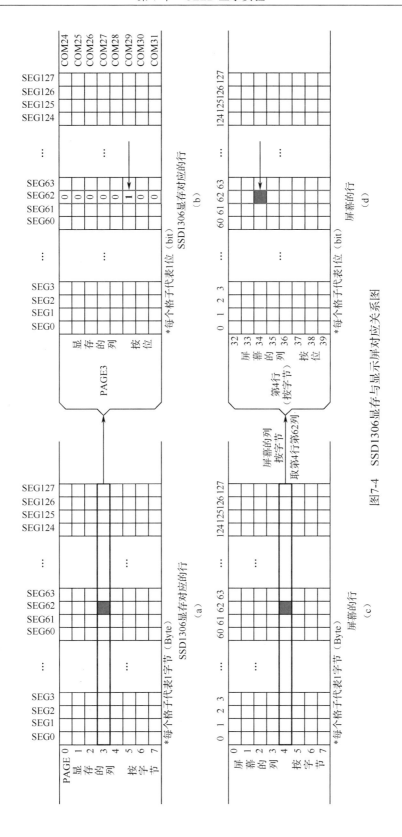

图7-4　SSD1306显存与显示屏对应关系图

7.2.3　SSD1306 常用命令

SSD1306 的命令较多，这里仅介绍几个常用的命令，如表 7-2 所示。如果需了解其他命令，那么可以参考 SSD1306 的数据手册。第 1 组命令用于设置屏幕对比度，该命令由 2 字节组成，第一字节 0x81 为操作码，第二字节为对比度，该值越大，屏幕越亮，对比度的取值范围为 0x00～0xFF。第 2 组命令用于设置显示的开和关，当 X0 为 0 时关闭显示，当 X0 为 1 时开启显示。第 3 组命令用于设置电荷泵，该命令由 2 字节组成，第一字节 0x8D 为操作码，第二字节的 A2 为电荷泵开关，该位为 1 时开启电荷泵，为 0 时关闭电荷泵。在模块初始化时，电荷泵一定要开启，否则看不到屏幕显示。第 4 组命令用于设置页地址，该命令取值范围为 0xB0～0xB7，对应页 0～7。第 5 组命令用于设置列地址的低 4 位，该命令取值范围为 0x00～0x0F。第 6 组命令用于设置列地址的高 4 位，该命令取值范围为 0x10～0x1F。

表 7-2　SSD1306 常用命令表

序　　号	命　　令	各 位 描 述								命　　令	说　　明
	HEX	D7	D6	D5	D4	D3	D2	D1	D0		
1	81	1	0	0	0	0	0	0	1	设置对比度	A 的值越大屏幕越亮，A 的取值范围为 0x00～0xFF
	A[7:0]	A7	A6	A5	A4	A3	A2	A1	A0		
2	AE/AF	1	0	1	0	1	1	1	X0	设置显示开关	X0=0，关闭显示；X0=1，开启显示
3	8D	1	0	0	0	1	1	0	1	设置电荷泵	A2=0，关闭电荷泵；A2=1，开启电荷泵
	A[7:0]	*	*	0	1	0	A2	0	0		
4	B0～B7	1	0	1	1	0	X2	X1	X0	设置页地址	X[2:0]=0～7 对应页 0～7
5	00～0F	0	0	0	0	X3	X2	X1	X0	设置列地址低 4 位	设置 8 位起始列地址的低 4 位
6	10～1F	0	0	0	1	X3	X2	X1	X0	设置列地址高 4 位	设置 8 位起始列地址的高 4 位

7.2.4　字模选项

字模选项包括点阵格式、取模走向和取模方式。其中，点阵格式分为阴码（1 表示亮，0 表示灭）和阳码（1 表示灭，0 表示亮）；取模走向包括逆向（低位在前）和顺向（高位在前）两种；取模方式包括逐列式、逐行式、列行式和行列式。

本实验的字模选项为"16×16 字体顺向逐列式（阴码）"，以图 7-5 中的"问号"为例来说明。由于汉字是方块字，因此，16×16 字体的汉字像素为 16×16，而 16×16 字体的字符（如数字、标点符号、英文大写字母和英文小写字母）像素为 16×8。逐列式表示按照列进行取模，左上角的 8 个格子为第 1 字节，高位在前，即 0x00，左下角的 8 个格子为第 2 字节，即 0x00，第 3 字节为 0x0E，第 4 字节为 0x00，依次往下，分别是 0x12、0x00、0x10、0x0C、0x10、0x6C、0x10、0x80、0x0F、0x00、0x00、0x00。

可以看到，字符的取模过程比较复杂。而在 OLED 显示中，常用的字符非常多，有数字、标点符号、英文大写字母、英文小写字母，还有汉字，而且字体和字宽有很多选择。因此，需要借助取模软件。在本书配套资料包的"02.相关软件"目录下的"PCtoLCD2002 完美版"

文件夹中，找到并双击"PCtoLCD2002.exe"文件。运行界面如图 7-6（a）所示，单击菜单栏中的"选项"按钮，在如图 7-6（b）所示的对话框中设置"点阵格式""取模走向""自定义格式""取模方式""输出数制"等，然后，在图 7-6（a）中间的文本框中尝试输入 OLED12864，并且单击"生成字模"按钮，就可以使用最终生成的字模了（数组格式）。

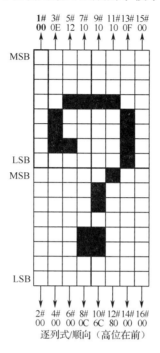

图 7-5　问号的顺向逐列式（阴码）取模示意图

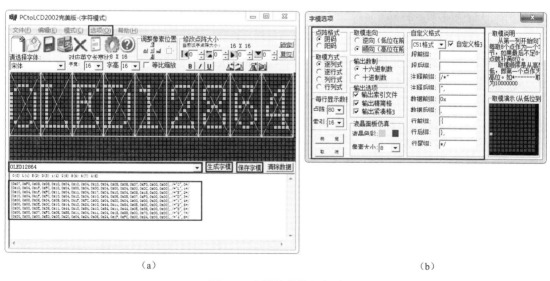

（a）　　　　　　　　　　　　　　　　　　　　（b）

图 7-6　取模软件使用方法

7.2.5　ASCII 码表与取模工具

美国信息交换标准代码（American Standard Code for Information Interchange，ASCII）是基于拉丁字母的一套计算机编码系统，主要用于显示现代英语和其他西欧语言，它是现今通用的计算机编码系统。

我们通常使用 OLED 显示数字、标点符号、英文大写字母和英文小写字母。为了方便开发，可以提前通过取模软件取出常用字符的字模，保存到数组。在 OLED 应用设计中，直接调用这些数组就可将对应字符显示到 OLED 显示屏上。由于 ASCII 码表几乎涵盖了最常使用的字符，因此，本实验以 ASCII 码表（详见附录 D）为基础，将其中 95 个字符（ASCII 值为 32～126）生成字模数组。

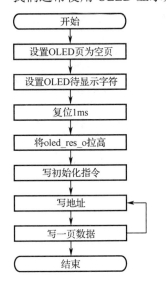

图 7-7　OLED 显示模块显示流程

7.2.6　OLED 显示模块显示流程

OLED 显示模块的显示流程如图 7-7 所示。首先，将 OLED 的页设置为空页，共 8 页；接着，设置 OLED 每行待显示的字符，共 4 行；然后将 oled_res_o 拉低 1ms 之后再将 oled_res_o 拉高，对 SSD1306 进行复位；写 30 条初始化指令；指令完成后写地址；然后写一页数据；一页数据写完后再回到写地址，直到所有地址和数据写完后就完成了 OLED 的显示。

7.3　实验步骤

1. 复制工程文件夹并添加 VHDL 文件

将 "D:\Spartan6FPGATest\Material" 目录中的 exp06_oled 文件夹复制到 "D:\Spartan6 FPGATest\Product" 目录中。然后，双击运行 "D:\Spartan6FPGATest\Product\exp06_oled\project" 目录中的 oled.xise 文件打开工程。

工程打开后，参考 3.3 节步骤 1，将 "D:\Spartan6FPGATest\Product\exp06_oled\code" 目录中的.vhd 文件和.ucf 文件全部添加到工程中，并将顶层文件设置为 oled.vhd。

2. 完善 oled.vhd 的引用库

打开 oled.vhd 文件，将程序清单 7-1 中的第 8 行代码输入 oled.vhd 文件的引用库部分，第 8 行代码引用的 oled_p 是自定义的库，如图 7-8 所示，单击 "Files" 图标，打开 oled_p.vhd 文件进行查看，该库主要定义了 2 个数组类型。

程序清单 7-1

```
1.  -------------------------------------------------------------------------
2.  --                          引用库
3.  -------------------------------------------------------------------------
4.  library ieee;
5.  use ieee.std_logic_1164.all;
6.  use ieee.std_logic_arith.all;
7.  use ieee.std_logic_unsigned.all;
8.  use work.oled_p.all;
```

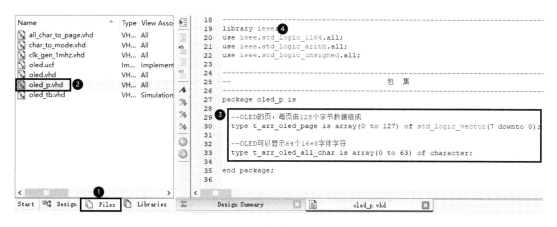

图 7-8 查看 oled_p 库

3. 完善 oled.vhd 结构体的声明

将程序清单 7-2 中的代码输入 oled.vhd 结构体的声明部分（关键字 architecture 和 begin 之间），这部分定义了 OLED 模块状态机的 4 个状态。

程序清单 7-2

```
1.      --------------------------------------------------------------------
2.      --                        声明
3.      --------------------------------------------------------------------
4.      --状态机的状态，wr_init-写初始化命令，wr_addr-写地址，wr_data-写数据
5.      type    t_state is(RST_OLED, WR_INIT, WR_ADDR, WR_DATA);
6.
7.      signal curr_state : t_state; --当前状态
8.      signal next_state : t_state; --下一状态
```

4. 完善 oled.vhd 结构体的功能描述

将程序清单 7-3 中的代码输入 oled.vhd 文件结构体的功能描述部分（关键字 begin 和 end rtl 之间），并参考 2.3 节步骤 5 检查语法，下面对关键语句进行解释。

（1）第 5 至 8 行代码：OLED 的 4 行 64 个待显示字符的设置。

（2）第 10 至 17 行代码：产生当前状态的时序逻辑电路，在复位时，curr_state 为复位状态 RST_OLED，在 s_clk_1mhz 上升沿，curr_state 更新为 next_state。

（3）第 19 至 281 行代码：产生下一状态、产生相关信号输出的组合逻辑电路。过程简单描述如下：OLED 状态机分为 4 个状态，分别为复位状态 RST_OLED、写初始化命令状态 WR_INIT、写地址状态 WR_ADDR、写数据状态 WR_DATA。开始时，相关信号和输出首先被赋值为默认值，然后根据当前状态 curr_state 对相应的信号或输出进行赋值，其余未处理信号则保持原默认值不变。当 curr_state 处于 RST_OLED 状态时，通过计数器 s_cnt 进行 1ms 的复位，然后将下一状态 next_state 跳转到 WR_INIT 状态；当处于 WR_INIT 状态时，通过计数器 s_cnt 进行写初始化指令操作，然后跳转到 WR_ADDR 状态；当处于 WR_ADDR 状态时，状态机进行写地址操作，每完成写 3 字节地址后操作跳转至 WR_DATA 状态；当处于 WR_DATA 状态时，进行写一页数据的操作，每一页有 128 字节，完成一页写数据后则跳转至 WR_ADDR 状态进行下一页的写地址操作，一共 8 页，共 24 字节的地址。具体过程可结合图 7-7 进行理解。

程序清单 7-3

```
1.     ----------------------------------------------------------------------------
2.     --                              功能描述
3.     ----------------------------------------------------------------------------
4.     --设置 OLED 的 4 行 64 个待显示字符
5.     s_arr_row0_char <= (' ', 'S', 'p', 'a', 'r', 't', 'a', 'n', '6', ' ', 'B', 'o', 'a', 'r',
                                                                         'd', ' ');
6.     s_arr_row1_char <= (' ', ' ', ' ', '2', '0', '2', '1', '-', '0', '1', '-', '0', '1', ' ',
                                                                         ' ', ' ');
7.     s_arr_row2_char <= (' ', ' ', ' ', ' ', 'L', 'e', 'y', 'u', 't', 'e', 'k', ' ', ' ', ' ',
                                                                         ' ', ' ');
8.     s_arr_row3_char <= (' ', ' ', ' ', 'O', 'L', 'E', 'D', ' ', 'I', 'S', ' ', 'O', 'K', ' ',
                                                                         ' ', ' ');
9.
10.    process(s_clk_1mhz, rst_n_i)
11.    begin
12.      if(rst_n_i = '0') then
13.        curr_state <= RST_OLED;
14.      elsif rising_edge(s_clk_1mhz) then
15.        curr_state <= next_state;
16.      end if;
17.    end process;
18.
19.    process(curr_state, s_cnt, s_cnt_max, s_wr_init, s_wr_addr,
20.      s_wr_data_cnt, s_wr_init_cnt, s_wr_addr_cnt, s_wr_data)
21.    begin
22.      --默认值
23.      s_cnt_max           <=  0;
24.      s_start_wr_init_cnt <= '0';
25.      s_start_wr_addr_cnt <= '0';
26.      s_start_wr_data_cnt <= '0';
27.      oled_din_o          <= '0';
28.      oled_cs_o           <= '0';
29.      oled_dc_o           <= '0';
30.      oled_sck_o          <= '0';
31.      oled_res_o          <= '1';
32.      next_state          <= curr_state;
33.
34.      case curr_state is
35.        when RST_OLED =>
36.          s_cnt_max <= 1000; --在进行初始化之前，复位 OLED 模块 1ms
37.          if(s_cnt < s_cnt_max) then
38.            oled_res_o <= '0';
39.          elsif(s_cnt = s_cnt_max) then
40.            oled_res_o <= '1';
41.            next_state <= WR_INIT;
42.          end if;
43.        when WR_INIT =>
44.          s_cnt_max <= 40; --等待 40 个时钟周期
45.          if(s_cnt < s_cnt_max - 16) then
46.            oled_dc_o  <= '0';
47.            oled_sck_o <= '0';
```

```
48.     elsif(s_cnt = s_cnt_max - 16) then --C7
49.        oled_dc_o <= '0';
50.        oled_sck_o <= '0';
51.        oled_din_o <= s_wr_init(7);
52.     elsif(s_cnt = s_cnt_max - 15) then --C7
53.        oled_dc_o  <= '0';
54.        oled_sck_o <= '1';
55.        oled_din_o <= s_wr_init(7);
56.     elsif(s_cnt = s_cnt_max - 14) then --C6
57.        oled_dc_o  <= '0';
58.        oled_sck_o <= '0';
59.        oled_din_o <= s_wr_init(6);
60.     elsif(s_cnt = s_cnt_max - 13) then --C6
61.        oled_dc_o  <= '0';
62.        oled_sck_o <= '1';
63.        oled_din_o <= s_wr_init(6);
64.     elsif(s_cnt = s_cnt_max - 12) then --C5
65.        oled_dc_o  <= '0';
66.        oled_sck_o <= '0';
67.        oled_din_o <= s_wr_init(5);
68.     elsif(s_cnt = s_cnt_max - 11) then --C5
69.        oled_dc_o  <= '0';
70.        oled_sck_o <= '1';
71.        oled_din_o <= s_wr_init(5);
72.     elsif(s_cnt = s_cnt_max - 10) then --C4
73.        oled_dc_o  <= '0';
74.        oled_sck_o <= '0';
75.        oled_din_o <= s_wr_init(4);
76.     elsif(s_cnt = s_cnt_max - 9) then --C4
77.        oled_dc_o  <= '0';
78.        oled_sck_o <= '1';
79.        oled_din_o <= s_wr_init(4);
80.     elsif(s_cnt = s_cnt_max - 8) then --C3
81.        oled_dc_o  <= '0';
82.        oled_sck_o <= '0';
83.        oled_din_o <= s_wr_init(3);
84.     elsif(s_cnt = s_cnt_max - 7) then --C3
85.        oled_dc_o  <= '0';
86.        oled_sck_o <= '1';
87.        oled_din_o <= s_wr_init(3);
88.     elsif(s_cnt = s_cnt_max - 6) then --C2
89.        oled_dc_o  <= '0';
90.        oled_sck_o <= '0';
91.        oled_din_o <= s_wr_init(2);
92.     elsif(s_cnt = s_cnt_max - 5) then --C2
93.        oled_dc_o  <= '0';
94.        oled_sck_o <= '1';
95.        oled_din_o <= s_wr_init(2);
96.     elsif(s_cnt = s_cnt_max - 4) then --C1
97.        oled_dc_o  <= '0';
98.        oled_sck_o <= '0';
99.        oled_din_o <= s_wr_init(1);
```

```vhdl
100.        elsif(s_cnt = s_cnt_max - 3) then --C1
101.          oled_dc_o  <= '0';
102.          oled_sck_o <= '1';
103.          oled_din_o <= s_wr_init(1);
104.        elsif(s_cnt = s_cnt_max - 2) then --C0
105.          oled_dc_o  <= '0';
106.          oled_sck_o <= '0';
107.          oled_din_o <= s_wr_init(0);
108.        elsif(s_cnt = s_cnt_max - 1) then --C0
109.          oled_dc_o  <= '0';
110.          oled_sck_o <= '1';
111.          oled_din_o <= s_wr_init(0);
112.        elsif(s_cnt = s_cnt_max) then --写初始化指令结束
113.          oled_cs_o  <= '1';
114.          oled_dc_o  <= '0';
115.          oled_sck_o <= '0';
116.          s_start_wr_init_cnt <= '1';
117.          if(s_wr_init_cnt >= 29) then
118.            next_state <= WR_ADDR; --完成写指令操作之后，跳转至 WR_ADDR 状态
119.          end if;
120.        end if;
121.      when WR_ADDR =>
122.        s_cnt_max <= 40; --等待 40 个时钟周期
123.        if(s_cnt < s_cnt_max - 16) then
124.          oled_dc_o  <= '0';
125.          oled_sck_o <= '0';
126.        elsif(s_cnt = s_cnt_max - 16) then --A7
127.          oled_dc_o  <= '0';
128.          oled_sck_o <= '0';
129.          oled_din_o <= s_wr_addr(7);
130.        elsif(s_cnt = s_cnt_max - 15) then --A7
131.          oled_dc_o  <= '0';
132.          oled_sck_o <= '1';
133.          oled_din_o <= s_wr_addr(7);
134.        elsif(s_cnt = s_cnt_max - 14) then --A6
135.          oled_dc_o  <= '0';
136.          oled_sck_o <= '0';
137.          oled_din_o <= s_wr_addr(6);
138.        elsif(s_cnt = s_cnt_max - 13) then --A6
139.          oled_dc_o  <= '0';
140.          oled_sck_o <= '1';
141.          oled_din_o <= s_wr_addr(6);
142.        elsif(s_cnt = s_cnt_max - 12) then --A5
143.          oled_dc_o  <= '0';
144.          oled_sck_o <= '0';
145.          oled_din_o <= s_wr_addr(5);
146.        elsif(s_cnt = s_cnt_max - 11) then --A5
147.          oled_dc_o  <= '0';
148.          oled_sck_o <= '1';
149.          oled_din_o <= s_wr_addr(5);
150.        elsif(s_cnt = s_cnt_max - 10) then --A4
151.          oled_dc_o  <= '0';
```

```
152.              oled_sck_o <= '0';
153.              oled_din_o <= s_wr_addr(4);
154.          elsif(s_cnt = s_cnt_max - 9) then --A4
155.              oled_dc_o  <= '0';
156.              oled_sck_o <= '1';
157.              oled_din_o <= s_wr_addr(4);
158.          elsif(s_cnt = s_cnt_max - 8) then --A3
159.              oled_dc_o  <= '0';
160.              oled_sck_o <= '0';
161.              oled_din_o <= s_wr_addr(3);
162.          elsif(s_cnt = s_cnt_max - 7) then --A3
163.              oled_dc_o  <= '0';
164.              oled_sck_o <= '1';
165.              oled_din_o <= s_wr_addr(3);
166.          elsif(s_cnt = s_cnt_max - 6) then --A2
167.              oled_dc_o  <= '0';
168.              oled_sck_o <= '0';
169.              oled_din_o <= s_wr_addr(2);
170.          elsif(s_cnt = s_cnt_max - 5) then --A2
171.              oled_dc_o  <= '0';
172.              oled_sck_o <= '1';
173.              oled_din_o <= s_wr_addr(2);
174.          elsif(s_cnt = s_cnt_max - 4) then --A1
175.              oled_dc_o  <= '0';
176.              oled_sck_o <= '0';
177.              oled_din_o <= s_wr_addr(1);
178.          elsif(s_cnt = s_cnt_max - 3) then --A1
179.              oled_dc_o  <= '0';
180.              oled_sck_o <= '1';
181.              oled_din_o <= s_wr_addr(1);
182.          elsif(s_cnt = s_cnt_max - 2) then --A0
183.              oled_dc_o  <= '0';
184.              oled_sck_o <= '0';
185.              oled_din_o <= s_wr_addr(0);
186.          elsif(s_cnt = s_cnt_max - 1) then --A0
187.              oled_dc_o  <= '0';
188.              oled_sck_o <= '1';
189.              oled_din_o <= s_wr_addr(0);
190.          elsif(s_cnt = s_cnt_max) then --写1字节地址结束
191.              oled_cs_o  <= '1';
192.              oled_dc_o  <= '0';
193.              oled_sck_o <= '0';
194.              s_start_wr_addr_cnt <= '1';
195.              next_state <= WR_ADDR;
196.              if(s_wr_addr_cnt = 2  or s_wr_addr_cnt = 5 or s_wr_addr_cnt = 8  or s_wr_addr_cnt
                                                                                      = 11 or
197.                  s_wr_addr_cnt = 14 or s_wr_addr_cnt = 17 or s_wr_addr_cnt = 20 or s_wr_addr_cnt
                                                                                      = 23) then
198.                  next_state <= WR_DATA; --完成写地址（3字节）操作之后，跳转至 WR_DATA 状态
199.              end if;
200.          end if;
201.      when WR_DATA =>
```

```
202.        s_cnt_max <= 40; --等待 40 个时钟周期
203.        if(s_cnt < s_cnt_max - 16) then
204.          oled_dc_o  <= '1';
205.          oled_sck_o <= '0';
206.        elsif(s_cnt = s_cnt_max - 16) then --D7
207.          oled_dc_o  <= '1';
208.          oled_sck_o <= '0';
209.          oled_din_o <= s_wr_data(7);
210.        elsif(s_cnt = s_cnt_max - 15) then --D7
211.          oled_dc_o  <= '1';
212.          oled_sck_o <= '1';
213.          oled_din_o <= s_wr_data(7);
214.        elsif(s_cnt = s_cnt_max - 14) then --D6
215.          oled_dc_o  <= '1';
216.          oled_sck_o <= '0';
217.          oled_din_o <= s_wr_data(6);
218.        elsif(s_cnt = s_cnt_max - 13) then --D6
219.          oled_dc_o  <= '1';
220.          oled_sck_o <= '1';
221.          oled_din_o <= s_wr_data(6);
222.        elsif(s_cnt = s_cnt_max - 12) then --D5
223.          oled_dc_o  <= '1';
224.          oled_sck_o <= '0';
225.          oled_din_o <= s_wr_data(5);
226.        elsif(s_cnt = s_cnt_max - 11) then --D5
227.          oled_dc_o  <= '1';
228.          oled_sck_o <= '1';
229.          oled_din_o <= s_wr_data(5);
230.        elsif(s_cnt = s_cnt_max - 10) then --D4
231.          oled_dc_o  <= '1';
232.          oled_sck_o <= '0';
233.          oled_din_o <= s_wr_data(4);
234.        elsif(s_cnt = s_cnt_max - 9) then --D4
235.          oled_dc_o  <= '1';
236.          oled_sck_o <= '1';
237.          oled_din_o <= s_wr_data(4);
238.        elsif(s_cnt = s_cnt_max - 8) then --D3
239.          oled_dc_o  <= '1';
240.          oled_sck_o <= '0';
241.          oled_din_o <= s_wr_data(3);
242.        elsif(s_cnt = s_cnt_max - 7) then --D3
243.          oled_dc_o  <= '1';
244.          oled_sck_o <= '1';
245.          oled_din_o <= s_wr_data(3);
246.        elsif(s_cnt = s_cnt_max - 6) then --D2
247.          oled_dc_o  <= '1';
248.          oled_sck_o <= '0';
249.          oled_din_o <= s_wr_data(2);
250.        elsif(s_cnt = s_cnt_max - 5) then --D2
251.          oled_dc_o  <= '1';
252.          oled_sck_o <= '1';
253.          oled_din_o <= s_wr_data(2);
```

```
254.        elsif(s_cnt = s_cnt_max - 4) then --D1
255.          oled_dc_o  <= '1';
256.          oled_sck_o <= '0';
257.          oled_din_o <= s_wr_data(1);
258.        elsif(s_cnt = s_cnt_max - 3) then --D1
259.          oled_dc_o  <= '1';
260.          oled_sck_o <= '1';
261.          oled_din_o <= s_wr_data(1);
262.        elsif(s_cnt = s_cnt_max - 2) then --D0
263.          oled_dc_o  <= '1';
264.          oled_sck_o <= '0';
265.          oled_din_o <= s_wr_data(0);
266.        elsif(s_cnt = s_cnt_max - 1) then --D0
267.          oled_dc_o  <= '1';
268.          oled_sck_o <= '1';
269.          oled_din_o <= s_wr_data(0);
270.        elsif(s_cnt = s_cnt_max) then --写数据结束
271.          oled_cs_o  <= '1';
272.          oled_dc_o  <= '1';
273.          oled_sck_o <= '0';
274.          s_start_wr_data_cnt <= '1'; --更新数据
275.          next_state <= WR_DATA;
276.          if(s_wr_data_cnt >= 127) then
277.            next_state<= WR_ADDR; --完成写一页数据操作之后，跳转至 WR_ADDR 状态
278.          end if;
279.        end if;
280.    end case;
281.  end process;
```

5. 仿真测试

检查完 oled.vhd 文件的语法之后，对 OLED 显示模块进行仿真，本实验已经提供了完整的测试文件 oled_tb.vhd，可以直接参考 2.3 节步骤 7 对 OLED 模块进行仿真，如图 7-9 所示，可以看到各输出端口的时序变化。

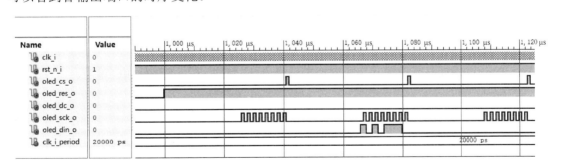

图 7-9　查看仿真结果

6. 板级验证

本实验已提供完整的引脚约束文件，参考 2.3 节步骤 9，将工程编译生成.bit 文件，并且将其下载到 FPGA 高级开发系统上，可以看到 OLED 模块亮起，显示如图 7-10 所示。

图 7-10　OLED 实验结果

本 章 任 务

在本实验的基础上，增加 OLED 的电子钟显示模块，第 1 行显示实验名称，第 2 行显示实验日期，第 3 行动态显示电子钟时间，初始时间为"23-59-50"，第 4 行显示实验作者名字缩写，效果如图 7-11 所示。

图 7-11　本章任务显示效果图

本 章 习 题

1. 简述 OLED 显示原理。
2. 简述 SSD1306 芯片的工作原理。
3. 简述 SSD1306 芯片控制 OLED 显示的原理。
4. OLED 的特点及与 LCD 的区别是什么？
5. 简述 OLED 显示操作流程。
6. 画出 OLED 显示模块状态机的状态转换图，并对状态转换条件加以说明。

第8章 串口通信实验

串口的全称为串行接口，也称为串行通信接口，是采用串行通信方式的扩展接口。与串口相对的是并口，数据以并行的方式传输。采用串口通信的数据是逐位按顺序传输的，每次只发送 1 位。本章将详细介绍串口 UART 的通信原理及硬件电路设计，并使用 VHDL 语言实现串口的发送、接收设计，达到在 FPGA 高级开发系统与 PC 端之间进行通信的目的。

8.1 实验内容

基于 FPGA 高级开发系统设计一个串口通信实验，计算机上的串口助手向 FPGA 高级开发系统发送数据，系统收到之后再向计算机发送收到的数据，并在计算机上通过串口助手显示。例如，计算机通过串口助手向系统发送 "12 34 56"，系统收到之后，向计算机发送相同的数据，并在串口助手上显示 "12 34 56"。

8.2 实验原理

8.2.1 UART 电路原理图

FPGA 高级开发系统上 XC6SLX16 芯片的 D17 引脚连接 CH330N 芯片的 RXD 引脚，D17 引脚作为 UART_TX 端口；C18 引脚连接 TXD 引脚，C18 引脚作为 UART_RX 端口。现在的计算机基本都不再配置 UART 接口，因此，需要将 UART 信号经由 FPGA 高级开发系统上的 USB 转到 UART 模块再转换为 USB 信号（D+和 D−）。这样，通过 USB 连接线，即可实现计算机与 XC6SLX16 芯片之间的通信。UART 电路原理图如图 8-1 所示。

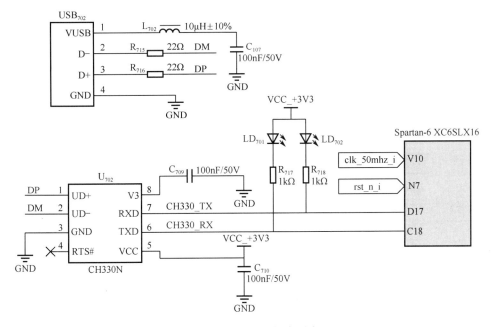

图 8-1 UART 电路原理图

8.2.2　UART 通信协议

与 SPI、I²C 等同步传输方式不同，UART 只需要一根线就可以实现数据的通信，但 UART 的传输速率相对较低。下面详细介绍 UART 通信协议及其相关原理。

1. UART 物理层

UART 采用异步串行全双工通信的方式，因此 UART 通信没有时钟线，通过两根数据线可实现双向同时传输。收发数据只能一位一位地在各自的数据线上传输，因此 UART 最多只有两根数据线，一根是发送数据线，另一根是接收数据线。数据线中的数据传输是高低逻辑电平传输，因此还必须有参照的地线。最简单的 UART 接口由发送数据线 TXD、接收数据线 RXD 和 GND 线组成。

UART 一般采用 TTL/CMOS 的逻辑电平标准表示数据，逻辑 1 用高电平表示，逻辑 0 用低电平表示。例如，在 TTL 电平标准中，逻辑 1 用 5V 表示，逻辑 0 用 0V 表示；在 CMOS 电平标准中，逻辑 1 的电平接近于电源电平，逻辑 0 的电平接近于 0V。

两个 UART 设备的连接非常简单，如图 8-2 所示，只需要将 UART 设备 A 的发送数据线 TXD 与 UART 设备 B 的接收数据线 RXD 相连接，将 UART 设备 A 的接收数据线 RXD 与 UART 设备 B 的发送数据线 TXD 相连接，以及两个 UART 设备必须共地连接，即将两个设备的 GND 线相连接。

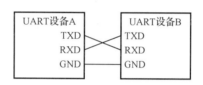

图 8-2　两个 UART 设备连接方式

2. UART 数据格式

UART 数据按照一定的格式打包成帧，微控制器或计算机在物理层上是以帧为单位进行传输的。UART 的一帧数据由起始位、数据位、校验位、停止位和空闲位组成，如图 8-3 所示。需要说明的是，一个完整的 UART 数据帧必须有起始位、数据位和停止位，但不一定有校验位和空闲位。

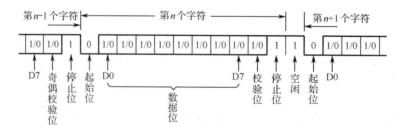

图 8-3　UART 数据帧格式

（1）起始位的长度为 1 位，起始位的逻辑电平为低电平。由于 UART 空闲状态时的电平为高电平，因此，在每个数据帧的开始，需要先发出一个逻辑 0，表示传输开始。

（2）数据位的长度通常为 8 位，也可以为 9 位；每个数据位的值可以为逻辑 0，也可以为逻辑 1，而且传输采用的是小端方式，即最低位（D0）在前，最高位（D7）在后。

（3）校验位不是必选项，因此可以将 UART 配置为没有校验位，即不对数据位进行校验；也可以将 UART 配置为带奇偶校验位。如果配置为带奇偶校验位，则校验位的长度为 1 位，校验位的值可以为逻辑 0，也可以为逻辑 1。在奇校验方式下，如果数据位中有奇数个逻辑 1，则校验位为 0；如果数据位中有偶数个逻辑 1，则校验位为 1。在偶校验方式下，如果数据位中有奇数个逻辑 1，则校验位为 1；如果数据位中有偶数个逻辑 1，则校验位为 0。

（4）停止位的长度可以是 1 位、1.5 位或 2 位，通常情况下停止位是 1 位。停止位是一帧数据的结束标志。由于起始位是低电平，因此停止位为高电平。

（5）空闲位是当数据传输完毕后，线路上保持逻辑 1 电平的位，表示当前线路上没有数据传输。

3．UART 传输速率

UART 传输速率用比特率来表示。比特率是每秒传输的二进制位数，单位为 bit/s（bit per second）。波特率是每秒传送码元的个数，单位为 baud。由于 UART 使用 NRZ（Non-Return to Zero，不归零）编码，因此 UART 的波特率和比特率数值是相同的。在实际应用中，常用的 UART 传输速率有 1200bit/s、2400bit/s、4800bit/s、9600bit/s、19200bit/s、38400bit/s、57600bit/s 和 115200bit/s。

假设数据位为 8 位，校验为奇校验，停止位为 1 位，波特率为 115200baud，计算每 2ms 最多可以发送多少字节数据。通过计算可知一帧数据有 11 位（1 位起始位+8 位数据位+1 位校验位+1 位停止位），而且波特率为 115200baud，即每秒传输 115200bit，每毫秒传输 115.2bit，由于每帧数据有 11 位，那么每毫秒就可以传输 10 字节数据，2ms 就可以传输 20 字节数据。

综上所述，UART 是以帧为单位进行数据传输的。一个 UART 数据帧由 1 位起始位、5～9 位数据位、0 位/1 位校验位、1 位/1.5 位/2 位停止位组成。除了起始位，其他 3 部分必须在通信前由通信双方设定好，即通信前必须确定数据位和停止位的位数、校验方式，以及波特率。这就相当于两个人在电话交谈之前，要先确定好交谈所使用的语言，否则，一方使用英语，另一方使用汉语，无法进行有效的交流。

4．UART 通信实例

由于 UART 是异步串行通信，没有时钟线，只有数据线。拿到一个 UART 原始波形，如何确定一帧数据，又如何计算传输的是什么数据呢？下面以一个 UART 波形为例进行讲解，假设 UART 波特率为 115200baud，数据位为 8 位，无奇偶校验位，停止位为 1 位。

如图 8-4 所示，第 1 步，获取 UART 原始波形数据；第 2 步，按照波特率进行中值采样，每位的时间宽度为 1/115200s≈8.68μs，将电平第一次由高到低的转换点作为基准点（0μs 时刻），在 4.34μs 时刻采样第 1 个点，在 13.02μs 时刻采样第 2 个点，以此类推，然后判断第 10 个采样点是否为高电平，如果为高电平，表示完成一帧数据的采样；第 3 步，确定起始位、数据位和停止位，采样的第 1 个点即为起始位，起始位为低电平，采样的第 2 个点至第 9 个点为数据位，其中第 2 个点为数据最低位，第 9 个点为数据最高位，第 10 个点为停止位，并且停止位为高电平。

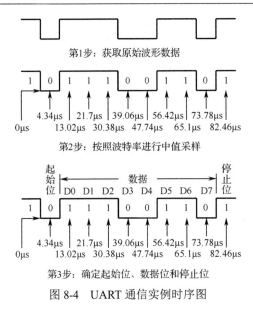

第1步：获取原始波形数据

第2步：按照波特率进行中值采样

第3步：确定起始位、数据位和停止位

图 8-4　UART 通信实例时序图

8.2.3　串口通信实验状态机

串口发送状态机转换图如图 8-5 所示，分为初始空闲状态 TX_IDLE、起始状态 TX_START、发送数据状态 TX_DATA、校验状态 TX_CHECK 和结束状态 TX_END。①FIFO 为空时为空闲状态 TX_IDLE，复位时进入该状态；②检测到 FIFO 不为空且未计数到一个时钟周期时为起始状态 TX_START；③计数到一个时钟周期且未完成 8 次发送时为发送数据状态 TX_DATA；④计数到一个时钟周期且已完成 8 次发送，同时已开启校验和时为校验状态 TX_CHECK；⑤计数到一个时钟周期且未完成 3 次发送时为结束状态 TX_END。

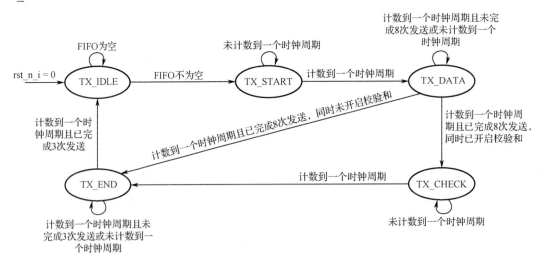

图 8-5　串口发送状态机转换图

串口发送状态转换条件如表 8-1 所示。

表 8-1　串口发送状态转换条件

当 前 状 态	下 一 状 态	转 换 条 件
TX_IDLE	TX_IDLE	检测到 FIFO 为空
TX_IDLE	TX_START	检测到 FIFO 不为空，说明有数据待发送，从 TX_IDLE 状态跳转到 TX_START 状态准备发送数据
TX_START	TX_START	未计数到一个时钟周期
TX_START	TX_DATA	计数到一个时钟周期
TX_DATA	TX_DATA	计数到一个时钟周期且未完成 8 次发送或未计数到一个时钟周期
TX_DATA	TX_END	计数到一个时钟周期且已完成 8 次发送，同时未开启校验和
TX_DATA	TX_CHECK	计数到一个时钟周期且已完成 8 次发送，同时已开启校验和
TX_CHECK	TX_CHECK	未计数到一个时钟周期
TX_CHECK	TX_END	计数到一个时钟周期
TX_END	TX_END	计数到一个时钟周期且未完成 3 次发送或未计数到一个时钟周期
TX_END	TX_IDLE	计数到一个时钟周期且已完成 3 次发送

　　串口接收状态机转换图如图 8-6 所示，分为初始空闲状态 RX_IDLE、起始状态 RX_START、接收数据状态 RX_DATA、校验状态 RX_CHECK 和结束状态 RX_END。①未检测到串口接收端下降沿时为空闲状态 RX_IDLE，复位时进入该状态；②检测到串口接收端下降沿且未计数到中值采样点时为起始状态 RX_START；③计数到中值采样点且未完成 8 次采样时为接收数据状态 RX_DATA；④计数到中值采样点且已完成 8 次采样，同时已开启校验和时为校验状态 RX_CHECK；⑤计数到中值采样点且已完成 8 次采样，同时未开启校验和或校验和正确时为结束状态 RX_END。

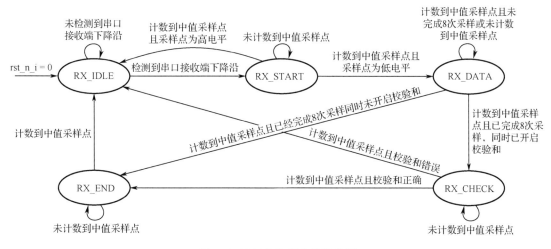

图 8-6　串口接收状态机转换图

串口接收状态转换条件如表 8-2 所示。

表 8-2　串口接收状态转换条件

当 前 状 态	下 一 状 态	转 换 条 件
RX_IDLE	RX_IDLE	未检测到串口接收端下降沿
RX_IDLE	RX_START	检测到串口接收端下降沿
RX_START	RX_START	未计数到中值采样点
RX_START	RX_IDLE	计数到中值采样点且采样点为高电平
RX_START	RX_DATA	计数到中值采样点且采样点为低电平
RX_DATA	RX_DATA	计数到中值采样点且未完成 8 次采样或未计数到中值采样点
RX_DATA	RX_END	计数到中值采样点且已经完成 8 次采样，同时未开启校验和
RX_DATA	RX_CHECK	计数到中值采样点且已完成 8 次采样，同时已开启校验和
RX_CHECK	RX_CHECK	未计数到中值采样点
RX_CHECK	RX_IDLE	计数到中值采样点且校验和错误
RX_CHECK	RX_END	计数到中值采样点且校验和正确
RX_END	RX_END	未计数到中值采样点
RX_END	RX_IDLE	计数到中值采样点

8.2.4　串口通信实验内部电路图

串口通信实验电路有 4 个引脚，引脚的名称、类型、约束及描述如表 8-3 所示。

表 8-3　串口通信实验电路引脚说明

引 脚 名 称	引 脚 类 型	引 脚 约 束	引 脚 描 述
clk_i	in	V10	时钟输入，50MHz
rst_n_i	in	N7	复位输入，低电平复位
uart_rx_i	in	C18	串口接收端
uart_tx_o	out	D17	串口发送端

串口通信实验内部电路图如图 8-7 所示。串口接收模块 u_uart_rec 用于从 uart_rx_i 接收数据，并通过 rx_data_o 将数据并行输出到 u_uart_fifo 模块中缓存，同时产生一个并行数据写脉冲 rx_wr_en_o。缓存模块 u_uart_fifo 用于数据的缓存，当并行数据写脉冲 rx_wr_en_o 为高电平时，rx_data_o 中的数据被写入 FIFO 中缓存，当并行数据读脉冲 tx_rd_en_o 为高电平时，FIFO 中的数据被 tx_data_i 读取，同时通过 u_uart_fifo 模块的 empty 输出可以判断 FIFO 内数据是否为空，当 empty 为高电平时，FIFO 为空。串口发送模块 u_uart_trans 用于从 u_uart_fifo 模块中读取并行数据 tx_data_i，将其通过 tx_o 发送出去，同时产生一个并行数据读脉冲 tx_rd_en_o。

1. u_uart_rec 模块

u_uart_rec 模块的时序图如图 8-8 所示。假设串口接收端收到的一帧数据为 0110101001，包括 1 个起始位、8 个数据位、1 个停止位，无奇偶校验位。下面是 u_uart_rec 模块的一些主要信号的时序变化：s_rx_clk_cnt 为串口接收模块的系统时钟计数器；s_rx_bit_cnt 为串口接收数据的位计数器，用于读取 8 个数据位；curr_state 为当前状态；rx_data_o 为模块数据并行输出；

rx_wr_en_o 为并行数据写脉冲。其中，系统时钟计数器 s_rx_clk_cnt 按照"000000000→000000001→…→110110001"的顺序进行循环计数，计数的时钟周期 T 为 8.68μs，即波特率为 115200baud 时接收一位数据所需要的时间。当 rx_i 首次由高电平变为低电平时，系统时钟计数器开始计数，第 1 次只需要计数半个时钟周期 0.5T，之后每次计数一个时钟周期 T，这样就能在每位数据的中间点进行数据的采样。curr_state 状态的转换和 rx_data_o 数据的更新都是根据系统时钟计数器是否完成一个周期的计数进行变化的，从串口读取到的数据会通过逻辑右移的方式存储在并行数据的最高位，最终得到的数据为 00101011。最后，在结束 RX_END 状态时，会产生一个脉宽为 20ns 的并行数据写脉冲，将得到的并行数据写入 FIFO 中。

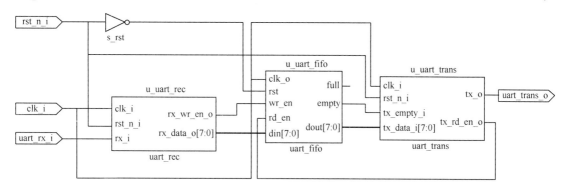

图 8-7　串口通信实验内部电路图

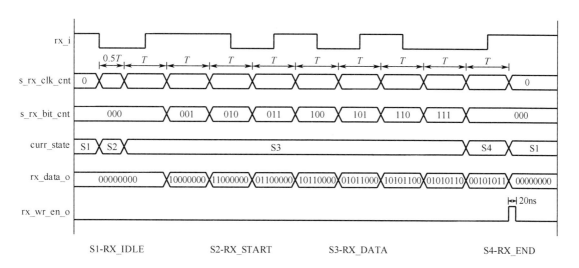

图 8-8　u_uart_rec 模块时序图

2. u_uart_trans 模块

u_uart_trans 模块时序图如图 8-9 所示。假设串口要发送的数据为 11010100，模式为无校验模式。下面是 u_uart_trans 模块的一些主要信号的时序变化：s_tx_clk_cnt 为串口发送模块的系统时钟计数器；s_tx_bit_cnt 为串口发送数据的位计数器，用于计算发送的数据位和停止位个数；curr_state 为当前状态；tx_data_i 为模块的数据并行输入；tx_rd_en_o 为并行数据读脉冲。系统时钟计数器 s_tx_clk_cnt 按照"000000000→000000001→…→110110001"的顺序进行循环计数，计数的时钟周期 T 为 8.68μs，即波特率为 115200baud 时发送一位数据所需要的时间。当检测到 tx_empty_i 为低电平（FIFO 不为空）时，tx_rd_en_o 输出一个脉宽为 20ns 的并行数据读脉冲信号，tx_data_i 从 u_uart_fifo 中读取要发送的并行数据，同时系统时钟计数器开始计数。在每次系统时钟计数器完成一次周期性计数时，依次进行起始位、8 个数据位和停止位的串行输出。同时，在输出停止位后再次输出 3 次才进入 TX_IDLE 状态，以确保对方能准确接收停止信号。

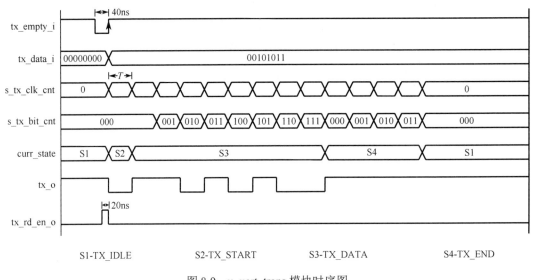

图 8-9　u_uart_trans 模块时序图

8.3　实验步骤

1. 复制工程文件夹并添加 VHDL 文件

将 "D:\Spartan6FPGATest\Material" 目录中的 exp07_uart 文件夹复制到 "D:\Spartan6 FPGATest\Product" 目录中。然后，双击运行 "D:\Spartan6FPGATest\Product\exp07_uart\project" 目录中的 uart.xise 文件打开工程。

工程打开后，参考 3.3 节步骤 1，将 "D:\Spartan6FPGATest\Product\exp07_uart\code" 目录中的.vhd 文件和.ucf 文件全部添加到工程中，并且将顶层文件设置为 uart.vhd。

2. 完善 uart_trans.vhd 文件

将程序清单 8-1 中的代码输入 uart_trans.vhd 文件的结构体部分，并参考 2.3 节步骤 5 检查语法，下面对关键语句进行解释。

（1）第 19 至 21 行代码：定义了串口发送状态机的 5 个状态，分别为初始空闲状态 TX_IDLE、起始状态 TX_START、发送数据状态 TX_DATA、校验状态 TX_CHECK 和结束状态 TX_END。

（2）第 35 至 42 行代码：产生当前状态的时序逻辑电路，当 rst_n_i 为 0 复位时，状态机当前状态 curr_state 为 TX_IDLE，在 clk_i 的上升沿，curr_state 更新为 next_state。

（3）第 44 至 94 行代码：产生下一状态、产生输出的组合逻辑电路，可以参考图 8-5 中的状态转换示意图和表 8-1 中的状态转换条件。

（4）第 172 至 202 行代码：读取并行数据，当 rst_n_i 为 0 复位时，s_tx_data 和 s_data_buf 为 0；在 clk_i 的上升沿，当 curr_state 为 TX_IDLE 时，s_tx_data 和 s_data_buf 为 0；当 curr_state

为 TX_START 时，在计数到一个时钟周期后读取 tx_data_i 的数据存储在 s_tx_data 和 s_data_buf 中；当 curr_state 为 TX_DATA 时，在计数到一个时钟周期后对 s_tx_data 进行循环右移操作，s_data_buf 保持不变；当 curr_state 为 TX_CHECK 和 TX_END 时，s_tx_data 清零，s_data_buf 保持不变。

（5）第 205 至 229 行：产生并行数据读脉冲，当 rst_n_i 为 0 复位时，tx_rd_en_o 为 0；在 clk_i 的上升沿，当 curr_state 为 TX_IDLE 时，如果 tx_empty_i 为 0，则 tx_rd_en_o 置为高电平，其余情况及其他状态下 tx_rd_en_o 均为低电平，由此产生一个读脉冲。

（6）第 231 至 261 行：数据的发送，当 rst_n_i 为 0 复位时，tx_o 为 1；在 clk_i 的上升沿，当 curr_state 为 TX_IDLE 时，tx_o 为 1；当 curr_state 为 TX_START 时，tx_o 为 0；当 curr_state 为 TX_DATA 时，如果时钟计数器为 0，则将 s_tx_data(0)赋值给输出 tx_o，实现并行数据与串行数据的转换；当 curr_state 为 TX_CHECK 时，如果是校验模式，则将 s_data_buf 每位异或后的结果给输出 tx_o，否则将异或后再取反的结果给输出 tx_o；当 curr_state 为 TX_END 时，输出 tx_o 为 1。

程序清单 8-1

```
1.   --------------------------------------------------------------------------------
2.   --                            结构体
3.   --------------------------------------------------------------------------------
4.   architecture rtl of uart_trans is
5.
6.   --------------------------------------------------------------------------------
7.   --                            声明
8.   --------------------------------------------------------------------------------
9.     constant TX_BAUD_RATE  : integer   := 115200;      --串口发送数据波特率
10.    constant TX_CHECK_SW   : boolean   := CHECK_OFF;   --发送模块的校验开关
11.    constant TX_CHECK_MODE : std_logic := CHECK_EVEN;  --发送模块的校验模式
12.
13.    signal s_check_sw   : boolean   := TX_CHECK_SW;    --校验开关
14.    signal s_check_mode : std_logic := TX_CHECK_MODE;  --校验模式
15.
16.    signal s_tx_freq_div_num : integer; --串口发送频率分频因子
17.    signal s_data_buf : std_logic_vector(7 downto 0); --用于存放数据，以判断奇偶校验位
18.
19.    type   t_state is (TX_IDLE, TX_START, TX_DATA, TX_CHECK, TX_END); --状态定义
20.    signal curr_state : t_state; --当前状态
21.    signal next_state : t_state; --下一状态
22.
23.    signal s_tx_clk_cnt : integer ; --时钟计数器
24.    signal s_tx_bit_cnt : integer range 0 to 7; --串口发送数据的位计数器
25.
26.    signal s_tx_data : std_logic_vector(7 downto 0); --并行数据
27.
28. begin
29.
30.    --------------------------------------------------------------------------------
31.    --                            功能描述
32.    --------------------------------------------------------------------------------
33.    s_tx_freq_div_num <= SYS_CLK_FREQ / TX_BAUD_RATE; --发送 / 接收 1 位所需要的时钟个数
34.
```

```vhdl
35.    process(clk_i, rst_n_i)
36.    begin
37.      if(rst_n_i = '0') then
38.        curr_state <= TX_IDLE;
39.      elsif rising_edge(clk_i) then
40.        curr_state <= next_state;
41.      end if;
42.    end process;
43.
44.    process(curr_state, tx_empty_i, s_tx_clk_cnt, s_tx_freq_div_num, s_tx_bit_cnt, s_check_sw)
45.    begin
46.      case curr_state is
47.        when TX_IDLE =>
48.          if(tx_empty_i = '0') then --表示有并行数据等待传输
49.            next_state <= TX_START;
50.          else
51.            next_state <= TX_IDLE;
52.          end if;
53.        when TX_START =>
54.          if(s_tx_clk_cnt = (s_tx_freq_div_num - 1)) then
55.            next_state <= TX_DATA;
56.          else
57.            next_state <= TX_START;
58.          end if;
59.        when TX_DATA =>
60.          if(s_tx_clk_cnt = (s_tx_freq_div_num - 1)) then
61.            if(s_tx_bit_cnt = 7) then --每字节有 8 位
62.              if(s_check_sw) then
63.                next_state <= TX_CHECK; --如果校验开关打开，则跳转至 TX_CHECK
64.              else
65.                next_state <= TX_END; --如果校验开关未打开，则跳转至 TX_END
66.              end if;
67.            else
68.              next_state <= TX_DATA;
69.            end if;
70.          else
71.            next_state <= TX_DATA;
72.          end if;
73.        when TX_CHECK =>
74.          --表示数据位的中间时刻，即在校验位的中间时刻进行采样
75.          if(s_tx_clk_cnt = (s_tx_freq_div_num - 1)) then
76.            next_state <= TX_END;
77.          else
78.            next_state <= TX_CHECK;
79.          end if;
80.        when TX_END =>
81.          if(s_tx_clk_cnt = (s_tx_freq_div_num - 1)) then
82.            --在停止位之后再发送 3 次数据才跳转至 TX_IDLE
83.            if(s_tx_bit_cnt = 3) then
84.              next_state <= TX_IDLE;
85.            else
86.              next_state <= TX_END;
```

```vhdl
87.                end if;
88.            else
89.              next_state <= TX_END;
90.            end if;
91.        when others =>
92.            null;
93.      end case;
94.    end process;
95.
96.    --系统时钟计数器
97.    process(clk_i, rst_n_i)
98.    begin
99.      if(rst_n_i = '0') then
100.       s_tx_clk_cnt <= 0;
101.     elsif rising_edge(clk_i) then
102.       case curr_state is
103.         when TX_IDLE =>
104.             s_tx_clk_cnt <= 0;
105.         when TX_START =>
106.             if(s_tx_clk_cnt = (s_tx_freq_div_num - 1)) then
107.               s_tx_clk_cnt <= 0;
108.             else
109.               s_tx_clk_cnt <= s_tx_clk_cnt + 1;
110.             end if;
111.         when TX_DATA =>
112.             if(s_tx_clk_cnt = (s_tx_freq_div_num - 1)) then
113.               s_tx_clk_cnt <= 0;
114.             else
115.               s_tx_clk_cnt <= s_tx_clk_cnt + 1;
116.             end if;
117.         when TX_CHECK =>
118.             if(s_tx_clk_cnt = (s_tx_freq_div_num - 1)) then
119.               s_tx_clk_cnt <= 0;
120.             else
121.               s_tx_clk_cnt <= s_tx_clk_cnt + 1;
122.             end if;
123.         when TX_END =>
124.             if(s_tx_clk_cnt = (s_tx_freq_div_num - 1)) then
125.               s_tx_clk_cnt <= 0;
126.             else
127.               s_tx_clk_cnt <= s_tx_clk_cnt + 1;
128.             end if;
129.         when others =>
130.             null;
131.       end case;
132.     end if;
133.   end process;
134.
135.   --串口发送数据的位计数器
136.   process(clk_i, rst_n_i)
137.   begin
138.     if(rst_n_i = '0') then
```

```
139.          s_tx_bit_cnt <= 0;
140.      elsif rising_edge(clk_i) then
141.        case curr_state is
142.          when TX_IDLE =>
143.            s_tx_bit_cnt <= 0;
144.          when TX_START =>
145.            s_tx_bit_cnt <= 0;
146.          when TX_DATA =>
147.            if(s_tx_clk_cnt = (s_tx_freq_div_num - 1)) then
148.              if(s_tx_bit_cnt > 7) then
149.                s_tx_bit_cnt <= 0;
150.              else
151.                s_tx_bit_cnt <= s_tx_bit_cnt + 1;
152.              end if;
153.            end if;
154.          when TX_CHECK =>
155.            s_tx_bit_cnt <= 0;
156.          when TX_END =>
157.            if(s_tx_clk_cnt = (s_tx_freq_div_num - 1)) then
158.              if(s_tx_bit_cnt > 7) then
159.                s_tx_bit_cnt <= 0;
160.              else
161.                s_tx_bit_cnt <= s_tx_bit_cnt + 1;
162.              end if;
163.            end if;
164.          when others =>
165.            null;
166.        end case;
167.      end if;
168.  end process;
169.
170.  --读取并行数据 s_tx_data，将其通过 tx_o 发送出去
171.  --注意，必须与 tx_rd_en_o 进行同步
172.  process(clk_i, rst_n_i)
173.  begin
174.    if(rst_n_i = '0') then
175.      s_tx_data  <= (others => '0');
176.      s_data_buf <= (others => '0');
177.    elsif rising_edge(clk_i) then
178.      case curr_state is
179.        when TX_IDLE =>
180.          s_tx_data  <= (others => '0');
181.          s_data_buf <= (others => '0');
182.        when TX_START =>
183.          if(s_tx_clk_cnt = (s_tx_freq_div_num - 1)) then
184.            s_tx_data  <= tx_data_i;
185.            s_data_buf <= tx_data_i;
186.          end if;
187.        when TX_DATA =>
188.          if(s_tx_clk_cnt = (s_tx_freq_div_num - 1)) then
189.            s_tx_data <= '0' & s_tx_data(7 downto 1);
190.          end if;
```

```
191.            s_data_buf <= s_data_buf;
192.          when TX_CHECK =>
193.            s_tx_data  <= (others => '0');
194.            s_data_buf <= s_data_buf;
195.          when TX_END =>
196.            s_tx_data  <= (others => '0');
197.            s_data_buf <= s_data_buf;
198.          when others =>
199.            null;
200.        end case;
201.      end if;
202.  end process;
203.
204.  --产生并行数据读脉冲
205.  process(clk_i, rst_n_i)
206.  begin
207.    if(rst_n_i = '0') then
208.      tx_rd_en_o <= '0';
209.    elsif rising_edge(clk_i) then
210.      case curr_state is
211.        when TX_IDLE =>
212.          if(tx_empty_i ='0') then
213.            tx_rd_en_o <= '1';
214.          else
215.            tx_rd_en_o <= '0';
216.          end if;
217.        when TX_START =>
218.          tx_rd_en_o <= '0';
219.        when TX_DATA =>
220.          tx_rd_en_o <= '0';
221.        when TX_CHECK =>
222.          tx_rd_en_o <= '0';
223.        when TX_END =>
224.          tx_rd_en_o <= '0';
225.        when others =>
226.          null;
227.      end case;
228.    end if;
229.  end process;
230.
231.  process(clk_i, rst_n_i)
232.  begin
233.    if(rst_n_i = '0') then
234.      tx_o <= '1';
235.    elsif rising_edge(clk_i) then
236.      case curr_state is
237.        when TX_IDLE =>
238.          tx_o <= '1';
239.        when TX_START =>
240.          tx_o <= '0';
241.        when TX_DATA =>
242.          if(s_tx_clk_cnt = 0) then
```

```
243.              tx_o <= s_tx_data(0);
244.          end if;
245.      when TX_CHECK =>
246.          if(s_check_mode = CHECK_EVEN) then
247.              tx_o <= (s_data_buf(0) xor s_data_buf(1) xor s_data_buf(2) xor
248.                      s_data_buf(3) xor s_data_buf(4) xor s_data_buf(5) xor
249.                      s_data_buf(6) xor s_data_buf(7));
250.          else
251.              tx_o <= not(s_data_buf(0) xor s_data_buf(1) xor s_data_buf(2) xor
252.                      s_data_buf(3) xor s_data_buf(4) xor s_data_buf(5) xor
253.                      s_data_buf(6) xor s_data_buf(7));
254.          end if;
255.      when TX_END =>
256.          tx_o <= '1';
257.      when others =>
258.          null;
259.      end case;
260.    end if;
261.  end process;
262.
263. end rtl;
```

3. 添加 uart_fifo 文件

FIFO 是 FPGA 设计中较常用于数据缓存的存储器单元，具有先进先出的特点，通常在两个模块之间传输数据时使用。如果两个模块的数据处理速率相同，则可以直接进行数据之间的对接；如果两个模块的数据处理速率不同，即数据接收模块和发送模块的数据处理速率不一致，就会导致采集数据时出现遗漏现象。FIFO 的作用就是让所有需要传输的数据都先经过缓存器，然后输入数据接收模块，通过数据缓存的方法可以解决速率不一致而导致的数据遗漏问题。

在 ISE Design Suite 14.7 里已经有封装好的 FIFO IP 核，只需要调用这个 IP 核，再根据需求进行设置就可以使用。调用和设置 FIFO IP 核的具体步骤如下。

首先，执行菜单命令"Project"→"New Source"，在弹出的如图 8-10 所示的"New Source Wizard"对话框中，选择"IP(CORE Generator & Architecture Wizard)"选项，在"File name"文本框中输入"uart_fifo"，在"Location"文本框中选择路径"D:\Spartan6FPGATest\Product\exp07_uart\ipcore"，勾选"Add to project"复选框，最后单击"Next"按钮。

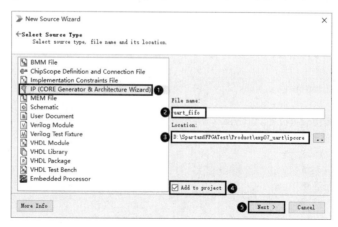

图 8-10　添加 uart_fifo 文件步骤 1

如图 8-11 所示，在搜索框中输入 FIFO，选择搜索结果中的"FIFO Generator"选项，单击"Next"按钮。

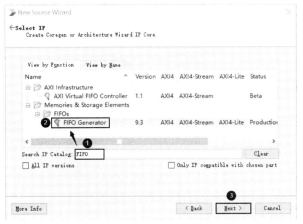

图 8-11　添加 uart_fifo 文件步骤 2

如图 8-12 所示，单击"Finish"按钮。

图 8-12　添加 uart_fifo 文件步骤 3

等待一段时间，进入如图 8-13 所示的"FIFO Generator"界面，单击"Next"按钮。

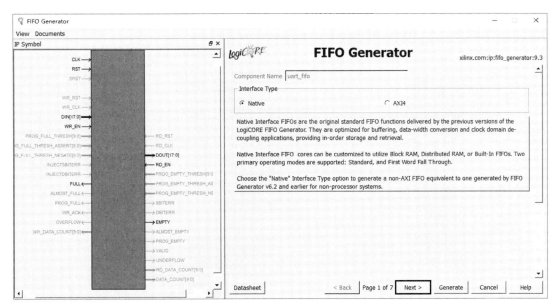

图 8-13　添加 uart_fifo 文件步骤 4

一直单击"Next"按钮到 Page 3，如图 8-14 所示，将 Write Width 设置为 8，将 Write Depth 设置为 16，然后继续单击"Next"按钮。

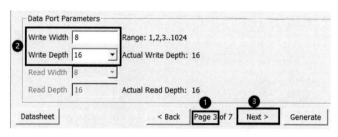

图 8-14　添加 uart_fifo 文件步骤 5

如图 8-15 所示，在 Page 5 中将 Full Flags Reset Value 设置为 0，然后继续单击"Next"按钮。

图 8-15　添加 uart_fifo 文件步骤 6

如图 8-16 所示，在最后一页 Page 7 中，可以查看生成的端口定义及生成信息，确认信息无误后单击"Generate"按钮，完成 uart_fifo 端口的生成。

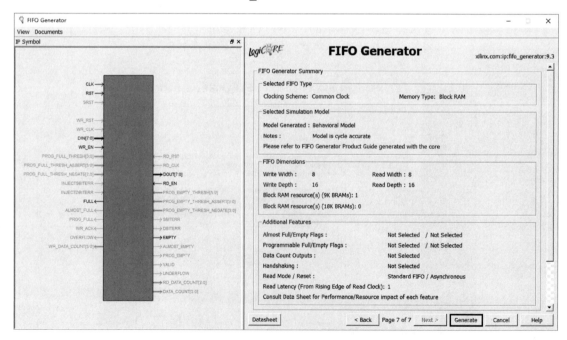

图 8-16　添加 uart_fifo 文件步骤 7

等待一段时间后，可以看到如图 8-17 所示的 uart_fifo 文件，至此完成 uart_fifo 文件的添加。

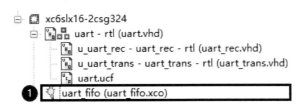

图 8-17　完成 uart_fifo 文件的添加

4．完善 uart_rec.vhd 文件

将程序清单 8-2 中的代码输入 uart_rec.vhd 文件的结构体部分，并参考 2.3 节步骤 5 检查语法，下面对关键语句进行解释。

（1）第 18 至 20 行代码：定义了状态机的 5 个状态，分别为初始空闲状态 RX_IDLE、起始状态 RX_START、接收数据状态 RX_DATA、校验状态 RX_CHECK 和结束状态 RX_END。

（2）第 54 至 61 行代码：实现产生当前状态的时序逻辑电路，当 rst_n_i 为 0 复位时，状态机当前状态 curr_state 为 RX_IDLE，在 clk_i 的上升沿，curr_state 更新为 next_state。

（3）第 63 至 126 行代码：产生下一状态、产生输出的组合逻辑电路，可以参考图 8-6 中的状态转换示意图和表 8-2 中的状态转换条件。

（4）第 192 至 214 行代码：从 rx_i 接收数据，当 rst_n_i 为 0 复位时，s_rx_data 为 0；在 clk_i 的上升沿，当 curr_state 为 RX_IDLE 和 RX_START 时，s_rx_data 为 0；当 curr_state 为 RX_DATA 时，在计数到一个时钟周期后，将 s_rx_reg2 与 s_rx_data(7 downto 1)拼接，并将拼接结果传给 s_rx_data；当 curr_state 为 RX_CHECK 和 RX_END 时，s_rx_data 保持不变。

（5）第 217 至 244 行代码：产生并行数据写脉冲，当 curr_state 为 RX_END 时，在计数到一个时钟周期后，如果 s_rx_reg2 为 1，则将 rx_wr_en_o 置为高电平，其余情况下将 rx_wr_en_o 置为低电平，由此产生一个写脉冲。

程序清单 8-2

```
1.    ----------------------------------------------------------------------
2.    --                           结构体
3.    ----------------------------------------------------------------------
4.    architecture rtl of uart_rec is
5.
6.    ----------------------------------------------------------------------
7.    --                           声明
8.    ----------------------------------------------------------------------
9.      constant RX_BAUD_RATE   : integer   := 115200;      --串口接收数据波特率
10.     constant RX_CHECK_SW    : boolean   := CHECK_OFF;   --接收模块的校验开关
11.     constant RX_CHECK_MODE  : std_logic := CHECK_EVEN;  --接收模块的校验模式
12.
13.     signal s_check_sw    : boolean     := RX_CHECK_SW;   --校验开关
14.     signal s_check_mode  : std_logic   := RX_CHECK_MODE; --校验模式
15.
16.     signal s_rx_freq_div_num : integer; --串口接收频率分频因子
17.
18.     type   t_state is (RX_IDLE, RX_START, RX_DATA, RX_CHECK, RX_END); --状态定义
```

```vhdl
19.    signal curr_state : t_state; --当前状态
20.    signal next_state : t_state; --下一状态
21.
22.    signal s_rx_clk_cnt : integer; --时钟计数器
23.    signal s_rx_bit_cnt : integer range 0 to 7; --串口接收数据的位计数器
24.
25.    signal s_rx_reg1 : std_logic;
26.    signal s_rx_reg2 : std_logic;
27.
28.    signal s_rx_falling_edge : std_logic;
29.    signal s_rx_data : std_logic_vector(7 downto 0); --接收模块并行数据
30.
31. begin
32.
33.   --------------------------------------------------------------------------
34.   --                            功能描述
35.   --------------------------------------------------------------------------
36.    s_rx_freq_div_num <= SYS_CLK_FREQ / RX_BAUD_RATE; --发送／接收 1 位所需的时钟个数
37.
38.    rx_data_o <= s_rx_data;
39.
40.    --rx_i 为异步信号，因此需要另外两个计数器来解决亚稳定问题
41.    process(clk_i, rst_n_i)
42.    begin
43.      if(rst_n_i = '0') then
44.        s_rx_reg1 <= '1';
45.        s_rx_reg2 <= '1';
46.      elsif rising_edge(clk_i) then
47.        s_rx_reg1 <= rx_i;
48.        s_rx_reg2 <= s_rx_reg1;
49.      end if;
50.    end process;
51.
52.    s_rx_falling_edge <= (not s_rx_reg1) and s_rx_reg2; --下降沿判断
53.
54.    process(clk_i, rst_n_i)
55.    begin
56.      if(rst_n_i = '0') then
57.        curr_state <= RX_IDLE;
58.      elsif rising_edge(clk_i) then
59.        curr_state <= next_state;
60.      end if;
61.    end process;
62.
63.    process(curr_state, s_rx_falling_edge, s_rx_freq_div_num, s_rx_reg2,
64.      s_rx_clk_cnt, s_rx_bit_cnt, s_rx_data, s_check_sw, s_check_mode)
65.    begin
66.      case curr_state is
67.        when RX_IDLE =>
68.          if(s_rx_falling_edge = '1') then
69.            next_state <= RX_START; --rx_i 由 1->0 时，下一状态跳转至 RX_START
70.          else
```

```
71.              next_state <= RX_IDLE;
72.            end if;
73.        when RX_START =>
74.          if(s_rx_clk_cnt = s_rx_freq_div_num / 2) then --在起始位的中间时刻对 rx_i 进行采样
75.            if(s_rx_reg2 = '0') then --0 表示成功检测到一个有效的起始位
76.              next_state <= RX_DATA;
77.            else --1 表示未检测到起始位
78.              next_state <= RX_IDLE;
79.            end if;
80.          else
81.            next_state <= RX_START;
82.          end if;
83.
84.        --需要注意 RX_START 在接收起始位一半时进入 RX_DATA
85.        when RX_DATA =>
86.          --表示数据位的中间时刻,即在数据位的中间时刻进行采样
87.          if(s_rx_clk_cnt = (s_rx_freq_div_num - 1)) then
88.            if(s_rx_bit_cnt = 7) then --每帧数据为包含 8 位的数据
89.              if(s_check_sw) then
90.                next_state <= RX_CHECK; --如果校验开关打开,则跳转至 RX_CHECK
91.              else
92.                next_state <= RX_END; --如果校验开关未打开,则跳转至 RX_END
93.              end if;
94.            else
95.              next_state <= RX_DATA;
96.            end if;
97.          else
98.            next_state <= RX_DATA;
99.          end if;
100.
101.        --需要注意最后一个 RX_DATA 在接收最后 1 位数据的一半时进入 RX_CHECK
102.        when RX_CHECK =>
103.          --表示数据位的中间时刻,即在校验位的中间时刻进行采样
104.          if(s_rx_clk_cnt = (s_rx_freq_div_num - 1)) then
105.            if((  s_rx_data(0) xor s_rx_data(1) xor s_rx_data(2) xor s_rx_data(3)
106.               xor s_rx_data(4) xor s_rx_data(5) xor s_rx_data(6) xor s_rx_data(7))
107.               = (s_rx_reg2 xor s_check_mode)) then
108.              next_state <= RX_END; --校验成功,跳转至 RX_END
109.            else
110.              next_state <= RX_IDLE; --校验失败,跳转至 RX_IDLE
111.            end if;
112.          else
113.            next_state <= RX_CHECK;
114.          end if;
115.
116.        --需要注意 RX_CHECK 或最后一个 RX_DATA 在接收最后 1 位数据的一半时进入 RX_END
117.        when RX_END =>
118.          --表示结束位的中间时刻,即在结束位的中间时刻进行采样
119.          if(s_rx_clk_cnt = (s_rx_freq_div_num - 1)) then
120.            next_state <= RX_IDLE;
121.          else
122.            next_state <= RX_END;
```

```
123.          end if;
124.        when others => null;
125.      end case;
126.    end process;
127.
128.    --系统时钟计数器
129.    process(clk_i, rst_n_i)
130.    begin
131.      if(rst_n_i = '0') then
132.        s_rx_clk_cnt <= 0;
133.      elsif rising_edge(clk_i) then
134.        case curr_state is
135.          when RX_IDLE =>
136.            s_rx_clk_cnt <= 0;
137.          when RX_START =>
138.            if(s_rx_clk_cnt = s_rx_freq_div_num / 2) then
139.              s_rx_clk_cnt <= 0; --RX_START 只需要持续每位对应时间的一半
140.            else
141.              s_rx_clk_cnt <= s_rx_clk_cnt + 1;
142.            end if;
143.          when RX_DATA =>
144.            if(s_rx_clk_cnt = (s_rx_freq_div_num - 1)) then
145.              s_rx_clk_cnt <= 0; --RX_DATA 需要持续每位对应时间
146.            else
147.              s_rx_clk_cnt <= s_rx_clk_cnt + 1;
148.            end if;
149.          when RX_CHECK =>
150.            if(s_rx_clk_cnt = (s_rx_freq_div_num - 1)) then
151.              s_rx_clk_cnt <= 0;
152.            else
153.              s_rx_clk_cnt <= s_rx_clk_cnt + 1;
154.            end if;
155.          when RX_END =>
156.            if(s_rx_clk_cnt = (s_rx_freq_div_num - 1)) then
157.              s_rx_clk_cnt <= 0;
158.            else
159.              s_rx_clk_cnt <= s_rx_clk_cnt + 1;
160.            end if;
161.          when others => null;
162.        end case;
163.      end if;
164.    end process;
165.
166.    --串口接收到数据的位计数器
167.    process(clk_i, rst_n_i)
168.    begin
169.      if(rst_n_i = '0') then
170.        s_rx_bit_cnt <= 0;
171.      elsif rising_edge(clk_i) then
172.        case curr_state is
173.          when RX_IDLE =>
174.            s_rx_bit_cnt <= 0;
```

```
175.        when RX_START =>
176.          s_rx_bit_cnt <= 0;
177.        when RX_DATA =>
178.          if(s_rx_clk_cnt = (s_rx_freq_div_num - 1)) then
179.            s_rx_bit_cnt <= s_rx_bit_cnt + 1; --每接收到一个数据 s_rx_bit_cnt 加 1
180.          end if;
181.        when RX_CHECK =>
182.          s_rx_bit_cnt <= 0;
183.        when RX_END =>
184.          s_rx_bit_cnt <= 0;
185.        when others => null;
186.      end case;
187.    end if;
188.  end process;
189.
190.  --从 rx_i 接收数据，并且将并行数据输出，通过 s_rx_data
191.  --注意，必须与 rx_wr_en_o 进行同步
192.  process(clk_i, rst_n_i)
193.  begin
194.    if(rst_n_i = '0') then
195.      s_rx_data <= (others => '0');
196.    elsif rising_edge(clk_i) then
197.      case curr_state is
198.        when RX_IDLE =>
199.          s_rx_data <= (others => '0');
200.        when RX_START =>
201.          s_rx_data <= (others => '0');
202.        when RX_DATA =>
203.          --在起始位的中间时刻开始采样，以此类推，每个数据也是在中间时刻进行采样
204.          if(s_rx_clk_cnt = (s_rx_freq_div_num - 1)) then
205.            s_rx_data <= s_rx_reg2 & s_rx_data(7 downto 1); --逻辑右移
206.          end if;
207.        when RX_CHECK =>
208.          s_rx_data <= s_rx_data; --数据保持
209.        when RX_END =>
210.          s_rx_data <= s_rx_data; --数据保持是为了在 rx_wr_en_o 的上升沿被采集
211.        when others => null;
212.      end case;
213.    end if;
214.  end process;
215.
216.  --产生并行数据写脉冲
217.  process(clk_i, rst_n_i)
218.  begin
219.    if(rst_n_i = '0') then
220.      rx_wr_en_o <= '0';
221.    elsif rising_edge(clk_i) then
222.      case curr_state is
223.        when RX_IDLE =>
224.          rx_wr_en_o <= '0';
225.        when RX_START =>
226.          rx_wr_en_o <= '0';
```

```
227.        when RX_DATA =>
228.          rx_wr_en_o <= '0';
229.        when RX_CHECK =>
230.          rx_wr_en_o <= '0';
231.        when RX_END =>
232.          if(s_rx_clk_cnt = (s_rx_freq_div_num - 1)) then
233.            if(s_rx_reg2 = '1') then --有效的停止位
234.              rx_wr_en_o <= '1';
235.            else --无效的停止位
236.              rx_wr_en_o <= '0';
237.            end if;
238.          else
239.            rx_wr_en_o <= '0';
240.          end if;
241.        when others => null;
242.      end case;
243.    end if;
244.  end process;
245.
246. end rtl;
```

5. 完善 uart.vhd 文件

将程序清单 8-3 中第 5 至 16 行和第 22 至 32 行的代码分别输入 uart.vhd 文件结构体的声明部分（关键字 architecture 和 begin 之间）和功能描述部分（关键字 begin 和 end rtl 之间），并且参考 2.3 节步骤 5 检查语法。

程序清单 8-3

```
1.   architecture rtl of uart is
2.     ---------------------------------------------------------------
3.     --                        声明
4.     ---------------------------------------------------------------
5.     component uart_fifo is
6.       port(
7.         clk   : in  std_logic; --FIFO 时钟
8.         rst   : in  std_logic; --FIFO 复位
9.         din   : in  std_logic_vector(7 downto 0); --FIFO 数据输入
10.        wr_en : in  std_logic; --FIFO 写使能
11.        rd_en : in  std_logic; --FIFO 读使能
12.        dout  : out std_logic_vector(7 downto 0); --FIFO 数据输出
13.        full  : out std_logic; --FIFO 为满标志位
14.        empty : out std_logic  --FIFO 为空标志位
15.        );
16.    end component;
17.
18. begin
19.    ---------------------------------------------------------------
20.    --                       功能描述
21.    ---------------------------------------------------------------
22.    u_uart_fifo : uart_fifo
23.    port map(
24.      clk   => clk_i,
25.      rst   => not rst_n_i,
```

```
26.    din   => s_rx_data,
27.    wr_en => s_rx_wr_en,
28.    rd_en => s_tx_rd_en,
29.    dout  => s_tx_data,
30.    full  => open,
31.    empty => s_tx_empty
32.    );
33.
34. end rtl;
```

6. 仿真工程

检查完 uart.vhd 文件的语法之后，对 UART 模块进行仿真，本实验已经提供了完整的测试文件 uart_tb.vhd，可以直接参考 2.3 节步骤 7 对 UART 模块进行仿真，如图 8-18 所示，可以看到由串口接收端 uart_rx_i 接收的数据，经系统处理后由串口发送端 uart_tx_o 将该数据发送出去。

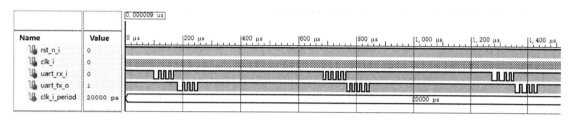

图 8-18　查看仿真结果

7. 安装 CH340 驱动程序

FPGA 高级开发系统与计算机间的通信是经由 USB 转串口的芯片实现的，因此，还需要安装 CH340 驱动程序。

在本书配套资料包的"02.相关软件\CH340 驱动（USB 串口驱动）"文件夹中，双击运行可执行文件 SETUP.EXE，单击"安装"按钮，在弹出的"DriverSetup"对话框中单击"确定"按钮，如图 8-19 所示。

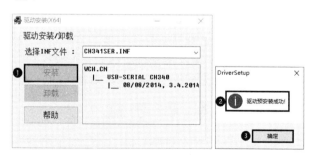

图 8-19　安装 CH340 驱动程序

驱动程序安装成功后，将 B 型 USB 线分别连接计算机和 FPGA 高级开发系统，然后在计算机的设备管理器中就能找到名为 CH340 的 USB 串口，如图 8-20 所示。注意，串口号不一定是 COM5，不同计算机可能会不同。

图 8-20　计算机设备管理器中显示 USB 串口信息

8. 板级验证

本实验已提供完整的引脚约束文件，参考 2.3 节步骤 9，将工程编译生成.bit 文件，并将其下载到 FPGA 高级开发系统上，然后通过 B 型 USB 线将计算机与 FPGA 高级开发系统右下角的 "USB 转串口" 部分相连，接着双击运行本书配套资料包的 "02.相关软件\串口调试助手" 文件夹里的串口助手 "sscom5.13.1.exe"，选择名字带有 CH340 的串口号，设置波特率为 115200baud，如图 8-21 所示，设置并打开串口，然后在输入框中输入文本内容，如 Leyutek，单击 "发送" 按钮，可以看到出现 "发→◇Leyutek" 和 "收←◆Leyutek" 等内容。

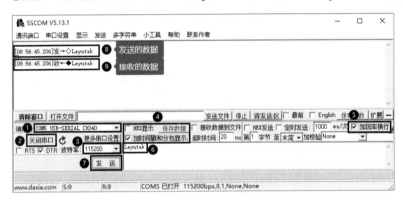

图 8-21　串口通信实验板级验证

本 章 任 务

在本实验的基础上增加数据处理模块，如果接收到的数据对应的 ASCII 码是十六进制数的 0～F，则进行加 1（F 加 1 后清零）处理后再将数据发送出去，其余字符则不进行处理。例如，接收到的数据对应的字符是 1，则发送字符 2 的数据；接收到的数据对应的字符是 B，则发送字符 C 的数据；接收到的数据对应的字符是 Z，则发送的还是字符 Z 的数据。

本 章 习 题

1．简述同步通信和异步通信的特点，回答 UART 通信属于两种通信方式中的哪一种？

2．简述 UART 物理层和数据格式。

3．假设要进行通信的字符格式为 1 个起始位、8 个数据位、1 个奇校验位和 1 个停止位，请画出通信时字符 "C" 的帧格式。

4．如果数据位为 8 位，无校验位，停止位为 1 位，波特率为 9600baud，那么每 20ms 最多可以发送多少字节数据？

5．在 u_uart_trans 模块中，为什么在发送完停止位后还要连续发送 3 次才跳转到 TX_IDLE 状态？

第 9 章　读写外部 EEPROM 实验

EEPROM 是一种可擦除反复编程的存储器，即使掉电也可以保存数据不使其丢失，可多次循环编程利用。EEPROM 芯片最常用的通信方式是 I^2C 协议，本章将详细介绍 I^2C 协议，要求熟悉 I^2C 器件之间的通信过程，综合独立按键去抖实验和串口通信实验，使用 VHDL 语言实现串口对 EEPROM 存储器的读写功能。

9.1　实验内容

基于 FPGA 高级开发系统设计一个读写外部 EEPROM 实验，可实现按独立按键 KEY_1 时，FPGA 芯片向 EEPROM 写入数据 76543210；按独立按键 KEY_2 时，FPGA 芯片向 EEPROM 写入数据 89ABCDEF；按独立按键 KEY_3 时，FPGA 芯片从 EEPROM 中读取最后一次写入的数据，读写的数据都可通过串口，在串口助手上显示。

9.2　实验原理

9.2.1　EEPROM 电路原理图

FPGA 高级开发系统上 XC6SLX16 芯片的 E7 引脚连接 AT24C02 芯片的 SCL 引脚，为时钟引脚；XC6SLX16 芯片的 C7 引脚连接 AT24C02 芯片的 SDA 引脚，为数据引脚。SDA 和 SCL 都有 4.7kΩ 的上拉电阻，空闲状态时为高电平。A0、A1、A2 引脚连接 GND，表示 I^2C 器件的片选地址为 000。WP 是写保护引脚，当 WP 接到 VCC 时，存储器被写保护（只读）。在 FPGA 高级开发系统上，WP 引脚接到 GND，这样存储器可读可写。另外，EEPROM 硬件电路还包括 3 个独立按键（编号为 KEY_1、KEY_2、KEY_3）和串口发送引脚 CH330_TX，KEY_1、KEY_2 和 KEY_3 分别连接 XC6SLX16 芯片的 G13、F13 和 H12 引脚，CH330_TX 连接 XC6SLX16 芯片的 D17 引脚，如图 9-1 所示。

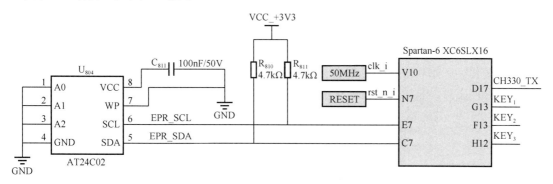

图 9-1　EEPROM 电路原理图

9.2.2　I^2C 协议

I^2C 总线是 PHLIPS 公司推出的一种串行总线，是具备多主机系统所需的包括总线裁决和高低速器件同步功能在内的高性能串行总线。I²C 总线只有两根双向信号线：数据线 SDA 和时钟线 SCL。

每个连接到 I²C 总线上的器件都有唯一的地址。主机与其他器件间的数据传送关系为主机发送数据到其他器件，这时主机为发送器，从总线上接收数据的器件则为接收器。如图 9-2 所示，在多主机系统中，可能同时有几个主机企图启动总线传送数据。为了避免混乱，I²C 总线要通过总线仲裁决定由哪一台主机控制总线。

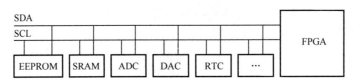

图 9-2　I²C 总线物理拓扑结构图

如图 9-3 所示为 I²C 总线内部结构，I²C 总线通过上拉电阻接正电源。当总线空闲时，两根信号线均为高电平。连接到总线上的任一器件输出低电平，都将使总线信号变低电平，即各器件的 SDA 及 SCL 都是线"与"关系。

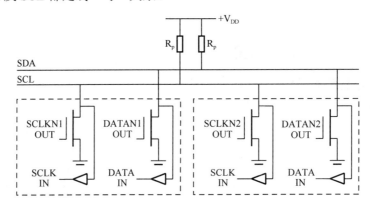

图 9-3　I²C 总线内部结构

I²C 时序图如图 9-4 所示，在 SCL 为高电平期间，SDA 由高电平向低电平变化表示起始信号；在 SCL 为高电平期间，SDA 由低电平向高电平变化表示停止信号。在进行数据传输且 SCL 为高电平期间，SDA 上的数据必须保持稳定。只有在 SCL 为低电平期间，SDA 上的数据才允许变化。起始和停止信号都由主机发出，在起始信号产生后，总线处于被占用状态；在停止信号产生后，总线处于空闲状态。

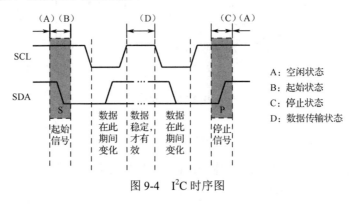

图 9-4　I²C 时序图

在 SCL 为高电平期间，SDA 保持低电平，表示发送 0 或应答；在 SCL 为高电平期间，SDA 保持高电平，表示发送 1 或非应答，如图 9-5 所示。

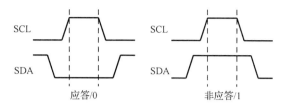

图 9-5　SDA 信号

9.2.3　I²C 器件地址

每个 I²C 器件都有一个器件地址，有的器件地址在出厂时就已经设置好了，用户不可更改（如 OV7670 器件地址固定为 0x42）；有的确定了其中几位，剩下的位由硬件确定（如常见的具有 I²C 接口的 EEPROM 存储器，留有 3 个控制地址的引脚，由用户在进行硬件设计时确定）。

严格地讲，主机并不直接向从机发送地址，而是主机向总线发送地址，所有从机都能接收到主机发送的地址，然后每个从机将主机发送的地址与自己的地址进行比较，如果能匹配，则从机就会向总线发出一个响应信号。主机收到响应信号后，开始向总线发送数据，这时与从机的通信就建立起来了。如果主机没有收到响应信号，则表示寻址失败。

例如，I²C 器件 AT24C02 有 7 位地址码，前 4 位已经固定为 1010，后 3 位是片选地址，分别为 A2、A1、A0，片选地址由硬件连接决定。如图 9-6（a）所示，当片选地址引脚 A2、A1、A0 都连接到 GND 时，片选地址为 000，该器件地址为 1010000；如图 9-6（b）所示，当片选地址引脚 A2、A1、A0 都连接到 VCC 时，片选地址为 111，该器件地址为 1010111。

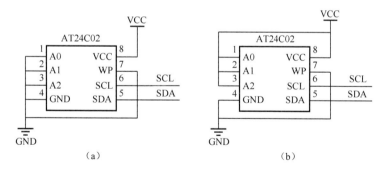

图 9-6　AT24C02 地址

如图 9-7 所示为 I²C 控制命令传输的数据格式示意图。S 为起始位，I²C 协议在进行数据传输时，主机首先需要向总线发出控制命令（1010A2A1A0R/W），传输时按照从高位到低位的顺序传输，控制字节的最低位为 R/W（读/写）控制位。当 R/W 位为 0 时表示主机对从机进行写操作；当 R/W 位为 1 时表示主机对从机进行读操作。传输完控制命令后就等待从机响应。

S	1	0	1	0	A2	A1	A0	R/W	ACK

图 9-7　I²C 控制命令传输的数据格式示意图

9.2.4　AT24C02 芯片

AT24C02 是一个 2Kbit 串行 CMOS EEPROM，内部含有 32 页，每页 8 字节，该器件通过 I²C 总线接口进行读写操作，有专门的写保护功能，图 9-8 是该芯片的引脚图。

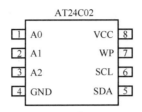

图 9-8　AT24C02 芯片引脚图

表 9-1 是 AT24C02 芯片的引脚功能描述，该芯片有 8 个引脚。

表 9-1　AT24C02 芯片引脚功能描述

引脚编号	引脚名称	描述
1～3	A0、A1、A2	器件地址输入引脚
4	GND	接地
5	SDA	串行地址/数据输入/输出引脚
6	SCL	串行时钟输入引脚
7	WP	写保护引脚，接地时允许对器件进行读写操作，接高电平时，写保护，只能进行读操作
8	VCC	接电源

相同器件型号的从机可以连接到 I²C 总线上的数量由器件地址引脚决定。如表 9-2 所示，AT24C01 和 AT24C02 的器件地址有 3 位（A2A1A0），那么器件地址有 2^3 种组合，即可以连接 8 个 AT24C01 或 AT24C02 到总线；AT24C04 的器件地址有 2 位（A2A1），那么器件地址有 2^2 种组合，即可以连接 4 个 AT24C04 到总线；同理 AT24C08 的器件地址只有 1 位（A2），即 0 和 1 两种状态，所以可以连接 2 个 AT24C08 到总线；AT24C16 只可以连接 1 个。

表 9-2　AT24CXX 芯片信息

器件型号	总容量	总页数	字节/页	字节地址范围	器件地址	数据地址
AT24C01	1Kbit	16	8	0～127	1010A2A1A0	$xa_6a_5a_4a_3a_2a_1a_0$
AT24C02	2Kbit	32	8	0～255	1010A2A1A0	$a_7a_6a_5a_4a_3a_2a_1a_0$
AT24C04	4Kbit	32	16	0～511	1010A2A1a8	$a_7a_6a_5a_4a_3a_2a_1a_0$
AT24C08	8Kbit	64	16	0～1023	1010A2a9a8	$a_7a_6a_5a_4a_3a_2a_1a_0$
AT24C16	16Kbit	128	16	0～2047	1010a10a9a8	$a_7a_6a_5a_4a_3a_2a_1a_0$

操作一个 I²C 器件，除了要访问器件地址，还需要能够指定器件数据地址。器件数据地址的长度与容量有关，如图 9-9 所示，假设 AT24C02 的容量为 2Kbit（256 字节），那么 AT24C02 的数据地址为 8 位，即 1 字节可满足。对于 AT24C04，容量为 4Kbit（512 字节），数据地址需要 9 位，即需要 2 字节，所以 AT24C04 的器件地址位只有 A2A1，P0 为数据地址位。当 P0 为 0 时，操作的是 0～255 字节；当 P0 为 1 时，操作的是 256～511 字节。同理，对于容

量为 8Kbit 的 AT24C08，数据地址可分为 4 个 256 字节的模块，要操作哪个模块取决于 P1、P0 的组合：当 P1P0=00 时，操作的是 0～255 字节；当 P1P0=01 时，操作的是 256～511 字节；当 P1P0=10 时，操作的是 512～767 字节；当 P1P0=11 时，操作的是 768～1023 字节。

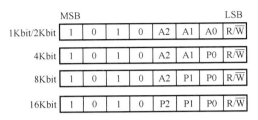

图 9-9　数据地址

以 AT24C08 为例说明如何使用，当两个 AT24C08 连接到总线上的时候，它们的 A2 引脚分别接地和接高电平，器件地址分别为 1010000× 和 1010100×。当要读第 1 个 AT24C08（A2 引脚接地）第 1 个模块的数据时，需要先发送地址字节 10100001；当要把数据写进第 2 个 AT24C08（A2 引脚接高电平）第 2 个模块时，应发送地址字节 10101010。

9.2.5　AT24C02 芯片及其读写时序

1．单字节写时序和页写时序

不同的 I²C 器件，其器件地址字节可能不同，从而导致 I²C 单字节写时序也可能不同。下面介绍单字节写时序和页写时序。

单字节写时序如图 9-10 所示，在字节写模式下，主机发送起始命令和控制字节信息，在从机响应应答信号后，主机发送要写入数据的地址。主机在收到从机的应答信号后，再传输待写入的数据，从机响应应答信号后，主机产生停止位，终止传输。

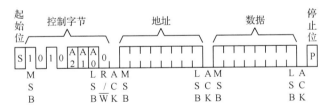

图 9-10　单字节写时序

页写时序如图 9-11 所示，主机发送起始命令和控制字节信息，在从机响应应答信号后，主机发送要写入数据的地址，主机在收到从机的应答信号后，再传输待写入的数据，从机响应应答信号后，主机发送下一个数据，从机响应应答信号，直到 N 个数据被写完，在从机响应应答信号后，主机产生停止位，终止传输。

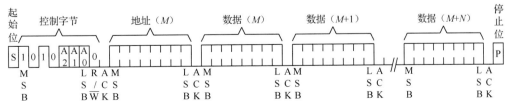

图 9-11　页写时序

2．单字节读时序和页读时序

同理，I^2C 读操作也和器件地址字节相关，下面介绍单字节读时序和页读时序。

单字节读时序如图 9-12 所示，主机发送起始命令和控制字节信息，在从机响应应答信号后，主机发送要读取数据的地址，主机在收到从机的应答信号后，发送起始命令和控制字节信息，并将 R/W 位设置为 1，表明为读操作。收到从机的应答信号后，主机读取数据完成后，产生无应答信号，最后主机产生停止位，终止传输。

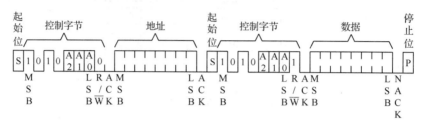

图 9-12　单字节读时序

页读时序如图 9-13 所示，主机发送起始命令和控制字节信息，在从机响应应答信号后，主机发送要读取数据的地址，主机在收到从机的应答信号后，发送起始命令和从机地址信息，并将 R/W 位设置为 1，表明为读操作。收到从机的应答信号后，主机读取数据，然后主机发送应答信号，读取下一个数据，每读完一个数据，主机都要发送应答信号，直到 N 个数据读完，主机产生无应答信号，再产生停止位，终止传输。

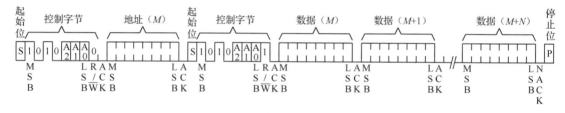

图 9-13　页读时序

9.2.6　读写外部 EEPROM 实验状态机

EEPROM 读写控制状态转换图如图 9-14 所示，EEPROM 读写控制状态分为初始空闲状态 IDLE、写操作状态 IIC_WR、读操作状态 IIC_RD 和结束状态 STOP：①没有接收到读/写操作命令为空闲状态 IDLE；②主机向从机写入数据为写操作状态 IIC_WR；③主机从从机中读取数据为读操作状态 IIC_RD；④完成写或读操作为结束状态 STOP。该状态机在 eeprom.vhd 文件中实现。

EEPROM 读写控制状态转换图如表 9-3 所示。

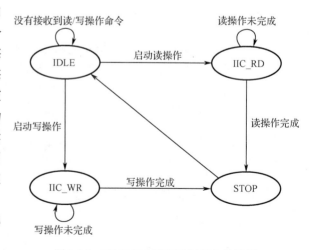

图 9-14　EEPROM 读写控制状态转换图

表 9-3　EEPROM 读写控制状态转换条件

当 前 状 态	下 一 状 态	转 换 条 件
IDLE	IDLE	没有接收到读或写操作命令
IDLE	IIC_WR	接收到写操作命令，启动写操作
IIC_WR	IIC_WR	要写入的数据未完成，写操作还需继续
IIC_WR	STOP	写操作完成
IDLE	IIC_RD	接收到读操作命令，启动读操作
IIC_RD	IIC_RD	要读取的数据未完成，读操作还需继续
IIC_RD	STOP	读操作完成
STOP	IDLE	写或读操作结束

I^2C 读写控制状态转换图如图 9-15 所示，I^2C 读写控制状态分为初始空闲状态 IDLE、启动状态 START、写器件地址命令 W_DEV_ADDR、读器件地址命令 R_DEV_ADDR、写数据命令 W_DATA、读数据命令 R_DATA、写寄存器地址命令 W_REG_ADDR、读起始命令 RE_START、发送 8 位数据 IIC_SEND_8BITS_ADDR_DATA、应答信号 ACK 和停止位 STOP。该状态机是在 iic.com.vhd 文件中实现的，由于代码较为复杂，本书配套资料包的 Material 中有完整代码可供参考。

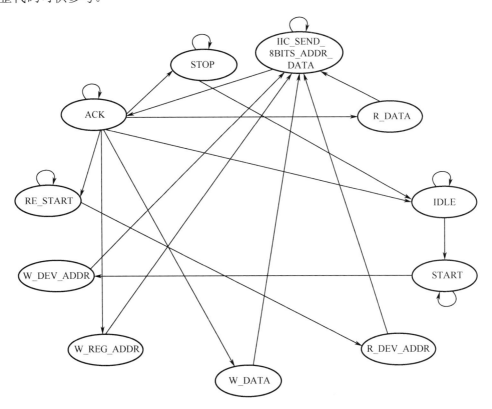

图 9-15　I^2C 读写控制状态转换图

I^2C 读写控制状态转换条件如表 9-4 所示。

表 9-4 I²C 读写控制状态转换条件

当 前 状 态	下 一 状 态	转 换 条 件
IDLE	IDLE	主机处于空闲状态，没有接收到读或写启动命令
IDLE	START	主机产生写数据起始信号，由空闲状态变为启动状态
START	W_DEV_ADDR	主机产生传输器件地址命令，并且表明为写操作
W_DEV_ADDR	IIC_SEND_8BITS_ADDR_DATA	主机传输 8 位器件地址数据
IIC_SEND_8BITS_ADDR_DATA	ACK	主机读取从机应答信号
ACK	W_REG_ADDR	读取应答信号成功后，主机产生传输要写入的寄存器地址命令
W_REG_ADDR	IIC_SEND_8BITS_ADDR_DATA	主机传输 8 位寄存器地址数据
IIC_SEND_8BITS_ADDR_DATA	ACK	主机读取从机应答信号
ACK	W_DATA	读取应答信号成功后，主机产生写入数据命令
W_DATA	IIC_SEND_8BITS_ADDR_DATA	主机传输 8 位数据
IIC_SEND_8BITS_ADDR_DATA	ACK	主机读取从机应答信号
ACK	RE_START	读取应答信号成功后，主机产生读数据起始信号
RE_START	R_DEV_ADDR	主机产生传输器件地址命令，并表明为读操作
R_DEV_ADDR	IIC_SEND_8BITS_ADDR_DATA	主机传输 8 位器件地址数据
IIC_SEND_8BITS_ADDR_DATA	ACK	主机读取从机应答信号
ACK	R_DATA	读取应答信号成功后，主机产生读取数据命令
R_DATA	IIC_SEND_8BITS_ADDR_DATA	主机读取 8 位数据
IIC_SEND_8BITS_ADDR_DATA	ACK	主机读取从机应答信号
ACK	STOP	读取应答信号成功后，主机产生停止位，终止传输
STOP	IDLE	主机回到空闲状态
ACK	IDLE	若产生无应答信号，则主机回到空闲状态

9.2.7 读写外部 EEPROM 实验内部电路图

读写外部 EEPROM 实验电路有 8 个引脚，引脚的名称、类型、约束及描述如表 9-5 所示。

表 9-5 读写外部 EEPROM 实验电路引脚说明

引 脚 名 称	引 脚 类 型	引 脚 约 束	引 脚 描 述
clk_i	in	V10	时钟输入，50MHz
rst_n_i	in	N7	复位输入，低电平复位
btn_rd_i	in	G13	按键输入，按下为低电平
btn1_wr_i	in	F13	按键输入，按下为低电平
btn2_wr_i	in	H12	按键输入，按下为低电平
uart_tx_o	out	D17	连接 CH330N 芯片的 RXD 引脚
epr_sda_io	out	C7	连接 AT24C02 芯片的 SDA 引脚
epr_scl_o	out	E7	连接 AT24C02 芯片的 SCL 引脚

读写外部 EEPROM 实验内部电路图包括 50Hz 分频模块 u_clk_gen_50hz，按键去抖模块 u_r_clr_jitter_with_reg1、u_w_clr_jitter_with_reg1 和 u_w_clr_jitter_with_reg2，I²C 读写控制模块 u_iic_com，按键检测模块 u_btn_wr_rd，编码模块 u_ascii_encode，打包模块 u_enpacket 和串口发送模块 u_uart_trans，另外，还有一个 EEPROM 读写控制状态机（fsm）。各模块之间的连接如图 9-16 所示。

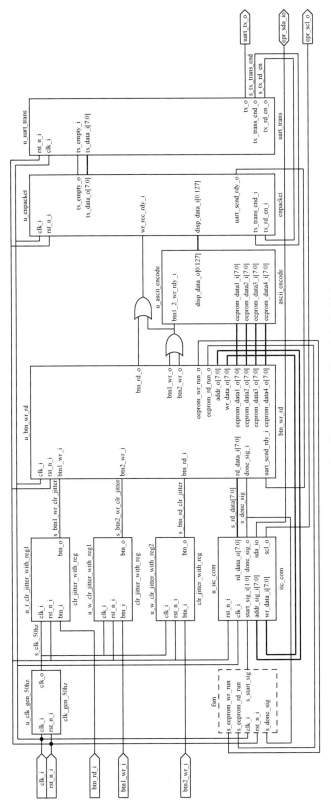

图9-16 读写外部EEPROM实验内部电路图

9.3　实验步骤

1. 复制工程文件夹并添加 VHDL 文件

将"D:\Spartan6FPGATest\Material"目录中的 exp08_eeprom 文件夹复制到"D:\Spartan6 FPGATest\Product"目录中。然后，双击运行"D:\Spartan6FPGATest\Product\exp08_eeprom\project"目录中的 eeprom.xise 文件打开工程，该工程的顶层文件为 eeprom.vhd。从本章实验开始，实验所需的.vhd 文件和.ucf 文件均已添加到工程中，因此，只需要对相关文件进行完善即可。

2. 完善 btn_wr_rd.vhd 文件

将程序清单 9-1 中的代码输入 btn_wr_rd.vhd 文件的结构体部分，并参考 2.3 节步骤 5 检查语法，下面对关键语句进行解释。

（1）第 61 至 62 行代码：读写状态机启动标志的输出。将 s_btn1_wr_flag 和 s_btn2_wr_flag 相或的结果输出给 eeprom_wr_run_o，输出结果为 1 时启动写状态机；将 s_btn_rd_flag 的值输出给 eeprom_rd_run_o，输出结果为 1 时启动读状态机。

（2）第 64 至 103 行代码：读写标志和读写数据完成标志的输出。具体过程如下：当复位时，相关参数回到初始值 0；在 clk_i 上升沿，根据条件响应相应的命令。以第一部分响应 btn1 的命令为例，如果 s_btn1_wr_reg1 为高电平，s_btn1_wr_reg2 为低电平，那么将标志位 s_btn1_wr_flag 置 1；如果标志位 s_btn1_wr_flag 为 1，s_wr_rd_cnt 计数值为 3 且 done_sig_i 为 1，那么表示一个读写操作完成，所以将标志位 s_btn1_wr_flag 置 0，btn1_wr_o 置 1，表示要写的数据已经完成可以送到 uart 发送；如果 uart_send_rdy_i 的值为 1，则表示要写的数据已发送到 uart 寄存器中，将 btn1_wr_o 置 0。

（3）第 105 至 116 行代码：产生数据读写计数器。当复位时，计数器 s_wr_rd_cnt 清零；在 clk_i 的上升沿，如果 s_wr_rd_cnt 计数值为 3 且读写操作完成标志 done_sig_i 为 1，则表示数据读写完成，将计数器 s_wr_rd_cnt 清零；如果只有 done_sig_i 为 1，则 s_wr_rd_cnt 执行加 1 计数。

（4）第 118 至 188 行代码：进行数据的读和写操作。具体过程如下：当复位时，相关参数回到初始值 0；在 clk_i 的上升沿，通过判断读写标志执行相应的读或写操作，以第一个 if 语句为例，如果 s_btn1_wr_flag 的值为 1，那么将 WR_BTN1_ADDR 赋给写数据的首地址 s_addr_wr_save_basic，然后根据 s_wr_rd_cnt 的计数值对写地址 add_o 进行递增操作，并且把 WR_BTN1_DATA1～WR_BTN1_DATA4 依次输出给 wr_data_o 和 eeprom_data1_o～eeprom_data4_o，其中，add_o 和 wr_data_o 通过 iic_com 模块写进 EEPROM，而 eeprom_data1_o～eeprom_data4_o 则通过 ascii_encode 模块编码后由 uart_tran 模块发送到上位机。其余读或写操作同理。

程序清单 9-1

```
1.    ------------------------------------------------------------------------
2.    --                              结构体
3.    ------------------------------------------------------------------------
4.    architecture rtl of btn_wr_rd is
5.
6.    ------------------------------------------------------------------------
7.    --                              声明
8.    ------------------------------------------------------------------------
9.      constant WR_BTN1_ADDR  : std_logic_vector(7 downto 0) := "00000010";
```

```
10.    constant WR_BTN1_DATA1 : std_logic_vector(7 downto 0) := "01110110";
11.    constant WR_BTN1_DATA2 : std_logic_vector(7 downto 0) := "01010100";
12.    constant WR_BTN1_DATA3 : std_logic_vector(7 downto 0) := "00110010";
13.    constant WR_BTN1_DATA4 : std_logic_vector(7 downto 0) := "00010000";
14.
15.    constant WR_BTN2_ADDR  : std_logic_vector(7 downto 0) := "11001101";
16.    constant WR_BTN2_DATA1 : std_logic_vector(7 downto 0) := "10001001";
17.    constant WR_BTN2_DATA2 : std_logic_vector(7 downto 0) := "10101011";
18.    constant WR_BTN2_DATA3 : std_logic_vector(7 downto 0) := "11001101";
19.    constant WR_BTN2_DATA4 : std_logic_vector(7 downto 0) := "11101111";
20.
21.    signal s_btn1_wr_reg1 : std_logic;
22.    signal s_btn1_wr_reg2 : std_logic;
23.    signal s_btn2_wr_reg1 : std_logic;
24.    signal s_btn2_wr_reg2 : std_logic;
25.    signal s_btn_rd_reg1  : std_logic;
26.    signal s_btn_rd_reg2  : std_logic;
27.
28.  --保存最新的写数据的首地址（4 个中的第 1 个）
29.    signal s_addr_wr_save_basic : std_logic_vector(7 downto 0);
30.
31.    signal s_btn1_wr_flag :std_logic;
32.    signal s_btn2_wr_flag :std_logic;
33.    signal s_btn_rd_flag  :std_logic;
34.    signal s_wr_rd_cnt    : integer range 0 to 3; --每次启动读或写均为 4 个
35.
36.  begin
37.
38.    --------------------------------------------------------------------------------
39.  --                              功能描述
40.    --------------------------------------------------------------------------------
41.  --检测 btn 的上升沿
42.    process (clk_i, rst_n_i)
43.    begin
44.      if(rst_n_i = '0') then
45.        s_btn1_wr_reg1 <= '0';
46.        s_btn1_wr_reg2 <= '0';
47.        s_btn2_wr_reg1 <= '0';
48.        s_btn2_wr_reg2 <= '0';
49.        s_btn_rd_reg1  <= '0';
50.        s_btn_rd_reg2  <= '0';
51.      elsif rising_edge(clk_i) then
52.        s_btn1_wr_reg1 <= btn1_wr_i;
53.        s_btn1_wr_reg2 <= s_btn1_wr_reg1;
54.        s_btn2_wr_reg1 <= btn2_wr_i;
55.        s_btn2_wr_reg2 <= s_btn2_wr_reg1;
56.        s_btn_rd_reg1  <= btn_rd_i;
57.        s_btn_rd_reg2  <= s_btn_rd_reg1;
58.      end if;
59.    end process;
60.
61.    eeprom_wr_run_o <= s_btn1_wr_flag or s_btn2_wr_flag;
```

```
62.      eeprom_rd_run_o <= s_btn_rd_flag;
63.
64.      --指示 btn1 和 btn2 有数据要发送,为 1 表示有数据要发送;
65.      --为 0 表示数据已放在 tx 寄存器中待发或没有要发送的 btn 数据
66.      process(clk_i, rst_n_i)
67.      begin
68.        if(rst_n_i = '0') then
69.          s_btn1_wr_flag <= '0';
70.          s_btn2_wr_flag <= '0';
71.          s_btn_rd_flag  <= '0';
72.          btn1_wr_o      <= '0';
73.          btn2_wr_o      <= '0';
74.          btn_rd_o       <= '0';
75.        elsif rising_edge(clk_i) then --指示目前正在响应哪个 button 的命令
76.          if(s_btn1_wr_reg1 = '1' and s_btn1_wr_reg2 ='0') then
77.            s_btn1_wr_flag <= '1';
78.          elsif(s_btn1_wr_flag = '1' and s_wr_rd_cnt = 3 and done_sig_i='1') then
79.            s_btn1_wr_flag <= '0';
80.            btn1_wr_o <= '1';
81.          elsif(uart_send_rdy_i = '1') then
82.            btn1_wr_o <= '0';
83.          end if;
84.
85.          if(s_btn2_wr_reg1 = '1' and s_btn2_wr_reg2 = '0') then
86.            s_btn2_wr_flag <= '1';
87.          elsif(s_btn2_wr_flag = '1' and s_wr_rd_cnt = 3 and done_sig_i = '1') then
88.            s_btn2_wr_flag <= '0';
89.            btn2_wr_o <= '1';
90.          elsif(uart_send_rdy_i = '1') then
91.            btn2_wr_o <= '0';
92.          end if;
93.
94.          if(s_btn_rd_reg1 = '1' and s_btn_rd_reg2 = '0') then
95.            s_btn_rd_flag <= '1';
96.          elsif(s_btn_rd_flag = '1' and s_wr_rd_cnt = 3 and done_sig_i = '1') then
97.            s_btn_rd_flag <= '0';
98.            btn_rd_o <= '1';
99.          elsif(uart_send_rdy_i = '1') then
100.           btn_rd_o <= '0';
101.         end if;
102.       end if;
103.     end process;
104.
105.     process(clk_i, rst_n_i)
106.     begin
107.       if(rst_n_i = '0')then
108.         s_wr_rd_cnt <= 0;
109.       elsif rising_edge(clk_i) then
110.         if(s_wr_rd_cnt = 3 and done_sig_i = '1') then
111.           s_wr_rd_cnt <= 0;
112.         elsif (done_sig_i = '1') then
113.           s_wr_rd_cnt <= s_wr_rd_cnt + 1;
```

```
114.        end if;
115.      end if;
116.    end process;
117.
118.    process(clk_i, rst_n_i)
119.    begin
120.      if(rst_n_i = '0')then
121.        eeprom_data1_o <= (others => '0');
122.        eeprom_data2_o <= (others => '0');
123.        eeprom_data3_o <= (others => '0');
124.        eeprom_data4_o <= (others => '0');
125.        addr_o         <= (others => '0');
126.        wr_data_o      <= (others => '0');
127.        s_addr_wr_save_basic <= (others => '0');
128.      elsif rising_edge(clk_i) then
129.        if(s_btn1_wr_flag = '1') then
130.          s_addr_wr_save_basic <= WR_BTN1_ADDR;
131.          if(s_wr_rd_cnt = 0) then
132.            eeprom_data1_o <= WR_BTN1_DATA1;
133.            addr_o         <= WR_BTN1_ADDR;
134.            wr_data_o      <= WR_BTN1_DATA1;
135.          elsif(s_wr_rd_cnt = 1) then
136.            eeprom_data2_o <= WR_BTN1_DATA2;
137.            addr_o         <= WR_BTN1_ADDR + 1;
138.            wr_data_o      <= WR_BTN1_DATA2;
139.          elsif(s_wr_rd_cnt = 2) then
140.            eeprom_data3_o <= WR_BTN1_DATA3;
141.            addr_o         <= WR_BTN1_ADDR + 2;
142.            wr_data_o      <= WR_BTN1_DATA3;
143.          elsif(s_wr_rd_cnt = 3) then
144.            eeprom_data4_o <= WR_BTN1_DATA4;
145.            addr_o         <= WR_BTN1_ADDR + 3;
146.            wr_data_o      <= WR_BTN1_DATA4;
147.          end if;
148.        elsif(s_btn2_wr_flag ='1') then
149.          s_addr_wr_save_basic <= WR_BTN2_ADDR;
150.          if(s_wr_rd_cnt = 0) then
151.            eeprom_data1_o <= WR_BTN2_DATA1;
152.            addr_o         <= WR_BTN2_ADDR;
153.            wr_data_o      <= WR_BTN2_DATA1;
154.          elsif(s_wr_rd_cnt = 1) then
155.            eeprom_data2_o <= WR_BTN2_DATA2;
156.            addr_o         <= WR_BTN2_ADDR + 1;
157.            wr_data_o      <= WR_BTN2_DATA2;
158.          elsif(s_wr_rd_cnt = 2) then
159.            eeprom_data3_o <= WR_BTN2_DATA3;
160.            addr_o         <= WR_BTN2_ADDR + 2;
161.            wr_data_o      <= WR_BTN2_DATA3;
162.          elsif(s_wr_rd_cnt = 3) then
163.            eeprom_data4_o <= WR_BTN2_DATA4;
164.            addr_o         <= WR_BTN2_ADDR + 3;
165.            wr_data_o      <= WR_BTN2_DATA4;
```

```
166.        end if;
167.      elsif(s_btn_rd_flag='1') then
168.        if(s_wr_rd_cnt = 0) then
169.          addr_o <= s_addr_wr_save_basic;
170.        elsif(s_wr_rd_cnt = 1) then
171.          addr_o <= s_addr_wr_save_basic + 1;
172.        elsif(s_wr_rd_cnt = 2) then
173.          addr_o <= s_addr_wr_save_basic + 2;
174.        elsif(s_wr_rd_cnt = 3) then
175.          addr_o <= s_addr_wr_save_basic + 3;
176.        end if;
177.        if(s_wr_rd_cnt = 0 and done_sig_i = '1') then
178.          eeprom_data1_o <= rd_data_i;
179.        elsif(s_wr_rd_cnt = 1 and done_sig_i = '1') then
180.          eeprom_data2_o <= rd_data_i;
181.        elsif(s_wr_rd_cnt = 2 and done_sig_i = '1') then
182.          eeprom_data3_o <= rd_data_i;
183.        elsif(s_wr_rd_cnt = 3 and done_sig_i = '1') then
184.          eeprom_data4_o <= rd_data_i;
185.        end if;
186.      end if;
187.    end if;
188.  end process;
189.
190. end rtl;
```

3. 完善 ascii_encode.vhd 文件

将程序清单 9-2 中的第 4 到 47 行代码输入 ascii_encode.vhd 文件结构体的功能描述部分，并参考 2.3 节步骤 5 检查语法，下面对关键语句进行解释。

第 5 至 19 行代码：把字符或数字转换成对应的 ASCII 码表示，并将格式转换为 8 位的标准逻辑矢量，这里用到了两个函数 char_to_integer 和 conv_std_logic_vector。其中，char_to_integer 函数是在该结构体声明部分中定义的函数；conv_std_logic_vector 函数则是 ISE Design Suite 14.7 内置库 std_logic_arith 中的一个格式转换函数，作用是将格式为 INTEGER、SINGER 或 UNSIGNED 的数据转换为指定位数、格式为 std_logic_vector 的数据。

程序清单 9-2

```
1.   -----------------------------------------------------------------------------
2.   --                          功能描述
3.   -----------------------------------------------------------------------------
4.   --把字符或数字转换成 ASCII 码表示
5.   disp_data_o(0) <= conv_std_logic_vector(char_to_integer('w') ,8) when (btn1_2_wr_rdy_i = '1')
6.                  else conv_std_logic_vector(char_to_integer(' ') ,8);
7.
8.   disp_data_o(1) <= conv_std_logic_vector(char_to_integer('r') ,8);
9.
10.  disp_data_o(2) <= conv_std_logic_vector(char_to_integer('i') ,8) when (btn1_2_wr_rdy_i =
                                                                              '1')
11.                  else conv_std_logic_vector(char_to_integer('e') ,8);
12.
13.  disp_data_o(3) <= conv_std_logic_vector(char_to_integer('t') ,8) when (btn1_2_wr_rdy_i = '1')
14.                  else conv_std_logic_vector(char_to_integer('a') ,8);
```

```
15.
16.    disp_data_o(4) <= conv_std_logic_vector(char_to_integer('e') ,8) when (btn1_2_wr_rdy_i = '1')
17.                    else conv_std_logic_vector(char_to_integer('d') ,8);
18.
19.    disp_data_o(5) <=  conv_std_logic_vector(char_to_integer(':') ,8);
20.
21.    disp_data_o(6) <= "00110000" or ("0000" & eeprom_data1_i(7 downto 4)) when eeprom_data1_i(7
22.                                                                    downto 4) < x"A" else
                           "0000" & eeprom_data1_i(7 downto 4) + "00110111";
23.
24.    disp_data_o(7) <= "00110000" or ("0000" & eeprom_data1_i(3 downto 0)) when eeprom_data1_i(3
25.                                                                    downto 0) < x"A" else
                           "0000" & eeprom_data1_i(3 downto 0) + "00110111";
26.
27.    disp_data_o(8) <= "00110000" or ("0000" & eeprom_data2_i(7 downto 4)) when eeprom_data2_i(7
28.                                                                    downto 4) < x"A" else
                           "0000" & eeprom_data2_i(7 downto 4) + "00110111";
29.
30.    disp_data_o(9) <= "00110000" or ("0000" & eeprom_data2_i(3 downto 0)) when eeprom_data2_i(3
31.                                                                    downto 0) < x"A" else
                           "0000" & eeprom_data2_i(3 downto 0) + "00110111";
32.
33.    disp_data_o(10) <= "00110000" or ("0000" & eeprom_data3_i(7 downto 4)) when eeprom_data3_i
34.                                                                    (7 downto 4) < x"A" else
                            "0000" & eeprom_data3_i(7 downto 4) + "00110111";
35.
36.    disp_data_o(11) <= "00110000" or ("0000" & eeprom_data3_i(3 downto 0)) when eeprom_data3_i
37.                                                                    (3 downto 0) < x"A" else
                            "0000" & eeprom_data3_i(3 downto 0) + "00110111";
38.
39.    disp_data_o(12) <= "00110000" or ("0000" & eeprom_data4_i(7 downto 4)) when eeprom_data4_i
40.                                                                    (7 downto 4) < x"A" else
                            "0000" & eeprom_data4_i(7 downto 4) + "00110111";
41.
42.    disp_data_o(13) <= "00110000" or ("0000" & eeprom_data4_i(3 downto 0)) when eeprom_data4_i
43.                                                                    (3 downto 0) < x"A" else
                            "0000" & eeprom_data4_i(3 downto 0) + "00110111";
44.
45.    disp_data_o(14) <= x"0D";  --x"0D"x"0A" 表示换行符
46.
47.    disp_data_o(15) <= x"0A";
```

4. 完善 eeprom.vhd 文件

将程序清单 9-3 中的第 9 至 59 行代码和第 66 至 174 行代码分别输入 eeprom.vhd 文件结构体的声明部分（关键字 architecture 和 begin 之间）和功能描述部分（关键字 begin 和 end rtl 之间），并参考 2.3 节步骤 5 检查语法，下面对关键语句进行解释。

（1）第 103 至 141 行代码：EEPROM 读写控制状态机，具体过程可参考图 9-14 中的状态转换图。

（2）第 143 至 174 行代码：产生 EEPROM 读写开始信号，输出的信号在 iic_com.vhd 文件中的状态机中起作用。143 至 151 行代码是 EEPROM 读写开始信号 s_start_sig 的更新；153

至 174 行代码则根据下一状态 next_state 输出对应的 s_next_start_sig。

程序清单 9-3

```
1.    ------------------------------------------------------------------------
2.    --                              结构体
3.    ------------------------------------------------------------------------
4.    architecture rtl of eeprom is
5.
6.    ------------------------------------------------------------------------
7.    --                              声明
8.    ------------------------------------------------------------------------
9.      component btn_wr_rd is
10.       port(
11.         clk_i              : in  std_logic; --时钟输入，50MHz
12.         rst_n_i            : in  std_logic; --复位输入，低电平有效
13.         btn1_wr_i          : in  std_logic; --写数据 1
14.         btn2_wr_i          : in  std_logic; --写数据 2
15.         btn_rd_i           : in  std_logic; --读数据
16.         done_sig_i         : in  std_logic; --一个读或写操作完成
17.         uart_send_rdy_i    : in  std_logic; --'1'表示要显示的数据已发送到 uart 寄存器中
18.         rd_data_i          : in  std_logic_vector(7 downto 0);
19.         addr_o             : out std_logic_vector(7 downto 0);
20.         wr_data_o          : out std_logic_vector(7 downto 0);
21.         btn1_wr_o          : out std_logic; --'1'表示要写的数据已完成，可送到 uart 寄存器发送
22.         btn2_wr_o          : out std_logic; --'1'表示要写的数据已完成，可送到 uart 寄存器发送
23.         btn_rd_o           : out std_logic; --'1'表示要读的数据已完成，可送到 uart 寄存器发送
24.         eeprom_wr_run_o    : out std_logic; --'1'表示写操作还需要继续，用于启动写状态机
25.         eeprom_rd_run_o    : out std_logic; --'1'表示读操作还需要继续，用于启动读状态机
26.         eeprom_data1_o     : out std_logic_vector(7 downto 0);
27.         eeprom_data2_o     : out std_logic_vector(7 downto 0);
28.         eeprom_data3_o     : out std_logic_vector(7 downto 0);
29.         eeprom_data4_o     : out std_logic_vector(7 downto 0)
30.         );
31.     end component;
32.
33.     component ascii_encode is
34.       Port(
35.         btn1_2_wr_rdy_i : in  std_logic;
36.         eeprom_data1_i  : in  std_logic_vector(7 downto 0);
37.         eeprom_data2_i  : in  std_logic_vector(7 downto 0);
38.         eeprom_data3_i  : in  std_logic_vector(7 downto 0);
39.         eeprom_data4_i  : in  std_logic_vector(7 downto 0);
40.         disp_data_o     : out t_disp_data
41.         );
42.     end component;
43.
44.     signal curr_state : t_eeprom_state; --状态机当前状态
45.     signal next_state : t_eeprom_state; --状态机下一状态
46.
47.     signal s_next_start_sig : std_logic_vector(1 downto 0);
48.     signal s_btn1_wr_rdy     : std_logic;
49.     signal s_btn2_wr_rdy     : std_logic;
```

```
50.    signal s_btn_rd_rdy       : std_logic;
51.    signal s_eeprom_wr_run  : std_logic;
52.    signal s_eeprom_rd_run  : std_logic;
53.
54.    signal s_btn1_2_wr_rdy  : std_logic;
55.
56.    signal s_uart_data_1 : std_logic_vector(7 downto 0);
57.    signal s_uart_data_2 : std_logic_vector(7 downto 0);
58.    signal s_uart_data_3 : std_logic_vector(7 downto 0);
59.    signal s_uart_data_4 : std_logic_vector(7 downto 0);
60.
61.  begin
62.
63.  ----------------------------------------------------------------------
64.  --                              功能描述
65.  ----------------------------------------------------------------------
66.    u_btn_wr_rd : btn_wr_rd
67.    port map(
68.      clk_i              => clk_50mhz_i,
69.      rst_n_i            => rst_n_i,
70.      btn1_wr_i          => s_btn1_wr_clr_jitter,
71.      btn2_wr_i          => s_btn2_wr_clr_jitter,
72.      btn_rd_i           => s_btn_rd_clr_jitter,
73.      done_sig_i         => s_done_sig,
74.      uart_send_rdy_i => s_uart_send_rdy,
75.      rd_data_i          => s_rd_data,
76.      addr_o             => s_addr,
77.      wr_data_o          => s_data,
78.      btn1_wr_o          => s_btn1_wr_rdy,
79.      btn2_wr_o          => s_btn2_wr_rdy,
80.      btn_rd_o           => s_btn_rd_rdy,
81.      eeprom_wr_run_o => s_eeprom_wr_run,
82.      eeprom_rd_run_o => s_eeprom_rd_run,
83.      eeprom_data1_o => s_uart_data_1,
84.      eeprom_data2_o => s_uart_data_2,
85.      eeprom_data3_o => s_uart_data_3,
86.      eeprom_data4_o => s_uart_data_4
87.      );
88.
89.    s_btn1_2_wr_rdy <= s_btn1_wr_rdy or s_btn2_wr_rdy;
90.
91.    u_ascii_encode : ascii_encode
92.    Port map(
93.      btn1_2_wr_rdy_i => s_btn1_2_wr_rdy,
94.      eeprom_data1_i => s_uart_data_1,
95.      eeprom_data2_i => s_uart_data_2,
96.      eeprom_data3_i => s_uart_data_3,
97.      eeprom_data4_i => s_uart_data_4,
98.      disp_data_o      => s_disp_data
99.      );
100.
101.  s_wr_rec_rdy <= s_btn1_wr_rdy or s_btn2_wr_rdy or s_btn_rd_rdy;
```

```vhdl
102.
103.    --EEPROM 读写控制状态机
104.    process(clk_50mhz_i, rst_n_i)
105.    begin
106.      if(rst_n_i = '0') then
107.        curr_state <= IDLE;
108.      elsif rising_edge(clk_50mhz_i) then
109.        curr_state <= next_state;
110.      end if;
111.    end process;
112.
113.    --EEPROM 读写控制状态机
114.    process (curr_state, s_done_sig, s_eeprom_wr_run, s_eeprom_rd_run)
115.    begin
116.      next_state <= curr_state;
117.      case curr_state is
118.        when IDLE =>
119.          if(s_eeprom_wr_run = '1') then
120.            next_state <= IIC_WR;
121.          elsif(s_eeprom_rd_run = '1') then
122.            next_state <= IIC_RD;
123.          end if;
124.        when IIC_WR =>
125.          if(s_done_sig = '1') then
126.            next_state <= STOP;
127.          else
128.            next_state <= IIC_WR;
129.          end if;
130.        when IIC_RD =>
131.          if(s_done_sig = '1') then
132.            next_state <= STOP;
133.          else
134.            next_state <= IIC_RD;
135.          end if;
136.        when STOP =>
137.          next_state <= IDLE;
138.        when others =>
139.          next_state <= IDLE;
140.      end case;
141.    end process;
142.
143.    --EEPROM 读写控制
144.    process(clk_50mhz_i, rst_n_i)
145.    begin
146.      if(rst_n_i = '0') then
147.        s_start_sig <= (others => '0');
148.      elsif rising_edge(clk_50mhz_i) then
149.        s_start_sig <= s_next_start_sig;
150.      end if;
151.    end process;
152.
153.    process(next_state, s_start_sig, s_done_sig)
```

```
154.  begin
155.    s_next_start_sig <= s_start_sig;
156.    case next_state is
157.      when IIC_WR =>
158.        if(s_done_sig = '1') then
159.          s_next_start_sig <= "00";
160.        else
161.          s_next_start_sig <= "01";
162.        end if;
163.      when IIC_RD =>
164.        if(s_done_sig = '1') then
165.          s_next_start_sig <= "00";
166.        else
167.          s_next_start_sig <= "10";
168.        end if;
169.      when STOP =>
170.        s_next_start_sig <= "00";
171.      when others =>
172.        s_next_start_sig <= (others => '0');
173.    end case;
174.  end process;
175.
176. end rtl;
```

5. 仿真测试

检查完 eeprom.vhd 文件的语法之后，对 EEPROM 模块进行仿真。在仿真之前，需要先对 clk_gen_50hz 模块的分频频率进行修改，以减少仿真过程等待的时间。然后，打开 clk_gen_50hz. vhd 文件，如程序清单 9-4 所示，将 CNT_HALF 和 CNT_MAX 的值分别修改为 4 和 9，原来的值先进行注释，待仿真验证成功后再将数值修改回原值。

程序清单 9-4

```
1.     generic(
2.        --CNT_MAX : integer := 999999;
3.        --CNT_HALF: integer := 499999
4.        CNT_MAX  : integer := 9;
5.        CNT_HALF : integer := 4
6.     );
```

本实验已经提供了完整的测试文件 eeprom_tb.vhd，可以直接参考 2.3 节步骤 7 对 EEPROM 模块进行仿真。如图 9-17 所示，可以看到当按下 btn1 时，sda_io、scl_o 开始响应输出信号给 EEPROM。其中，epr_sda_io 类型为 inout，在 I²C 协议中，总线既用于主机（FPGA）发送命令和数据，又用于从机（EEPROM）发送响应应答信号 ACK，因此涉及了总线的占用与释放问题。当输出 epr_sda_io 为高阻态 Z 时，在高阻态下主机输出对下级电路无任何影响，主机不再占用总线，将总线释放，此时外部的 sda 上的数据可以读进来，实现了控制器释放总线，将总线交由从机 EEPROM，进而 FPGA 可将 EEPROM 发出的数据（ACK）读进来。

注意，仿真验证无误后要将 clk_gen_50hz 模块的分频常数修改回原值。

6. 板级验证

本实验已提供了完整的引脚约束文件，参考 2.3 节步骤 9，将工程编译生成.bit 文件，并且将其下载到 FPGA 高级开发系统上，然后在串口助手上显示读写的内容。按独立按键 KEY₁，串口助手显示 write:76543210；按独立按键 KEY_2，串口助手显示 write:89ABCDEF；按独立按键 KEY_3，串口助手显示 FPGA 芯片从 EEPROM 中读取最后一次写入的数据。

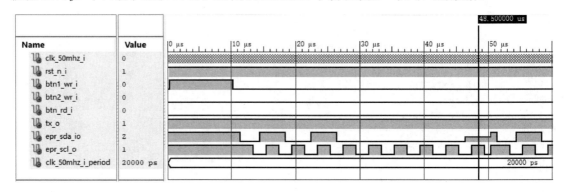

图 9-17　查看仿真结果

本 章 任 务

在本实验的基础上，在七段数码管上显示读写的内容，按独立按键 KEY_1，FPGA 芯片向 EEPROM 写入数据 76543210；按独立按键 KEY_2，FPGA 芯片向 EEPROM 写入数据 89ABCDEF；按独立按键 KEY_3，FPGA 芯片从 EEPROM 中读取最后一次写入的数据。注意，最后一次写入的数据与读取的数据显示的内容是一样的，因此需要对读取和写入的数据显示进行区分。例如，写入的数据从左到右显示，读取的数据从右到左显示，或是在按键按下时清除数码管数据，弹起时再显示新的数据等，区分方式不限。

本 章 习 题

1. 简述 I^2C 的基本概念。
2. 简述 I^2C 的时序特点。
3. 简述 I^2C 协议的页读写数据时序变化。
4. 简述 I^2C 器件之间数据的通信过程。
5. FPGA 是怎么实现总线的占用与释放的？

第 10 章　读写外部 Flash 实验

Flash 属于内存器件中的一种，不仅具备电子可擦除、可编程的性能，还不会因断电而丢失数据，同时可以快速读取数据。Flash 和 EEPROM 的最大区别是 EEPROM 可以按字节进行数据的改写，Flash 只能先擦除一个区间，然后改写其内容。在通常情况下，这个擦除区间叫作扇区，也有部分厂家引入了页面的概念。选择 Flash 产品时，最小擦除区间是比较重要的指标。在写入 Flash 时，如果写入的数据不能正好是一个最小擦除区间的尺寸，就需要把整个区间的数据全部保存到另外一个存储空间，擦除这个空间，然后才能重新对这个区间改写。Flash 按接口可以分为两大类：并行 Flash 和串行 Flash。并行 Flash 存储量大，速度快；而串行 Flash 存储量相对较小，但体积小，连线简单，可减小电路面积，节约成本。本章将通过学习 SPI 通信设计，完成 FPGA 对外部 Flash 的读写实验。

10.1　实验内容

基于 FPGA 高级开发系统设计一个读写外部 Flash 实验，可实现：按独立按键 KEY$_1$，FPGA 向外部 Flash 写 76543210；按独立按键 KEY$_2$，FPGA 向外部 Flash 写 89ABCDEF；按独立按键 KEY$_3$，FPGA 从外部 Flash 读最后一次写入的数据。读写的数据都可通过串口，在串口助手上显示。

10.2　实验原理

10.2.1　SPI Flash 电路原理图

FPGA 高级开发系统上 XC6SLX16 芯片的 F7、D6、C6 和 C5 引脚分别连接 W25Q128FVSIG 芯片的片选引脚、时钟引脚、数据输出引脚和数据输入引脚。片选引脚 CS#低电平有效，在高电平时则工作在待机状态，此时串行数据输出（DQ1）为高阻抗状态。写保护引脚 WP#能够限制写指令和擦除指令的操作区域，低电平有效，空闲状态时为高电平。控制端引脚 HOLD 低电平有效，暂停串行通信。写保护引脚 WP#用于数据保护和空闲模式的低功耗运行，若不使用则可将其置为高电平。SPI Flash 电路原理图如图 10-1 所示。

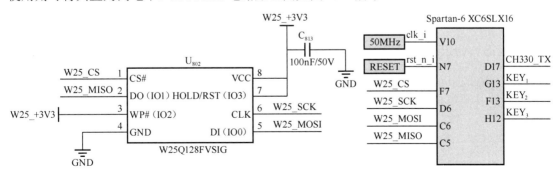

图 10-1　SPI Flash 电路原理图

10.2.2 SPI 协议

SPI 是串行外设接口（Serial Peripheral Interface）的英文缩写，是 Motorola 公司推出的一种同步串行接口技术，是一种高速、全双工、同步的通信总线。SPI 接口主要应用在 EEPROM、Flash、实时时钟、AD 转换器，以及数字信号处理器和数字信号解码器之间。

SPI 系统总线只需 3 根公共的连接线：时钟线 SCLK 及数据线 MOSI 和 MISO，SPI 总线的物理拓扑结构如图 10-2 所示。

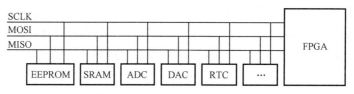

图 10-2 SPI 总线物理拓扑结构

SPI 接口通常使用 4 条线通信。

（1）MISO：从机到主机的数据信号，用于收集从机所传输的数据信号。

（2）MOSI：主机到从机的数据信号，用于将主机的执行代码和数据发送到从机上。

（3）SCLK：时钟信号，由主机产生。

（4）CS：从机片选信号，由主机控制。

SPI 的经典结构如图 10-3 所示。

如图 10-4 所示，当有多个从机时，每个从机上都有一个片选引脚连接到主机，因此，当主机和某个从机通信时需要将从机对应的片选引脚电平拉高或拉低。

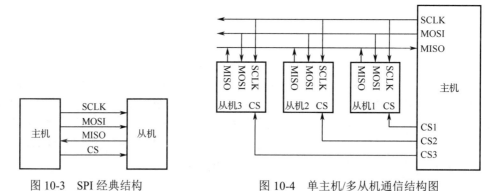

图 10-3 SPI 经典结构　　　　　图 10-4 单主机/多从机通信结构图

10.2.3 W25Q128 芯片

W25Q128 芯片是一款带有先进写保护机制和高速 SPI 总线访问的 128Mbit 串行 Flash 存储器，该芯片的引脚图如图 10-5 所示。

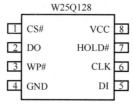

图 10-5 W25Q128 芯片的引脚图

W25Q128 芯片的引脚说明如表 10-1 所示，该芯片共有 8 个引脚。

表 10-1 W25Q128 芯片的引脚说明

引脚编号	引脚名称	描述
1	CS#	片选引脚，低电平有效
2	DO	串行数据输出引脚
3	WP#	写保护引脚，低电平有效
4	GND	接地
5	DI	串行数据输入引脚
6	CLK	串行时钟输入引脚
7	HOLD#	暂停引脚，用于暂停主机与设备的任何串行通信，不需要取消选择设备
8	VCC	接电源

根据数据手册可得 W25Q128 芯片的部分操作指令代码如表 10-2 所示。W25Q128 芯片的 SPI Flash 指令较多，所有指令都是 8 位，操作时先将片选信号拉低选中器件，然后输入 8 位操作指令字节，串行数据在片选信号拉低后的第一个时钟的上升沿被采样，SPI Flash 启动内部控制逻辑，自动完成相应操作。有些操作在输入指令后需要输入地址字节和伪字节，最后在操作完成后再将片选信号拉高。

表 10-2 W25Q128 芯片部分操作指令代码

命令名称	1 字节指令码		地址字节	伪字节	数据字节
写使能	00000110	06h	0	0	0
禁止写	00000100	04h	0	0	0
读芯片 ID	10011111	9Fh	0	0	1～20
读状态寄存器	00000101	05h	0	0	1～∞
读取数据	00001100	03h	3	0	1～∞
页面编程	00000010	02h	3	0	1～256
扇区擦除	11011000	D8h	3	0	0

10.2.4 SPI 通信模式

SPI 通信有 4 种不同的模式，不同的从机在出厂时可能就已经被配置为某种模式，这是不能改变的，但主机和从机通信双方必须工作在同一模式下，所以可以对主机的 SPI 模式进行配置，通过 CPOL（时钟极性）和 CPHA（时钟相位）来控制主机的通信模式，具体如下：

Mode0：CPOL=0，CPHA=0。

Mode1：CPOL=0，CPHA=1。

Mode2：CPOL=1，CPHA=0。

Mode3：CPOL=1，CPHA=1。

时钟极性 CPOL 用于配置 SCLK 的电平处于空闲状态或有效状态。

CPOL=0，表示当 SCLK=0 时，串行同步时钟的空闲状态为低电平，有效状态就是 SCLK 处于高电平时。

CPOL=1，表示当 SCLK=1 时，串行同步时钟的空闲状态为高电平，有效状态就是 SCLK 处于低电平时。

时钟相位 CPHA 用于配置数据采样处于第几个边沿。

CPHA=0，表示数据采样是在串行同步时钟的第 1 个跳变沿（上升或下降），数据发送在第 2 个跳变沿（上升或下降）。

CPHA=1，表示数据采样是在串行同步时钟的第 2 个跳变沿（上升或下降），数据发送在第 1 个跳变沿（上升或下降）。

下面对这 4 种模式进行时序分析。

（1）CPOL=0，CPHA=0：SCLK 为低电平时是空闲状态，数据采样是在第 1 个边沿的，即 SCLK 由低电平到高电平跳变，所以数据采样在上升沿，数据输出在下降沿，如图 10-6 所示。

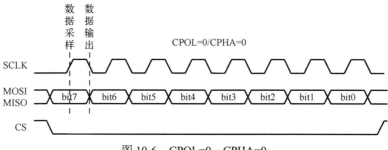

图 10-6　CPOL=0，CPHA=0

（2）CPOL=0，CPHA=1：SCLK 为低电平时是空闲状态，数据发送是在第 1 个边沿的，即 SCLK 由低电平到高电平跳变，所以数据采样在下降沿，数据输出在上升沿，如图 10-7 所示。

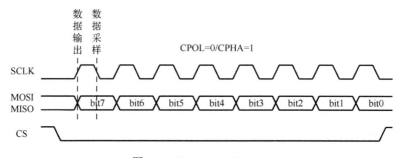

图 10-7 CPOL=0，CPHA=1

（3）CPOL=1，CPHA=0：SCLK 为高电平时是空闲状态，数据采样是在第 1 个边沿的，即 SCLK 由高电平到低电平跳变，所以数据采样在下降沿，数据输出在上升沿，如图 10-8 所示。

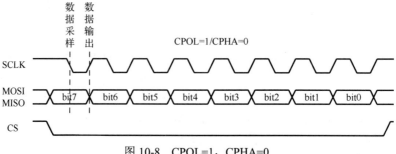

图 10-8　CPOL=1，CPHA=0

（4）CPOL=1，CPHA=1：SCLK 为高电平时是空闲状态，数据发送是在第 1 个边沿的，即 SCLK 由高电平到低电平跳变，所以数据采样在上升沿，数据输出在下降沿，如图 10-9 所示。

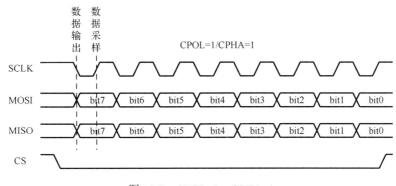

图 10-9　CPOL=1，CPHA=1

10.2.5　读写外部 Flash 实验状态机

Flash 的 SPI 通信状态转换图如图 10-10 所示，分为初始空闲状态 IDLE、发送命令状态 CMD_SEND、发送地址状态 ADDR_SEND、读数据等待状态 READ_WAIT、写数据状态 WRITE_DATA 和完成状态 FINISH_DONE。该状态机是在 flash_spi.vhd 文件中实现的，本书配套资料包的 Material 文件夹中有完整代码可供参考。

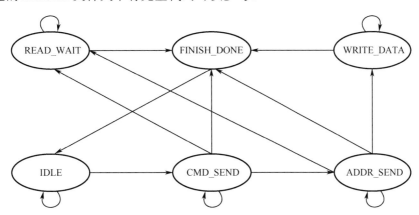

图 10-10　Flash 的 SPI 通信状态转换图

Flash 的 SPI 通信状态转换条件如表 10-3 所示。

表 10-3　Flash 的 SPI 通信状态转换条件

当 前 状 态	下 一 状 态	转 换 条 件
IDLE	IDLE	没有接收到命令
IDLE	CMD_SEND	接收到操作命令请求
CMD_SEND	FINISH_DONE	接收到的操作命令是写启用或禁止写
CMD_SEND	READ_WAIT	接收到的操作命令是读寄存器
CMD_SEND	ADDR_SEND	接收到的操作命令是发送地址

当 前 状 态	下 一 状 态	转 换 条 件
ADDR_SEND	FINISH_DONE	接收到结束命令
ADDR_SEND	WRITE_DATA	完成 24 位地址的发送，并接收到写数据命令
ADDR_SEND	READ_WAIT	完成 24 位地址的发送，并接收到读数据命令
READ_WAIT	FINISH_DONE	完成读数据操作
WRITE_DATA	FINISH_DONE	完成写数据操作
FINISH_DONE	IDLE	完成各种标志信号的设置

利用状态机进行控制能够准确有条理地完成对 SPI Flash 的操作，该状态机在 flash.vhd 文件中实现，Flash 读写擦除状态转换图如图 10-11 所示，SPI Flash 控制器的工作状态可划分为以下几种：

空闲状态（FLASH_IDLE）；

读芯片 ID 状态（FLASH_ID_RD）；

擦除写使能指令状态（FLASH_WR_EN_ERASE）；

块擦除状态（FLASH_BLOCK_ERASE）；

擦除等待状态（FLASH_ERASE_WAIT）；

擦除检测状态（FLASH_ERASE_STAT1_CHECK）；

擦除禁止写指令状态（FLASH_WR_DIS_ERASE）；

写数据使能状态（FLASH_WR_EN_DATA）；

写数据状态（FLASH_WR_DATA）；

写数据等待状态（FLASH_WR_DATA_WAIT）；

写数据检测状态（FLASH_WR_DATA_STAT1_CHECK）；

禁止写数据状态（FLASH_WR_DIS_DATA）；

停止状态（FLASH_STOP）；

读数据状态（FLASH_DATA_RD）。

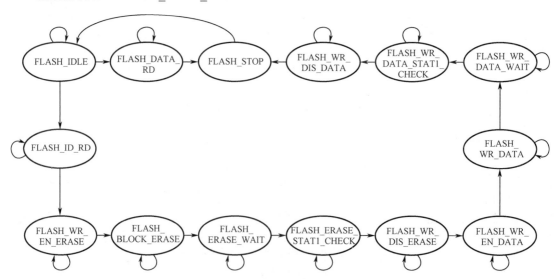

图 10-11　Flash 读写擦除状态转换图

Flash 读写擦除状态转换条件如表 10-4 所示。

表 10-4　Flash 读写擦除状态转换条件

当 前 状 态	下 一 状 态	转 换 条 件
FLASH_IDLE	FLASH_ID_RD	接收到读芯片 ID 命令
FLASH_ID_RD	FLASH_WR_EN_ERASE	读芯片 ID 完成信号为 1，进入擦除写使能指令状态
FLASH_WR_EN_ERASE	FLASH_BLOCK_ERASE	擦除写使能指令完成信号为 1，进入块擦除状态
FLASH_BLOCK_ERASE	FLASH_ERASE_WAIT	块擦除完成信号为 1，进入擦除等待状态
FLASH_ERASE_WAIT	FLASH_ERASE_STAT1_CHECK	延迟一定时间后，检测擦除情况
FLASH_ERASE_STAT1_CHECK	FLASH_WR_DIS_ERASE	擦除完成，擦除禁止写指令
FLASH_WR_DIS_ERASE	FLASH_WR_EN_DATA	解除禁止写指令后，使能写数据命令
FLASH_WR_EN_DATA	FLASH_WR_DATA	写数据命令使能后，进入写数据状态
FLASH_WR_DATA	FLASH_WR_DATA_WAIT	写数据状态完成信号为 1，进入写数据等待状态
FLASH_WR_DATA_WAIT	FLASH_WR_DATA_STAT1_CHECK	延迟一定时间后，检测写数据情况
FLASH_WR_DATA_STAT1_CHECK	FLASH_WR_DIS_DATA	写数据完成，进入禁止写数据状态
FLASH_WR_DIS_DATA	FLASH_STOP	禁止写数据完成信号为 1，进入停止状态
FLASH_IDLE	FLASH_DATA_RD	接收到读数据命令
FLASH_DATA_RD	FLASH_STOP	读数据完成，进入停止状态
FLASH_STOP	FLASH_IDLE	没接收到其他命令，回到空闲状态

10.2.6　读写外部 Flash 实验内部电路图

读写外部 Flash 实验电路有 10 个引脚，引脚的名称、类型、约束及描述如表 10-5 所示。

表 10-5　七段数码管显示实验电路引脚说明

引脚名称	引脚类型	引脚约束	引脚描述
clk_i	in	V10	时钟输入，50MHz
rst_n_i	in	N7	复位输入，低电平复位
btn_rd_i	in	G13	按键输入，按下为低电平
btn1_wr_i	in	F13	按键输入，按下为低电平
btn2_wr_i	in	H12	按键输入，按下为低电平
flash_dataout_i	in	C5	连接 M25P16 芯片数据输出引脚
uart_tx_o	out	D17	连接 CH330N 芯片 RXD 引脚
flash_cs_o	out	F7	连接 M25P16 芯片片选引脚
flash_clk_o	out	D6	连接 M25P16 芯片时钟引脚
flash_datain_o	out	C6	连接 M25P16 芯片数据输入引脚

读写外部 Flash 实验内部电路图包括 50Hz 分频模块 u_clk_gen_50hz，按键去抖模块 u_r_clr_jitter_with_reg1、u_w_clr_jitter_with_reg1 和 u_w_clr_jitter_with_reg2，SPI 读写控制模块 u_flash_spi，按键检测模块 u_btn_wr_rd，编码模块 u_ascii_encode，打包模块 u_enpacket，串口发送模块 u_uart_trans。此外，还有一个 Flash 读写控制状态机（fsm），各模块之间的连接如图 10-12 所示。

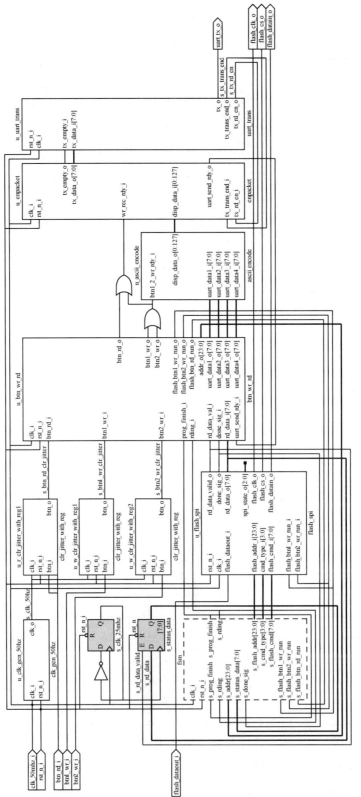

图10-12 读写外部Flash实验内部电路图

10.3　实验步骤

1. 复制工程文件夹并添加 VHDL 文件

将"D:\Spartan6FPGATest\Material"目录中的 exp09_flash 文件夹复制到"D:\Spartan6 FPGATest\Product"目录中。然后，双击运行"D:\Spartan6FPGATest\Product\exp09_flash\project"目录中的 flash.xise 文件打开工程，该工程的顶层文件为 flash.vhd。

2. 完善 btn_wr_rd.vhd 文件

将程序清单 10-1 中的代码输入 btn_wr_rd.vhd 文件的结构体部分，并参考 2.3 节步骤 5 检查语法，下面对关键语句进行解释。

（1）第 29 至 51 行代码：检测 btn1_wr_i、btn2_wr_i 和 btn_rd_i 的上升沿，并输出 Flash 读/写状态机启动标志 flash_btn1_wr_run_o、flash_btn2_wr_run_o 和 flash_btn_rd_run_o，当标志为 1 时表示读/写操作未完成，这时启动读写状态机完成读写操作。

（2）第 55 至 90 行代码：读写标志和数据发送标志的输出。具体过程如下：当复位时，相关参数回到初始值 0；在 clk_i 上升沿，根据条件响应相应的命令。以第一部分响应 btn1 的命令为例，如果 s_btn1_wr_reg1 为高电平，s_btn1_wr_reg2 为低电平，那么将标志位 s_btn1_wr_flag 置 1；如果标志位 s_btn1_wr_flag 为 1、prog_finish_i 为 1，表示写操作完成，那么将 s_btn1_wr_flag 置为 0，同时将 btn1_wr_o 置为 1，表示要写的数据已经完成可以送到 uart 寄存器发送；如果 uart_send_rdy_i 的值为 1，表示要写的数据已发送到 uart 寄存器中，则将 btn1_wr_o 置 0。

（3）第 92 至 103 行代码：产生数据读计数器。当复位时，计数器 s_rd_cnt 清零；在 clk_i 的上升沿，如果 s_btn_rd_reg1 为 1 且 s_btn_rd_reg2 为 0，表示读操作的按键按下，则将计数器 s_rd_cnt 清零；如果 s_btn_rd_flag 为 1 且 rd_data_val_i 和 rding_i 也为 1，即读取的数据为有效数据且正在读取时，则 s_rd_cnt 执行加 1 计数操作。

（4）第 105 至 142 行代码：进行数据的读/写操作。具体过程如下，当复位时，相关参数回到初始值 0；在 clk_i 的上升沿，通过判断读写标志执行相应的读/写操作。写操作以第一个 if 语句为例，如果 s_btn1_wr_flag 的值为 1，那么将 WR_BTN1_ADDR 赋给写数据的首地址 s_addr_wr_save_basic 和 addr_o，并且把 WR_BTN1_DATA1～WR_BTN1_DATA4 依次输出给 uart_data1_o～uart_data4_o；读操作则是当 s_btn_rd_flag 为 1 时，将上一次写数据时保存的首地址 s_addr_wr_save_basic 输出给 addr_o，然后根据读计数器 s_rd_cnt 的值依次将 rd_data_i 的值输出给 uart_data1_o～uart_data4_o。

程序清单 10-1

```
1.   -----------------------------------------------------------------------------
2.   --                              结构体
3.   -----------------------------------------------------------------------------
4.   architecture rtl of btn_wr_rd is
5.
6.   -----------------------------------------------------------------------------
7.   --                              声明
8.   -----------------------------------------------------------------------------
9.     signal s_btn1_wr_reg1 : std_logic;
10.    signal s_btn1_wr_reg2 : std_logic;
11.    signal s_btn2_wr_reg1 : std_logic;
```

```vhdl
12.     signal s_btn2_wr_reg2 : std_logic;
13.     signal s_btn_rd_reg1  : std_logic;
14.     signal s_btn_rd_reg2  : std_logic;
15.
16.     --保存最新的写数据的首地址（4 个中的第 1 个）
17.     signal s_addr_wr_save_basic : std_logic_vector(23 downto 0);
18.
19.     signal s_btn1_wr_flag : std_logic;
20.     signal s_btn2_wr_flag : std_logic;
21.     signal s_btn_rd_flag  : std_logic;
22.     signal s_rd_cnt       : integer range 0 to 3;
23.
24. begin
25.
26. ------------------------------------------------------------------------------
27. --                              功能描述
28. ------------------------------------------------------------------------------
29. --检测 btn 的上升沿
30.     process(clk_i, rst_n_i)
31.     begin
32.       if(rst_n_i = '0') then
33.         s_btn1_wr_reg1 <= '0';
34.         s_btn1_wr_reg2 <= '0';
35.         s_btn2_wr_reg1 <= '0';
36.         s_btn2_wr_reg2 <= '0';
37.         s_btn_rd_reg1  <= '0';
38.         s_btn_rd_reg2  <= '0';
39.       elsif rising_edge(clk_i) then
40.         s_btn1_wr_reg1 <= btn1_wr_i;
41.         s_btn1_wr_reg2 <= s_btn1_wr_reg1;
42.         s_btn2_wr_reg1 <= btn2_wr_i;
43.         s_btn2_wr_reg2 <= s_btn2_wr_reg1;
44.         s_btn_rd_reg1  <= btn_rd_i;
45.         s_btn_rd_reg2  <= s_btn_rd_reg1;
46.       end if;
47.     end process;
48.
49.     flash_btn1_wr_run_o <= s_btn1_wr_flag;
50.     flash_btn2_wr_run_o <= s_btn2_wr_flag;
51.     flash_btn_rd_run_o  <= s_btn_rd_flag;
52.
53. --指示 btn1 和 btn2 有数据要发送，为 1 表示有数据要发送；
54. --为 0 表示数据已放在 tx 寄存器中待发或没有要发送的 btn 数据
55.     process(clk_i, rst_n_i)
56.     begin
57.       if(rst_n_i = '0') then
58.         s_btn1_wr_flag <= '0';
59.         s_btn2_wr_flag <= '0';
60.         s_btn_rd_flag  <= '0';
61.         btn1_wr_o        <= '0';
62.         btn2_wr_o        <= '0';
63.         btn_rd_o         <= '0';
```

```
64.      elsif rising_edge(clk_i) then --指示目前正在响应哪个 button 的命令
65.          if(s_btn1_wr_reg1 = '1' and s_btn1_wr_reg2 = '0') then
66.            s_btn1_wr_flag <= '1';
67.          elsif(s_btn1_wr_flag = '1' and prog_finish_i = '1') then
68.            s_btn1_wr_flag <= '0';
69.            btn1_wr_o <= '1';
70.          elsif(uart_send_rdy_i = '1') then
71.            btn1_wr_o <= '0';
72.          end if;
73.          if(s_btn2_wr_reg1 = '1' and s_btn2_wr_reg2 = '0') then
74.            s_btn2_wr_flag <= '1';
75.          elsif(s_btn2_wr_flag = '1' and prog_finish_i = '1') then
76.            s_btn2_wr_flag <= '0';
77.            btn2_wr_o <= '1';
78.          elsif(uart_send_rdy_i = '1') then
79.            btn2_wr_o <= '0';
80.          end if;
81.          if(s_btn_rd_reg1 = '1' and s_btn_rd_reg2 = '0') then
82.            s_btn_rd_flag <= '1';
83.          elsif(s_btn_rd_flag = '1' and done_sig_i = '1') then
84.            s_btn_rd_flag <= '0';
85.            btn_rd_o <= '1';
86.          elsif(uart_send_rdy_i = '1') then
87.            btn_rd_o <= '0';
88.          end if;
89.      end if;
90.    end process;
91.
92.    process(clk_i, rst_n_i)
93.    begin
94.      if(rst_n_i = '0')then
95.        s_rd_cnt <= 0;
96.      elsif rising_edge(clk_i) then
97.        if(s_btn_rd_reg1 = '1' and s_btn_rd_reg2 = '0') then
98.          s_rd_cnt <= 0;
99.        elsif(s_btn_rd_flag = '1' and rd_data_val_i = '1' and rding_i = '1') then
100.          s_rd_cnt <= s_rd_cnt + 1;
101.        end if;
102.      end if;
103.    end process;
104.
105.    process(clk_i, rst_n_i)
106.    begin
107.      if(rst_n_i = '0')then
108.        uart_data1_o <= (others => '0');
109.        uart_data2_o <= (others => '0');
110.        uart_data3_o <= (others => '0');
111.        uart_data4_o <= (others => '0');
112.        addr_o       <= (others => '0');
113.        s_addr_wr_save_basic <= (others => '0');
114.      elsif rising_edge(clk_i) then
115.        if(s_btn1_wr_flag = '1') then
```

```
116.        s_addr_wr_save_basic <= WR_BTN1_ADDR;
117.        addr_o          <= WR_BTN1_ADDR;
118.        uart_data1_o <= WR_BTN1_DATA1;
119.        uart_data2_o <= WR_BTN1_DATA2;
120.        uart_data3_o <= WR_BTN1_DATA3;
121.        uart_data4_o <= WR_BTN1_DATA4;
122.      elsif(s_btn2_wr_flag = '1') then
123.        s_addr_wr_save_basic <= WR_BTN2_ADDR;
124.        addr_o          <= WR_BTN2_ADDR;
125.        uart_data1_o <= WR_BTN2_DATA1;
126.        uart_data2_o <= WR_BTN2_DATA2;
127.        uart_data3_o <= WR_BTN2_DATA3;
128.        uart_data4_o <= WR_BTN2_DATA4;
129.      elsif(s_btn_rd_flag = '1') then
130.        addr_o <= s_addr_wr_save_basic;
131.        if(s_rd_cnt = 0 and rd_data_val_i = '1' and rding_i = '1') then
132.          uart_data1_o <= rd_data_i;
133.        elsif(s_rd_cnt = 1 and rd_data_val_i = '1' and rding_i = '1') then
134.          uart_data2_o <= rd_data_i;
135.        elsif(s_rd_cnt = 2 and rd_data_val_i = '1' and rding_i = '1') then
136.          uart_data3_o <= rd_data_i;
137.        elsif(s_rd_cnt = 3 and rd_data_val_i = '1' and rding_i = '1') then
138.          uart_data4_o <= rd_data_i;
139.        end if;
140.      end if;
141.    end if;
142.  end process;
143.
144. end rtl;
```

3. 完善 flash.vhd 文件

将程序清单 10-2 中第 8 至 33 行和第 39 至 220 行的代码分别输入 flash.vhd 文件结构体的声明部分（关键字 architecture 和 begin 之间）和功能描述部分（关键字 begin 和 end rtl 之间），并参考 2.3 节步骤 5 检查语法，下面对关键语句进行解释。

（1）第 39 至 49 行代码：实现一个状态寄存器的功能，用于之后判断擦除或写入 Flash 是否编程成功。

（2）第 51 至 220 行代码：Flash 读写擦除状态机的实现。第 51 至 71 行代码实现的是产生当前状态的时序逻辑电路：在复位时，curr_state 为空闲状态 FLASH_IDLE，相关信号为初始值 0；在 clk_i 的上升沿，curr_state 更新为 next_state，相关信号对应进行更新。第 73 至 220 行代码实现的是产生下一状态、产生相关信号输出的组合逻辑电路，过程简单描述如下：当处于 FLASH_IDLE 状态时，如果 s_flash_btn1_wr_run 或 s_flash_btn2_wr_run 为 1，那么下一状态跳转为 FLASH_ID_RD 读芯片 ID 状态，如果 s_flash_btn_rd_run 为 1，则下一状态跳转为 FLASH_DATA_RD 读数据状态；当处于 FLASH_ID_RD 状态时，如果完成信号 s_done_sig 为 1，则下一状态跳转到 FLASH_WR_EN_ERASE 擦除写使能指令状态，反之，则把命令 CMD_FLASH_ID_RD 赋值给 s_next_flash_cmd，由 flash_spi 模块处理后发送给 Flash，同时命令类型 s_next_cmd_type 赋值为 1000；处于其他状态时同理，具体过程可结合图 10-11 的状态转换图进行理解。

程序清单 10-2

```
1.   --------------------------------------------------------------------
2.   --                          结构体
3.   --------------------------------------------------------------------
4.   architecture rtl of flash is
5.   --------------------------------------------------------------------
6.   --                          声明
7.   --------------------------------------------------------------------
8.     --定义 Flash 的 CMD
9.     constant CMD_FLASH_ID_RD        : std_logic_vector(7 downto 0) := x"9F";
10.    constant CMD_FLASH_WR_EN        : std_logic_vector(7 downto 0) := x"06";
11.    constant CMD_FLASH_BLOCK_ERASE  : std_logic_vector(7 downto 0) := x"d8";
12.    constant CMD_FLASH_STAT1_RD     : std_logic_vector(7 downto 0) := x"05";
13.    constant CMD_FLASH_WR_DIS       : std_logic_vector(7 downto 0) := x"04";
14.    constant FLASH_PAGE_PROG        : std_logic_vector(7 downto 0) := x"02";
15.    constant CMD_FLSH_DATA_RD       : std_logic_vector(7 downto 0) := x"03";
16.
17.    type t_flash_state is(FLASH_IDLE, FLASH_ID_RD, FLASH_WR_EN_ERASE, FLASH_BLOCK_ERASE,
18.      FLASH_ERASE_WAIT, FLASH_ERASE_STAT1_CHECK, FLASH_WR_DIS_ERASE, FLASH_WR_EN_DATA,
19.      FLASH_WR_DATA, FLASH_WR_DATA_WAIT, FLASH_WR_DATA_STAT1_CHECK, FLASH_WR_DIS_DATA,
20.      FLASH_STOP, FLASH_DATA_RD);
21.
22.    signal s_time_delay : std_logic_vector(7 downto 0);
23.
24.    signal curr_state : t_flash_state;
25.    signal next_state : t_flash_state;
26.    signal s_next_flash_addr : std_logic_vector(23 downto 0);
27.    signal s_next_flash_cmd  : std_logic_vector(7 downto 0);
28.    signal s_next_cmd_type   : std_logic_vector(3 downto 0);
29.    signal s_next_time_delay : std_logic_vector(7 downto 0);
30.
31.    signal s_next_prog_finish : std_logic;
32.    signal s_next_rding        : std_logic;
33.    signal s_status_data       : std_logic_vector(7 downto 0);
34.
35.  begin
36.  --------------------------------------------------------------------
37.  --                          功能描述
38.  --------------------------------------------------------------------
39.    process(s_clk_25mhz, rst_n_i)
40.    begin
41.      if(rst_n_i = '0') then
42.        --用于保存状态的寄存器，以便判断擦除或写入是否编程成功
43.        s_status_data <= (others => '1');
44.      elsif rising_edge(s_clk_25mhz) then
45.        if(s_rd_data_valid = '1') then
46.          s_status_data <= s_rd_data;
47.        end if;
48.      end if;
49.    end process;
50.
51.    --Flash 的读、写、擦除控制
```

```
52.    process(s_clk_25mhz, rst_n_i)
53.    begin
54.      if(rst_n_i = '0') then
55.        curr_state  <= FLASH_IDLE;
56.        s_flash_addr  <= (others=>'0');
57.        s_flash_cmd   <= (others=>'0');
58.        s_cmd_type    <= (others=>'0');
59.        s_time_delay <= (others=>'0');
60.        s_prog_finish <= '0';
61.        s_rding       <= '0';
62.      elsif rising_edge(s_clk_25mhz) then
63.        curr_state  <= next_state;
64.        s_flash_addr  <= s_next_flash_addr;
65.        s_flash_cmd   <= s_next_flash_cmd;
66.        s_cmd_type    <= s_next_cmd_type;
67.        s_time_delay <= s_next_time_delay;
68.        s_prog_finish <= s_next_prog_finish;
69.        s_rding       <= s_next_rding;
70.      end if;
71.    end process;
72.
73.    process(curr_state, s_addr, s_flash_addr, s_flash_cmd, s_cmd_type, s_time_delay,
74.      s_prog_finish, s_rding, s_done_sig, s_flash_btn1_wr_run, s_flash_btn2_wr_run,
75.      s_flash_btn_rd_run, s_done_sig, s_status_data)
76.    begin
77.      next_state  <= curr_state;
78.      s_next_flash_addr <= s_flash_addr;
79.      s_next_flash_cmd  <= s_flash_cmd;
80.      s_next_cmd_type   <= s_cmd_type;
81.      s_next_time_delay <= s_time_delay;
82.      s_next_prog_finish <= s_prog_finish;
83.      s_next_rding       <= s_rding;
84.      case curr_state is
85.        when FLASH_IDLE =>
86.          s_next_prog_finish <= '0';
87.          s_next_rding        <= '0';
88.          if((s_flash_btn1_wr_run = '1') or (s_flash_btn2_wr_run = '1')) then
89.            next_state <= FLASH_ID_RD;
90.          elsif(s_flash_btn_rd_run = '1') then
91.            next_state <= FLASH_DATA_RD;
92.            s_next_rding        <= '1';
93.          end if;
94.        when FLASH_ID_RD =>
95.          if(s_done_sig = '1') then
96.            s_next_flash_cmd  <= (others => '0');
97.            next_state <= FLASH_WR_EN_ERASE;
98.            s_next_cmd_type   <= (others => '0');
99.          else
100.           s_next_flash_cmd  <= CMD_FLASH_ID_RD;
101.           s_next_flash_addr <= (others => '0');
102.           s_next_cmd_type   <= "1000";
103.         end if;
```

```
104.        when FLASH_WR_EN_ERASE =>
105.          if(s_done_sig = '1') then
106.            s_next_flash_cmd  <= (others => '0');
107.            next_state <= FLASH_BLOCK_ERASE;
108.            s_next_cmd_type   <= (others => '0');
109.          else
110.            s_next_flash_cmd <= CMD_FLASH_WR_EN;
111.            s_next_cmd_type   <= "1001";
112.          end if;
113.        when FLASH_BLOCK_ERASE =>
114.          if(s_done_sig = '1') then
115.            s_next_flash_cmd  <= (others => '0');
116.            next_state <= FLASH_ERASE_WAIT;
117.            s_next_cmd_type   <= (others => '0');
118.          else
119.            s_next_flash_cmd  <= CMD_FLASH_BLOCK_ERASE;
120.            s_next_flash_addr <= s_addr;
121.            s_next_cmd_type   <= "1010";
122.          end if;
123.        when FLASH_ERASE_WAIT =>
124.          if(s_time_delay < x"64") then
125.            s_next_flash_cmd  <= (others => '0');
126.            s_next_time_delay <= s_time_delay + 1;
127.            s_next_cmd_type   <= (others => '0');
128.          else
129.            next_state <= FLASH_ERASE_STAT1_CHECK;
130.            s_next_time_delay <= (others => '0');
131.          end if;
132.        when FLASH_ERASE_STAT1_CHECK =>
133.          if(s_done_sig = '1') then
134.            if(s_status_data(0) = '0') then
135.              s_next_flash_cmd  <= (others => '0');
136.              next_state <= FLASH_WR_DIS_ERASE;
137.              s_next_cmd_type   <= (others => '0');
138.            else
139.              s_next_flash_cmd <= CMD_FLASH_STAT1_RD;
140.              s_next_cmd_type   <= "1011";
141.            end if;
142.          else
143.            s_next_flash_cmd <= CMD_FLASH_STAT1_RD;
144.            s_next_cmd_type   <= "1011";
145.          end if;
146.        when FLASH_WR_DIS_ERASE =>
147.          if(s_done_sig = '1') then
148.            s_next_flash_cmd  <= (others => '0');
149.            next_state <= FLASH_WR_EN_DATA;
150.            s_next_cmd_type   <= (others => '0');
151.          else
152.            s_next_flash_cmd <= CMD_FLASH_WR_DIS;
153.            s_next_cmd_type   <= "1100";
154.          end if;
155.        when FLASH_WR_EN_DATA =>
```

```
156.        if(s_done_sig = '1') then
157.          s_next_flash_cmd  <= (others => '0');
158.          next_state <= FLASH_WR_DATA;
159.          s_next_cmd_type  <= (others => '0');
160.        else
161.          s_next_flash_cmd <= CMD_FLASH_WR_EN;
162.          s_next_cmd_type  <= "1001";
163.        end if;
164.      when FLASH_WR_DATA =>
165.        if(s_done_sig = '1') then
166.          s_next_flash_cmd <= (others => '0');
167.          next_state <= FLASH_WR_DATA_WAIT;
168.          s_next_cmd_type  <= (others => '0');
169.        else
170.          s_next_flash_cmd  <= FLASH_PAGE_PROG;
171.          s_next_flash_addr <= s_addr;
172.          s_next_cmd_type  <= "1101";
173.        end if;
174.      when FLASH_WR_DATA_WAIT =>
175.        if(s_time_delay < x"64") then
176.          s_next_flash_cmd  <= (others => '0');
177.          s_next_time_delay <= s_time_delay + 1;
178.          s_next_cmd_type   <= (others => '0');
179.        else
180.          next_state <= FLASH_WR_DATA_STAT1_CHECK;
181.          s_next_time_delay <= (others => '0');
182.        end if;
183.      when FLASH_WR_DATA_STAT1_CHECK =>
184.        if(s_done_sig = '1') then
185.          if(s_status_data(0) = '0') then
186.            s_next_flash_cmd  <= (others => '0');
187.            next_state <= FLASH_WR_DIS_DATA;
188.            s_next_cmd_type  <= (others => '0');
189.          else
190.            s_next_flash_cmd <= CMD_FLASH_STAT1_RD;
191.            s_next_cmd_type  <= "1011";
192.          end if;
193.        else
194.          s_next_flash_cmd <= CMD_FLASH_STAT1_RD;
195.          s_next_cmd_type  <= "1011";
196.        end if;
197.      when FLASH_WR_DIS_DATA =>
198.        if(s_done_sig = '1') then
199.          s_next_flash_cmd   <= (others => '0');
200.          next_state  <= FLASH_STOP;
201.          s_next_cmd_type    <= (others => '0');
202.          s_next_prog_finish <= '1';
203.        else
204.          s_next_flash_cmd <= CMD_FLASH_WR_DIS;
205.          s_next_cmd_type  <= "1100";
206.        end if;
207.      when FLASH_DATA_RD =>
```

```
208.            if(s_done_sig = '1') then
209.              s_next_flash_cmd  <= (others => '0');
210.              next_state <= FLASH_STOP;
211.              s_next_cmd_type   <= (others => '0');
212.            else
213.              s_next_flash_cmd  <= CMD_FLSH_DATA_RD;
214.              s_next_flash_addr <= s_addr;
215.              s_next_cmd_type   <= "1110";
216.            end if;
217.         when others =>
218.            next_state <= FLASH_IDLE;
219.      end case;
220.   end process;
221.
222. end rtl;
```

4．仿真测试

检查完 flash.vhd 文件的语法之后，对 Flash 模块进行仿真。在仿真之前，参考 10.3 节步骤 4，将 clk_gen_50hz.vhd 的 CNT_HALF 和 CNT_MAX 分别修改为 4 和 9。本实验已经提供了完整的测试文件 flash_tb.vhd，可以直接参考 2.3 节步骤 7 对 Flash 模块进行仿真。如图 10-13 所示，可以看到按下 btn2 之后，FPGA 芯片开始对 Flash 发送命令和数据，除此之外也可以看到响应其他按键的仿真结果。

注意，仿真验证无误后要将 clk_gen_50hz 模块的分频常数修改回原值。

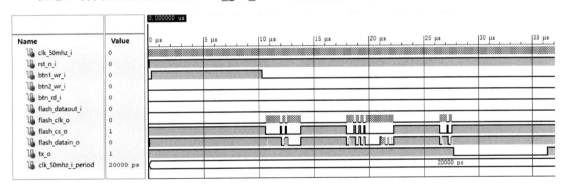

图 10-13　查看仿真结果

5．板级验证

本实验已提供了完整的引脚约束文件，参考 2.3 节步骤 9，将工程编译生成 .bit 文件，并将其下载到 FPGA 高级开发系统上，参考 9.3 节步骤 6 进行板级验证。

本 章 任 务

与第 9 章类似，在本实验的基础上，在 OLED 上显示读写的内容。按独立按键 KEY₁，FPGA 芯片向 Flash 写入数据 76543210，OLED 显示 write:76543210；按独立按键 KEY₂，FPGA 芯片向 Flash 写入数据 89ABCDEF，OLED 显示 write: 89ABCDEF；按独立按键 KEY₃，FPGA 芯片从 Flash 中读取最后一次写入的数据，OLED 显示 read:×××××××××。

本 章 习 题

1. 简述 EEPROM 和 Flash 的区别。
2. 简述 Flash 擦除、读数据和写数据的操作流程。
3. 简述 SPI 之间数据的通信过程。

第 11 章　SHT20 温/湿度测量实验

SHT20 是新一代 Sensirion 湿度和温度传感器，其在尺寸与智能方面建立了新的标准：嵌入了适合回流焊的双列扁平无引脚 DFN 封装，底面为 3mm×3mm，高度为 1.1mm。SHT20 是一种支持 I²C 协议的数字温/湿度传感器，符合 I²C 协议。

11.1　实验内容

基于 FPGA 高级开发系统设计一个 SHT20 温/湿度测量实验，通过学习 SHT20 温/湿度传感器通信和信号转换原理，综合七段数码管实验，将采集到的温度值和湿度值显示在七段数码管上。

11.2　实验原理

11.2.1　SHT20 温/湿度电路原理图

FPGA 高级开发系统上 XC6SLX16 芯片的 C8 引脚连接 SHT20 芯片的 SCL 引脚，为时钟引脚，XC6SLX16 芯片的 D8 引脚连接 SHT20 芯片的 SDA 引脚，为数据引脚。SDA 和 SCL 都有 10kΩ 的上拉电阻，空闲状态时为高电平，如图 11-1 所示。

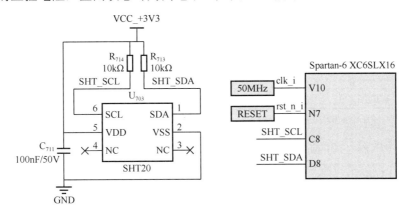

图 11-1　SHT20 温/湿度电路原理图

11.2.2　SHT20 传感器

SHT20 传感器引脚如图 11-2 所示，表 11-1 中是对 SHT20 传感器引脚的描述，该芯片共有 6 个引脚。

图 11-2　SHT20 传感器引脚

表 11-1　SHT20 传感器引脚描述

引 脚 编 号	引 脚 名 称	描　　　述
1	SDA	串行数据，双向
2	VSS	地
3，4	NC	不连接
5	VDD	供电电压
6	SCL	串行时钟，双向

11.2.3　SHT20 传感器通信

SHT20 采用标准的 I²C 协议进行通信，具体的 I²C 协议可参考第 9 章的内容。将 SHT20 上电启动后，最多需要 15ms 达到空闲状态（此时 SCL 为高电平），即做好了接收主机发送命令的准备。

在启动传输后，首字节包括 7 位 SHT20 I²C 器件地址（1000000）和 1 个 SDA 方向位（读 R：1；写 W：0）。在第 8 个 SCL 时钟下降沿之后，通过拉低 SDA 引脚（ACK 位）表示传感器接收数据正常。在发出测量命令之后（11110011 代表温度测量，11110101 代表相对湿度测量），FPGA 必须等待测量完成。基本命令如表 11-2 所示，有两种不同的方式可选，主机模式或非主机模式。

表 11-2　基本命令

命　　　令	释　　　义	代　　　码
触发 T 测量	保持主机	11100011
触发 RH 测量	保持主机	11100101
触发 T 测量	非保持主机	11110011
触发 RH 测量	非保持主机	11110101
写用户寄存器	*	11100110
读用户寄存器	*	11100111
软复位	*	11111110

注：T 代表温度，RH 代表相对湿度。

FPGA 与传感器之间的通信有两种不同的工作方式：主机模式和非主机模式。在第一种工作方式下，在测量的过程中，SCL 线被封锁（由传感器进行控制）；在第二种工作方式下，当传感器在执行测量任务时，SCL 线仍然保持开放状态，可进行其他通信。非主机模式允许当传感器进行测量时在总线上处理其他 I²C 总线通信任务。

在主机模式下测量时，SHT20 将 SCL 拉低，强制主机进入等待状态。通过释放 SCL 线，表示传感器内部处理工作结束，进而可以继续数据传送。

在非主机模式下，FPGA 需要对传感器状态进行查询。此过程通过发送一个启动传输时序和之后发送的 I²C 首字节（10000001）来完成。如果内部处理工作完成，FPGA 查询到传感器发出的确认信号，则相关数据就可以通过 FPGA 进行读取。如果测量处理工作没有完成，传感器无确认位（ACK）输出，则此时必须重新发送启动传输时序。

无论哪种传输模式，由于测量的最大分辨率为 14 位，Data（LSB）之后的 2 位 Stat（bit43 和 bit44）用来传输相关的状态信息。Stat 中的 bit1 位表示测量的类型（温度为 0，湿度为 1），bit0 位当前没有赋值。

SHT20 在非主机模式下的读/写数据时序图如图 11-3 所示，灰色部分由 SHT20 控制。

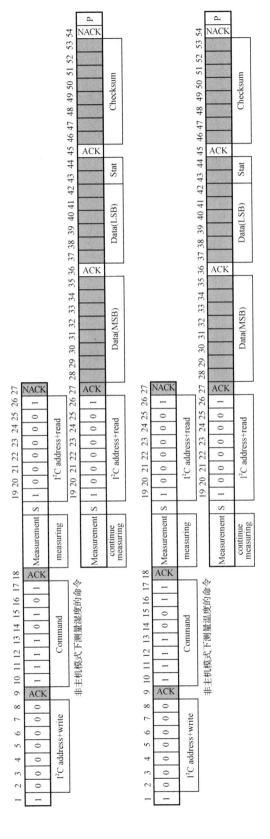

图11-3　非主机模式下SHT20读/写数据时序图

以测量湿度为例介绍数据的传输过程。在启动传输后，主机发送从机 I^2C 地址和写命令（10000000）；收到从机应答后，主机发送测量湿度命令（11110101）；收到从机应答后，主机等待测量完成。再次启动传输，主机发送从机 I^2C 地址和读命令（10000001），若在从机未测量完成期间主机就发送数据，那么从机会不应答，继续测量，直到测量完成，主机再次发送数据，从机才会响应命令。这时主机可以读取从机测量到的数据，先读取高字节数据，读取完后主机发送应答信号，再读取低字节数据并发送应答信号，然后读取校验和数据，并且发送无应答信号，最后发送停止信号，数据传输结束。具体地，SHT20 数据传输流程如图 11-4 所示。

图 11-4　SHT20 数据传输流程

11.2.4　SHT20 信号转换

传感器内部设置的默认分辨率为相对湿度 12 位和温度 14 位。SDA 的输出数据被转换为 2 字节的数据包，高字节 MSB 在前（左对齐），每字节后面都跟随 1 个应答位。而 LSB 的最后 2 位为 2 个状态位 Stat，因此 LSB 的后 2 位在进行物理计算前必须置 0。如果主机读取从机数据为 0110001101010010，在进行物理换算时，后两位状态位置 0，那么所传输的 16 位相对湿度信号 SRH=0110001101010000=25424。

1. 相对湿度转换

无论基于哪种分辨率，相对湿度 RH 都可以根据 SDA 输出的相对湿度信号 SRH，通过以下公式计算获得（结果以%RH 表示）。

$$RH = -6 + 125 \times \frac{SRH}{2^{16}}$$

如果相对湿度信号为　SRH=0110001101010000=25424，那么相对湿度的计算结果为 42.5%RH。

2．温度转换

无论基于哪种分辨率，温度 T 都可以通过温度输出信号 S_T 计算得出（结果以温度℃表示）。

$$T = -46.85 + 175.72 \times \frac{S_T}{2^{16}}$$

11.2.5　SHT20 温/湿度测量实验内部电路图

SHT20 温/湿度测量实验电路有 20 个引脚，引脚的名称、类型、约束及描述如表 11-3 所示。

表 11-3　SHT20 温/湿度测量实验电路引脚说明

引脚名称	引脚类型	引脚约束	引脚描述
clk_i	in	V10	时钟输入，50MHz
rst_n_i	in	N7	复位输入，低电平复位
sht2x_sda_io	inout	D8	连接 SHT20 芯片 SDA 引脚
sht2x_scl_o	out	C8	连接 SHT20 芯片 SCL 引脚
seg7_sel_o[7:0]	out	J6，J3，H5，H3，H4，G3，G6，F3	输出，控制七段数码管位选引脚
seg7_seg_o[7:0]	out	G11，L15，K6，K15，K14，K13，L16，J7	输出，控制七段数码管数据引脚

SHT20 温/湿度测量实验内部电路图如图 11-5 所示。u_clk_gen_400hz 模块用于将 50MHz 的系统时钟分频为 400Hz 的内部时钟，作为 u_sht2x 模块的时钟输入，其用于从传感器获取温/湿度信号；电路图还包括用于计算温/湿度的模块 u_calc_temp 和 u_calc_humi 及获取温/湿度值高低位的模块 u_temp_calc_mod、u_temp_calc_rem、u_humi_calc_mod 和 u_humi_calc_rem。其中，文件 calc_mod.vhd 和 calc_rem.vhd 在本书配套资料包的 Material 文件夹中已有完整代码。

11.3　实验步骤

1．复制工程文件夹并添加 VHDL 文件

将"D:\Spartan6FPGATest\Material"目录中的 exp10_sht2x 文件夹复制到"D:\Spartan6 FPGATest\Product"目录中。然后，双击运行"D:\Spartan6FPGATest\Product\exp10_sht2x\project"目录中的 sht2x.xise 文件打开工程，该工程的顶层文件为 sht2x_top.vhd。

2．完善 sht2x.vhd 文件

将程序清单 11-1 中的代码输入 sht2x.vhd 文件的结构体部分，并参考 2.3 节步骤 5 检查语法，下面对关键语句进行解释。

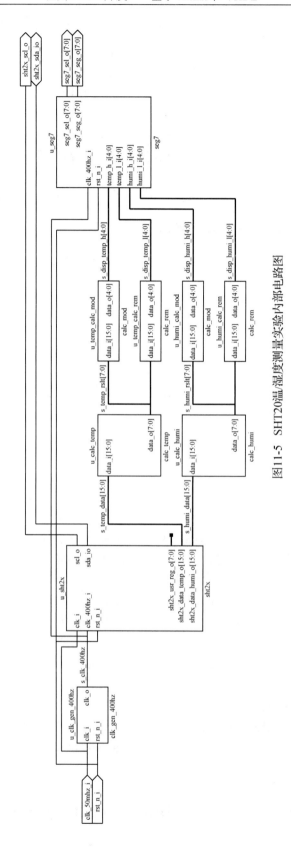

图11-5　SHT20温湿度测量实验内部电路图

（1）第 51 至 66 行代码：实现的是每隔 1s 刷新一次测量数据计数器。

（2）第 68 至 133 行代码：sht2x 读写控制状态机。

程序清单 11-1

```
1.   -------------------------------------------------------------------------------
2.   --                               结构体
3.   -------------------------------------------------------------------------------
4.   architecture rtl of sht2x is
5.
6.   -------------------------------------------------------------------------------
7.   --                               声明
8.   -------------------------------------------------------------------------------
9.     constant ONE_SECOND_400HZ : std_logic_vector(8 downto 0) := "110010000";
10.    constant USER_CFG_DATA    : std_logic_vector(7 downto 0) := "00000010";
11.
12.    component iic_com
13.      port(
14.        clk_i           : in    std_logic; --时钟输入，50MHz
15.        rst_n_i         : in    std_logic; --复位端，低电平复位
16.        sht2x_state_i   : in    t_sht2x_state;
17.        usr_cfg_data_i  : in    std_logic_vector(7 downto 0);
18.        rd_data_o       : out   std_logic_vector(15 downto 0);
19.        done_sig_o      : out   std_logic;
20.        sda_io          : inout std_logic; --eeprom I²C data
21.        scl_o           : out   std_logic  --eeprom I²C clock
22.        );
23.    end component;
24.
25.    signal s_rd_data  : std_logic_vector(15 downto 0); --EEPROM 读出数据寄存器
26.    signal s_done_sig : std_logic; -- I²C 通信完成信号
27.
28.    signal s_curr_state : t_sht2x_state; --状态机当前状态
29.    signal s_next_state : t_sht2x_state; --状态机下一状态
30.
31.    signal s_usr_cfg_flag        : std_logic;
32.    signal s_timer_rstn          : std_logic;
33.    signal s_timer_1s_flag       : std_logic;
34.    signal s_cnt_1s              : std_logic_vector(8 downto 0);
35.    signal s_next_sht2x_usr_cfg  : std_logic_vector(7 downto 0);
36.    signal s_next_sht2x_data_temp : std_logic_vector(15 downto 0);
37.    signal s_next_sht2x_data_humi : std_logic_vector(15 downto 0);
38.
39.    signal s_sht2x_usr_cfg   : std_logic_vector(7 downto 0);
40.    signal s_sht2x_data_temp : std_logic_vector(15 downto 0);
41.    signal s_sht2x_data_humi : std_logic_vector(15 downto 0);
42.
43.    signal s_next_timer_rstn   : std_logic;
44.    signal s_next_usr_cfg_flag : std_logic;
45.
46.  begin
47.
48.  -------------------------------------------------------------------------------
```

```vhdl
49.    --                              功能描述
50.    --------------------------------------------------------------------------------
51.       --1s 刷新一次测量数据计数器
52.       process(clk_400hz_i, rst_n_i, s_timer_rstn)
53.       begin
54.         if(rst_n_i = '0') or (s_timer_rstn = '0') then
55.            s_cnt_1s <= (others => '0');
56.            s_timer_1s_flag <= '0';
57.         elsif(clk_400hz_i'event and clk_400hz_i = '1') then
58.            if(s_cnt_1s = ONE_SECOND_400HZ) then
59.              s_cnt_1s <= s_cnt_1s;
60.              s_timer_1s_flag <= '1';
61.            else
62.              s_cnt_1s <= s_cnt_1s + 1;
63.              s_timer_1s_flag <= '0';
64.            end if;
65.         end if;
66.       end process;
67.
68.       --三段式状态机
69.       --SHT2X 读写控制状态机
70.       process(clk_i, rst_n_i)
71.       begin
72.         if(rst_n_i = '0') then
73.            s_curr_state        <= SHT2X_IDLE;
74.            s_usr_cfg_flag      <= '0';
75.            s_timer_rstn        <= '1';
76.            s_sht2x_usr_cfg     <= (others => '0');
77.            s_sht2x_data_temp   <= (others => '0');
78.            s_sht2x_data_humi   <= (others => '0');
79.         elsif rising_edge(clk_i) then
80.            s_curr_state        <= s_next_state;
81.            s_usr_cfg_flag      <= s_next_usr_cfg_flag;
82.            s_timer_rstn        <= s_next_timer_rstn;
83.            s_sht2x_usr_cfg     <= s_next_sht2x_usr_cfg;
84.            s_sht2x_data_temp   <= s_next_sht2x_data_temp;
85.            s_sht2x_data_humi   <= s_next_sht2x_data_humi;
86.         end if;
87.       end process;
88.
89.       sht2x_usr_reg_o    <= s_sht2x_usr_cfg;
90.       sht2x_data_temp_o  <= s_sht2x_data_temp;
91.       sht2x_data_humi_o  <= s_sht2x_data_humi;
92.
93.       --SHT2X 读写控制状态机
94.       process(s_curr_state, s_done_sig, s_timer_1s_flag, s_usr_cfg_flag,
95.         s_sht2x_usr_cfg, s_sht2x_data_temp, s_sht2x_data_humi, s_rd_data)
96.       begin
97.         s_next_state            <= s_curr_state;
98.         s_next_usr_cfg_flag     <= s_usr_cfg_flag;
99.         s_next_timer_rstn       <= '1';
100.        s_next_sht2x_usr_cfg    <= s_sht2x_usr_cfg;
```

```
101.        s_next_sht2x_data_temp <= s_sht2x_data_temp;
102.        s_next_sht2x_data_humi <= s_sht2x_data_humi;
103.        case s_curr_state is
104.          when SHT2X_IDLE =>
105.            if(s_usr_cfg_flag = '0') then --条件成立表示从未配置过用户寄存器
                                            --每次上电只需要配置一次
106.              s_next_state <= SHT2X_USER_CFG_WR;
107.            elsif(s_timer_1s_flag = '1') then --间隔1s启动一次测量
108.              s_next_state <= SHT2X_T_MEASURE;
109.              s_next_timer_rstn <= '0';
110.            end if;
111.          when SHT2X_USER_CFG_WR =>
112.            if(s_done_sig = '1') then --等待SHT2X写操作完成，完成后跳转至SHT2X_USER_CFG_RD
113.              s_next_state <= SHT2X_USER_CFG_RD;
114.              s_next_usr_cfg_flag <= '1';
115.            end if;
116.          when SHT2X_USER_CFG_RD =>
117.            if(s_done_sig= '1') then --等待SHT2X写操作完成，完成后跳转至SHT2X_T_MEASURE
118.              s_next_sht2x_usr_cfg <= s_rd_data(7 downto 0);
119.              s_next_state <= SHT2X_T_MEASURE;
120.              s_next_timer_rstn <= '0'; --启动1s计数器，每隔1s启动一次温/湿度测量
121.            end if;
122.          when SHT2X_T_MEASURE =>
123.            if(s_done_sig = '1') then --等待SHT2X读操作完成，完成后跳转至SHT2X_RH_MEASURE
124.              s_next_sht2x_data_temp <= s_rd_data;
125.              s_next_state <= SHT2X_RH_MEASURE;
126.            end if;
127.          when SHT2X_RH_MEASURE =>
128.            if(s_done_sig = '1') then --等待SHT2X读操作完成，完成后跳转至SHT2X_IDLE
129.              s_next_sht2x_data_humi <= s_rd_data;
130.              s_next_state <= SHT2X_IDLE;
131.            end if;
132.        end case;
133.    end process;
134.
135.    -- I²C 通信模块例化
136.    u_iic_com : iic_com
137.    port map(
138.        clk_i          => clk_i,
139.        rst_n_i        => rst_n_i,
140.        sht2x_state_i  => s_curr_state,
141.        usr_cfg_data_i => USER_CFG_DATA,
142.        rd_data_o      => s_rd_data,
143.        done_sig_o     => s_done_sig,
144.        scl_o          => sht2x_scl_o,
145.        sda_io         => sht2x_sda_io
146.    );
147.
148. end rtl;
```

3. 完善 calc_humi.vhd 文件

将程序清单 11-2 中的代码输入 calc_humi.vhd 文件的结构体部分，并参考 2.3 节步骤 5 检

查语法。第 22 至 28 行代码的作用是根据相对湿度转换公式，得到相对湿度 RH 的输出结果 data_o。其中，第 22 行代码是将后两位状态位置 0，计算出进行物理换算后的相对湿度信号 s_rh；第 23 行代码是对 s_rh 进行乘以 125 的操作；第 25 行代码则是通过舍去 s_acc 低 16 位的方法实现除以 2^{16} 的效果。

程序清单 11-2

```
1.    -------------------------------------------------------------------
2.    --                             结构体
3.    -------------------------------------------------------------------
4.    architecture rtl of calc_humi is
5.
6.    -------------------------------------------------------------------
7.    --                             声明
8.    -------------------------------------------------------------------
9.      constant C_COEFF_125 : unsigned(7 downto 0) := conv_unsigned(125, 8);
10.     constant C_COEFF_6   : unsigned(7 downto 0) := conv_unsigned(6, 8);
11.
12.     signal s_acc         : unsigned(23 downto 0);
13.     signal s_acc_shift   : unsigned(7  downto 0);
14.     signal s_data_tmp    : unsigned(7  downto 0);
15.     signal s_rh          : unsigned(15 downto 0);
16.
17.   begin
18.
19.   -------------------------------------------------------------------
20.   --                             功能描述
21.   -------------------------------------------------------------------
22.     s_rh  <= unsigned(data_i(15 downto 2) & "00");
23.     s_acc <= conv_unsigned(C_COEFF_125 * s_rh, 24);
24.
25.     s_acc_shift <= conv_unsigned(s_acc(23 downto 16), 8);
26.
27.     s_data_tmp <= s_acc_shift - C_COEFF_6;
28.     data_o     <= std_logic_vector(s_data_tmp);
29.
30.   end rtl;
```

4. 完善 calc_temp.vhd 文件

将程序清单 11-3 中的代码输入 calc_temp.vhd 文件的结构体部分，并参考 2.3 节步骤 5 检查语法。其中，第 22 至 28 行代码的作用是根据温度转换公式，得到温度的输出结果 data_o，温度的计算过程与湿度相似，这里不再赘述。

程序清单 11-3

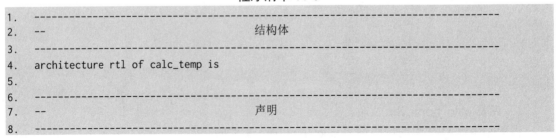

```
1.    -------------------------------------------------------------------
2.    --                             结构体
3.    -------------------------------------------------------------------
4.    architecture rtl of calc_temp is
5.
6.    -------------------------------------------------------------------
7.    --                             声明
8.    -------------------------------------------------------------------
```

```
9.     constant C_COEFF_176 : unsigned(7 downto 0) := conv_unsigned(176, 8); --系数 176
10.    constant C_COEFF_47  : unsigned(7 downto 0) := conv_unsigned(47, 8); --系数 47
11.
12.    signal s_acc          : unsigned(23 downto 0);
13.    signal s_acc_shift    : unsigned(7  downto 0);
14.    signal s_data_tmp     : unsigned(7  downto 0);
15.    signal s_t            : unsigned(15 downto 0);
16.
17. begin
18.
19.  ----------------------------------------------------------------------------
20.  --                               功能描述
21.  ----------------------------------------------------------------------------
22.    s_t   <= unsigned(data_i(15 downto 2) & "00");--低 2 位为状态位
23.    s_acc <= conv_unsigned(C_COEFF_176 * s_t, 24);
24.
25.    s_acc_shift <= conv_unsigned(s_acc(23 downto 16), 8);
26.
27.    s_data_tmp <= s_acc_shift - C_COEFF_47;
28.    data_o     <= std_logic_vector(s_data_tmp);
29.
30. end rtl;
```

5. 完善 sht2x_top.vhd 文件

打开 sht2x_top.vhd 文件，将程序清单 11-4 中的代码输入 sht2x_top.vhd 文件的结构体部分，并参考 2.3 节步骤 5 检查语法。

程序清单 11-4

```
1.   ----------------------------------------------------------------------------
2.   --                               结构体
3.   ----------------------------------------------------------------------------
4.   architecture rtl of sht2x_top is
5.
6.   ----------------------------------------------------------------------------
7.   --                               声明
8.   ----------------------------------------------------------------------------
9.     component sht2x
10.      port(
11.        clk_i             : in    std_logic; --时钟输入，50MHz
12.        clk_400hz_i       : in    std_logic; --时钟输入，400Hz
13.        rst_n_i           : in    std_logic; --复位输入，低电平有效
14.        sht2x_scl_o       : out   std_logic; -- I²C 时钟线
15.        sht2x_sda_io      : inout std_logic; -- I²C 数据线
16.        sht2x_usr_reg_o   : out   std_logic_vector(7 downto 0);
17.        sht2x_data_temp_o : out   std_logic_vector(15 downto 0);
18.        sht2x_data_humi_o : out   std_logic_vector(15 downto 0)
19.        );
20.      end component;
21.
22.     component clk_gen_400hz is
23.      port(
24.        clk_i   : in std_logic; --时钟输入，50MHz
```

```
25.        rst_n_i : in std_logic; --复位输入，低电平有效
26.        clk_o  : out std_logic --时钟输出，400Hz
27.        );
28.    end component;
29.
30.    component clk_gen_10khz is
31.      port(
32.        clk_i  : in std_logic; --时钟输入，50MHz
33.        rst_n_i : in std_logic; --复位输入，低电平有效
34.        clk_o  : out std_logic --时钟输出，10kHz
35.        );
36.    end component;
37.
38.    component calc_temp
39.      port(
40.        data_i : in  std_logic_vector(15 downto 0);
41.        data_o : out std_logic_vector(7 downto 0)
42.        );
43.    end component;
44.
45.    component calc_humi
46.      port(
47.        data_i : in  std_logic_vector(15 downto 0);
48.        data_o : out std_logic_vector(7 downto 0)
49.        );
50.    end component;
51.
52.    component calc_mod
53.      port(
54.        data_i : in  std_logic_vector(7 downto 0);
55.        data_o : out std_logic_vector(4 downto 0)
56.        );
57.    end component;
58.
59.    component calc_rem
60.      port(
61.        data_i : in  std_logic_vector(7 downto 0);
62.        data_o : out std_logic_vector(4 downto 0)
63.        );
64.    end component;
65.
66.    component seg7
67.      port(
68.        clk_400hz_i : in std_logic; --时钟输入，400Hz
69.        rst_n_i     : in std_logic; --复位输入，低电平有效
70.        temp_h_i    : in  std_logic_vector(4 downto 0); --小时高位
71.        temp_l_i    : in  std_logic_vector(4 downto 0); --小时低位
72.        humi_h_i    : in  std_logic_vector(4 downto 0); --分钟高位
73.        humi_l_i    : in  std_logic_vector(4 downto 0); --分钟低位
74.        seg7_sel_o  : out std_logic_vector(7 downto 0); --七段数码管位选端
75.        seg7_seg_o  : out std_logic_vector(7 downto 0)  --七段数码管数据端
76.        );
```

```
77.    end component;
78.
79.    signal s_temp_data : std_logic_vector(15 downto 0);
80.    signal s_humi_data : std_logic_vector(15 downto 0);
81.
82.    signal s_temp_rslt : std_logic_vector(7 downto 0);
83.    signal s_humi_rslt : std_logic_vector(7 downto 0);
84.
85.    signal s_disp_temp_h : std_logic_vector(4 downto 0);
86.    signal s_disp_temp_l : std_logic_vector(4 downto 0);
87.
88.    signal s_disp_humi_h : std_logic_vector(4 downto 0);
89.    signal s_disp_humi_l : std_logic_vector(4 downto 0);
90.
91.    signal s_clk_400hz : std_logic;
92.
93.  begin
94.
95.  --------------------------------------------------------------------------------
96.  --                                  功能描述
97.  --------------------------------------------------------------------------------
98.    u_clk_gen_400hz : clk_gen_400hz
99.    port map(
100.     clk_i   => clk_i,
101.     rst_n_i => rst_n_i,
102.     clk_o   => s_clk_400hz
103.     );
104.
105.   u_sht2x : sht2x
106.   port map(
107.     clk_i             => clk_i,
108.     clk_400hz_i       => s_clk_400hz,
109.     rst_n_i           => rst_n_i,
110.     sht2x_scl_o       => sht2x_scl_o,
111.     sht2x_sda_io      => sht2x_sda_io,
112.     sht2x_usr_reg_o   => open,
113.     sht2x_data_temp_o => s_temp_data,
114.     sht2x_data_humi_o => s_humi_data
115.     );
116.
117.   u_temp_calc_temp : calc_temp
118.   port map(
119.     data_i => s_temp_data,
120.     data_o => s_temp_rslt
121.     );
122.
123.   u_temp_calc_humi : calc_humi
124.   port map(
125.     data_i => s_humi_data,
126.     data_o => s_humi_rslt
127.     );
128.
```

```
129.   u_temp_calc_mod : calc_mod
130.   port map(
131.     data_i => s_temp_rslt,
132.     data_o => s_disp_temp_h
133.     );
134.
135.   u_temp_calc_rem : calc_rem
136.   port map(
137.     data_i => s_temp_rslt,
138.     data_o => s_disp_temp_l
139.     );
140.
141.   u_humi_calc_mod : calc_mod
142.   port map(
143.     data_i => s_humi_rslt,
144.     data_o => s_disp_humi_h
145.     );
146.
147.   u_humi_calc_rem : calc_rem
148.   port map(
149.     data_i => s_humi_rslt,
150.     data_o => s_disp_humi_l
151.     );
152.
153.   u_seg7 : seg7
154.   port map(
155.     clk_400hz_i  => s_clk_400hz,
156.     rst_n_i      => rst_n_i,
157.     temp_h_i     => s_disp_temp_h,
158.     temp_l_i     => s_disp_temp_l,
159.     humi_h_i     => s_disp_humi_h,
160.     humi_l_i     => s_disp_humi_l,
161.     seg7_sel_o   => seg7_sel_o,
162.     seg7_seg_o   => seg7_seg_o
163.     );
164.
165. end rtl;
```

6. 仿真测试

检查完 sht2x_top.vhd 文件的语法之后，对 sht2x_top 模块进行仿真。本实验已经提供了完整的测试文件 sht2x_top_tb.vhd，可以直接参考 2.3 节步骤 7 对 sht2x_top 模块进行仿真。如图 11-6 所示，可以看到在复位后，sda_io 和 scl_o 开始输出信号给 SHT20。

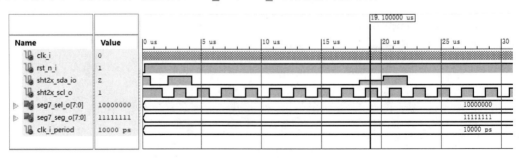

图 11-6　查看仿真结果

7. 板级验证

本实验已提供了完整的引脚约束文件，参考 2.3 节步骤 9，将工程编译生成.bit 文件，并且将其下载到 FPGA 高级开发系统上，然后在七段数码管模块可以看到显示出温/湿度的数值。如图 11-7 所示，左边数码管显示的是两位数的温度值，右边数码管显示的是两位数的湿度值。

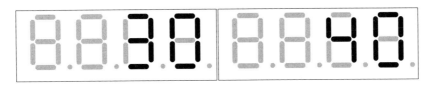

图 11-7　温/湿度显示效果图

本 章 任 务

在本实验的基础上，增加 OLED 显示模块，通过 OLED 显示温/湿度的值，第 1 行居中显示实验名，第 2 行居中显示 "Humi:××%RH"，第 3 行居中显示 "Temp:××℃"，第 4 行居中显示日期，温/湿度显示任务效果图如图 11-8 所示。

0	8	16	24	32	40	48	56	64	72	80	88	96	104	112	120
		E	x	p	1	0	_	s	h	t	2	x			
		H	u	m	i	:	4	0	%	R	H				
		T	e	m	p	:	3	0	℃						
		2	0	2	1	-	0	1	-	0	1				

图 11-8　温/湿度显示任务效果图

本 章 习 题

1. 简述 SHT20 的测量过程。

2. 如果主机从从机中读取到的湿度信号数据为 0110001101011110，那么最终得到的相对湿度是多少？

3. 如果读取到的温度信号数据为 1000000110100011，那么最终得到的温度是多少？

4. 根据 sht2x.vhd 的代码，画出 SHT2X 读写控制状态机的状态转换图，并说明状态转换条件。

5. 在计算温/湿度时，为什么可以通过舍去低 16 位的方法实现除以 2^{16} 的效果？

第 12 章　DAC 实验

DAC，Digital-to-Analog Converter 的英文缩写，表示数模转换器，它是把数字量转变为模拟量的器件。与数模（DA）转换相对应的逆向过程是模数（A/D）转换。

最常见的数模转换器能够将并行二进制的数字量转换为直流电压或直流电流。本章将介绍如何使用 FPGA 驱动 DAC 芯片，在 FPGA 高级开发系统上实现数模转换功能。

12.1　实验内容

FPGA 高级开发系统的 A/D、D/A 转换模块上包含 1 路 8 位的模数转换电路和 1 路 8 位的数模转换电路。本章通过学习 DAC，综合串口通信实验，实现 FPGA 输出 8 位的正弦波数据，使得 DAC 模块输出一个正弦波信号，这个正弦波信号通过跳线帽，将 D/A 模块的输出和 A/D 模块的输入连接起来，然后使用信号采集工具，通过串口读取 ADC 的数据输出，在计算机中使用信号采集工具显示正弦波。

12.2　实验原理

12.2.1　A/D、D/A 转换电路原理图

A/D、D/A 转换电路原理图如图 12-1 所示。D/A 转换电路由高速 D/A 芯片 AD9708、低通滤波器、幅度调节电路和模拟电压输出接口组成，A/D 转换电路将在第 13 章中介绍。

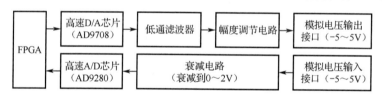

图 12-1　A/D、D/A 转换电路原理图

FPGA 高级开发系统上的 XC6SLX16 芯片与 AD9708 芯片的 8 位输入数据 DB7～DB0 引脚和时钟引脚 CLK 连接，输入的数字信号经过高速 DAC 芯片转换后，从 AD9708 的 IOUTA 和 IOUTB 端口输出差分电流。差分输出后，为了防止噪声干扰，电路中接入了低通滤波器，在滤波器之后，连接了 2 片高性能 145MHz 带宽的运放 AD8065 芯片，实现差分变单端，以及幅度调节等功能，使整个电路性能得到了最大限度的提升。幅度调节使用的是 5kΩ 的电位器，最终的输出范围是-5～5V（10V$_{pp}$）。DA 硬件电路如图 12-2 所示。

12.2.2　AD9708 芯片

AD9708 芯片是属于 TxDAC™ 系列的高性能、低功耗 CMOS 数模转换器（DAC）的 8 位分辨率产品，最大采样率为 125MSPS（Million Samples Per Second，每秒采样百万次）。AD9708 芯片具有灵活的单电源工作电压范围（2.7～5.5V），它还是一款电流输出 DAC，标称满量程输出电流为 20mA，输出阻抗大于 100kΩ，可提供差分电流输出，以支持单端或差分应用。

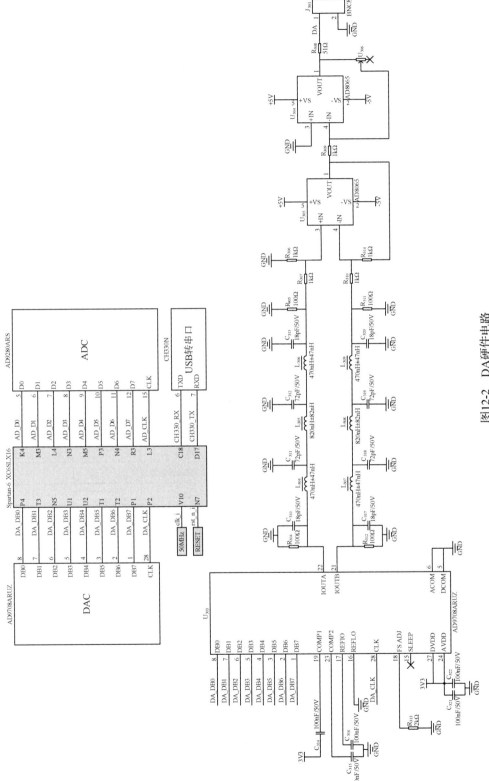

图12-2　DA硬件电路

AD9708 芯片引脚如图 12-3 所示，引脚说明如表 12-1 所示，该芯片有 28 个引脚。

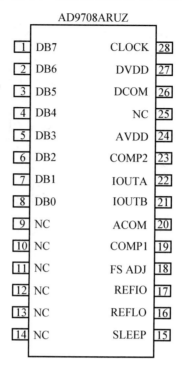

图 12-3　AD9708 芯片引脚

表 12-1　AD9708 芯片引脚说明

引脚编号	引脚名称	描　　述
1～8	DB7～DB0	8 位数字量输入端，其中 DB0 为最低位，DB7 为最高位
9～14，25	NC	空引脚
15	SLEEP	掉电控制输入端，不使用时不需要连接，悬空即可
16	REFLO	当使用内部 1.2V 参考电压时，该引脚接地即可
17	REFIO	作为内部参考时用作参考输入，接地即可；用作 1.2V 基准电压输出时，该引脚连接 100nF 电容到地即可激活内部基准电压
18	FS ADJ	满量程电流输出调节引脚，由基准控制放大器调节，可通过外部电阻 R_{SET} 从 2mA 调至 20mA
19	COMP1	带宽/降噪节点，连接 100nF 电容到电源可以获得最佳性能
20	ACOM	模拟公共地
21	IOUTB	DAC 电流输出 B 端
22	IOUTA	DAC 电流输出 A 端
23	COMP2	开关驱动电路的内部偏置节点，连接 100nF 电容到地
24	AVDD	模拟电源端
26	DCOM	数字公共地
27	DVDD	数字电源端
28	CLOCK	时钟输入，数据在时钟的上升沿锁存

AD9708 芯片的内部功能框图如图 12-4 所示，AD9708 芯片在时钟（CLOCK）的驱动下工作，内部集成了+1.2V 参考电压（+1.20V REF）、运算放大器、电流源（CURRENT SOURCE ARRAY）和锁存器（LATCHES）。两个电流输出端 IOUTA 和 IOUTB 为一对差分电流。当输入数据为 0（DB7～DB0 为 00000000）时，IOUTA 的输出电流为 0，而 IOUTB 的输出电流达到最大值，最大值的大小与参考电压有关；当输入数据全为高电平（DB7～DB0 为 11111111）时，IOUTA 的输出电流达到最大值，最大值的大小跟参考电压有关，而 IOUTB 的输出电流为 0。

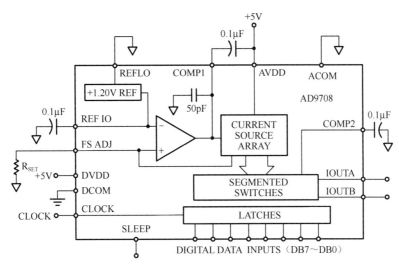

图 12-4　AD9708 芯片的内部功能框图

AD9708 芯片的时序图如图 12-5 所示。AD9708 芯片的大多数引脚都与硬件设计有关，与 FPGA 相连的接口只有一条时钟线 CLOCK 与一组数据总线 DB0～DB7。DB0～DB7 和 CLOCK 是 AD9708 芯片的 8 位输入数据和输入时钟。在每个时钟周期，DAC 都会完成一次输出，因此，时钟频率也就是 DAC 的采样频率。IOUTA 和 IOUTB 为 AD9708 芯片输出的电流信号，由时序图可知，AD9708 芯片在每个输入 CLOCK 的上升沿读取数据总线 DB0～DB7 上的数据，将其转换为相应的电流 IOUTA 或 IOUTB 输出。需要注意的是，CLOCK 的时钟频率越快，AD9708 芯片的数模转换速度越快，AD9708 芯片的时钟频率最快为 125MHz。IOUTA 和 IOUTB 为 AD9708 芯片输出的一对差分电流信号，通过外部电路低通滤波器与运放电路输出模拟电压信号，电压范围是-5～+5V。当输入数据等于 0 时，AD9708 芯片输出的电压值为+5V；当输入数据等于 255 时，AD9708 芯片输出的电压值为-5V。

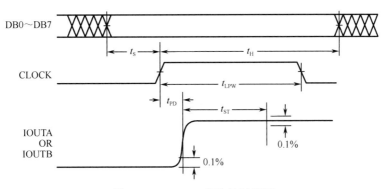

图 12-5　AD9708 芯片的时序图

AD9708 芯片是一款数字信号转模拟信号的器件，内部没有集成 DDS（Direct Digital Synthesizer，直接数字式频率合成器）的功能，但可以通过控制 AD9708 芯片的输入数据，使其模拟 DDS 的功能。例如，使用 AD9708 芯片输出一个正弦波模拟电压信号，只需要将 AD9708 芯片的输入数据按照正弦波的波形变化即可。

AD9708 芯片输入数据和输出电压按照正弦波变化的波形图如图 12-6 所示。数据在 0～255 按照正弦波的波形变化，最终得到的电压也会按照正弦波的波形变化。当输入数据重复按照正弦波的波形数据变化时，那么 AD9708 芯片就可以持续不断地输出正弦波的模拟电压波形。注意，最终得到的 AD9708 芯片的输出电压变化范围是由其外部电路决定的。当输入数据为 0 时，AD9708 芯片输出+5V 的电压；当输入数据为 255 时，AD9708 芯片输出−5V 的电压。由此可以看出，只要控制输入数据，就可以输出任意波形的模拟电压信号，包括正弦波、方波、锯齿波、三角波等波形。

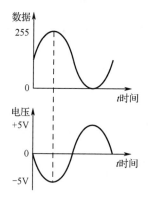

图 12-6　AD9708 芯片的输入数据和输出电压的波形图

12.2.3　PCT 通信协议

从机常常被用作执行单元，处理一些具体的事务；主机（如 Windows、Linux、Android 和 emWin 平台等）则用于与从机进行交互，向从机发送命令，或者处理来自从机的数据，如图 12-7 所示。

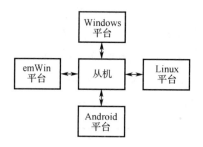

图 12-7　主机与从机的交互

主机与从机之间的通信过程如图 12-8 所示。

主机向从机发送命令的具体过程是：①主机对待发命令进行打包；②主机通过通信设备（串口、蓝牙、Wi-Fi 等）将打包好的命令发送出去；③从机在接收到命令之后，对命令进行解包；④从机按照相应的命令执行任务。

从机向主机发送数据的具体过程是：①从机对待发数据进行打包；②从机通过通信设备（串口、蓝牙、Wi-Fi 等）将打包好的数据发送出去；③主机在接收到数据之后，对数据进行解包；④主机对接收到的数据进行处理，如进行计算、显示等。

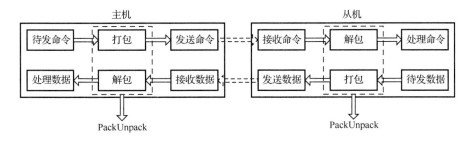

图 12-8　主机与从机之间的通信过程（打包/解包框架图）

1．PCT 通信协议格式

在主机与从机的通信过程中，主机和从机有一个共同的模块，即打包解包模块（PackUnpack），该模块遵循某种通信协议。通信协议有很多种，本实验采用的 PCT 通信协议由本书作者设计，该协议已经分别通过 C、C++、C#、Java 等编程语言实现。打包后的 PCT 通信协议的数据包格式如图 12-9 所示。

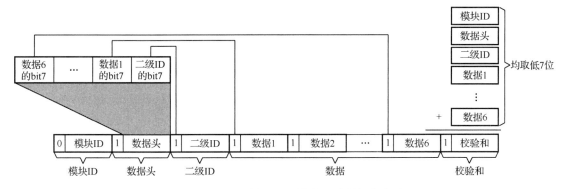

图 12-9　打包后的 PCT 通信协议的数据包格式

PCT 通信协议规定如下。

（1）数据包由 1 字节模块 ID+1 字节数据头+1 字节二级 ID+6 字节数据+1 字节校验和构成，共计 10 字节。

（2）数据包中有 6 个数据，每个数据为 1 字节。

（3）模块 ID 的最高位 bit7 固定为 0。

（4）模块 ID 的取值范围为 0x00～0x7F，最多有 128 种类型。

（5）数据头的最高位 bit7 固定为 1，数据头的低 7 位按照从低位到高位的顺序，依次存放二级 ID 的最高位 bit7、数据 1 的最高位 bit7、数据 2 的最高位 bit7、数据 3 的最高位 bit7、数据 4 的最高位 bit7、数据 5 的最高位 bit7 和数据 6 的最高位 bit7。

（6）校验和的低 7 位为模块 ID、数据头、二级 ID、数据 1、数据 2、…、数据 6 求和的结果（取低 7 位）。

（7）二级 ID、数据 1～数据 6 和校验和的最高位 bit7 固定为 1。注意，并不是说二级 ID、数据 1～数据 6 和校验和只有 7 位，而是在打包后，它们的低 7 位位置不变，最高位均位于数据头中，因此，依然还是 8 位。

2. PCT 通信协议打包过程

PCT 通信协议的打包过程分为 4 步。

第 1 步，准备原始数据，原始数据由模块 ID、二级 ID、数据 1～数据 6 组成，如图 12-10 所示。其中，模块 ID 的取值范围为 0x00～0x7F，二级 ID 和数据的取值范围为 0x00～0xFF。

图 12-10　PCT 通信协议打包第 1 步

第 2 步，依次取出二级 ID、数据 1～数据 6 的最高位 bit7，将其存放于数据头的低 7 位，按照从低位到高位的顺序存放二级 ID、数据 1～数据 6 的最高位 bit7，如图 12-11 所示。

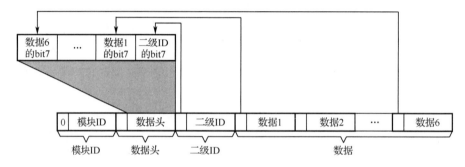

图 12-11　PCT 通信协议打包第 2 步

第 3 步，对模块 ID、数据头、二级 ID、数据 1～数据 6 的低 7 位求和，取求和结果的低 7 位，将其存放于校验和的低 7 位，如图 12-12 所示。

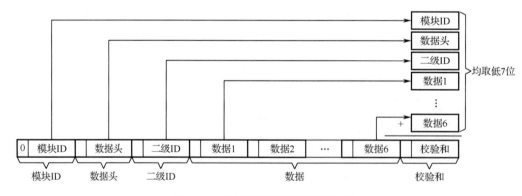

图 12-12　PCT 通信协议打包第 3 步

第 4 步，将数据头、二级 ID、数据 1～数据 6 及校验和的最高位置 1，如图 12-13 所示。

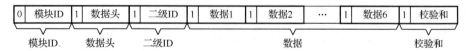

图 12-13　PCT 通信协议打包第 4 步

3．PCT 通信协议解包过程

PCT 通信协议的解包过程也分为 4 步。

第 1 步，准备解包前的数据包，原始数据包由模块 ID、数据头、二级 ID、数据 1～数据 6、校验和组成，如图 12-14 所示。其中，模块 ID 的最高位为 0，其余字节的最高位均为 1

图 12-14　PCT 通信协议解包第 1 步

第 2 步，对模块 ID、数据头、二级 ID、数据 1～数据 6 的低 7 位求和，如图 12-15 所示，将求和结果的低 7 位与数据包的校验和低 7 位对比，如果两个值的结果相等，则说明校验正确。

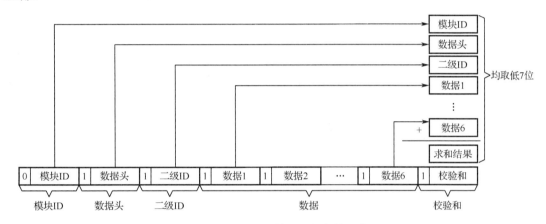

图 12-15　PCT 通信协议解包第 2 步

第 3 步，将数据头的最低位 bit0 与二级 ID 的低 7 位拼接并作为最终的二级 ID，将数据头的 bit1 与数据 1 的低 7 位拼接并作为最终的数据 1，将数据头的 bit2 与数据 2 的低 7 位拼接并作为最终的数据 2，以此类推，如图 12-16 所示。

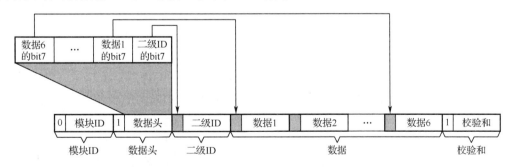

图 12-16　PCT 通信协议解包第 3 步

第 4 步，解包后的结果如图 12-17 所示，由模块 ID、二级 ID、数据 1～数据 6 组成。其中，模块 ID 的取值范围为 0x00～0x7F，二级 ID 和数据的取值范围为 0x00～0xFF。

0	模块ID	二级ID	数据1	数据2	...	数据6

模块ID　　　　二级ID　　　　　　　　　数据

图 12-17　PCT 通信协议解包第 4 步

4．PCT 通信协议的应用

DAC 实验和 ADC 实验的流程图如图 12-18 所示。在 DAC 实验中，从机（FPGA 核心板）接收来自主机（计算机上的信号采集工具）的生成波形命令包，对接收的命令包进行解包，根据解包后的命令（生成正弦波命令、三角波命令或方波命令），控制 AD9708 芯片输出对应的波形。在 ADC 实验中，从机通过芯片 AD9280 接收波形信号，将转换后的波形数据进行打包处理，最后将打包后的波形数据包发送至主机。

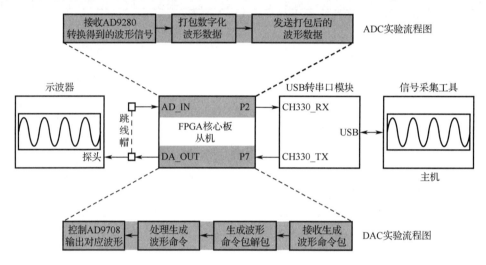

图 12-18　DAC 实验和 ADC 实验流程图

"信号采集工具"界面如图 12-19 所示，该工具用于控制 FPGA 核心板输出不同的波形（如正弦波、三角波和方波），并且接收和显示 FPGA 核心板发送到计算机的波形数据。通过"波形选择"下拉列表设置 FPGA 核心板输出的波形，右侧黑色区域用于显示从 FPGA 核心板接收的波形数据，串口参数可以通过左侧下拉列表设置，串口状态可以通过状态栏查看（图中显示"串口已关闭"）。

图 12-19　"信号采集工具"界面

　　信号采集工具在 DAC 实验和 ADC 实验中扮演主机角色，FPGA 核心板扮演从机角色，主机和从机之间的通信均遵照 PCT 通信协议。下面介绍两个实验涉及的 PCT 通信协议。

　　主机到从机有一个生成波形的命令包，从机到主机有一个波形数据包，两个包同属于一个模块，将其定义为 wave 模块，wave 模块的模块 ID 取值为 0x71。

　　wave 模块的生成波形命令包的二级 ID 取值为 0x80，该命令包的定义如图 12-20 所示。

模块ID	HEAD	二级ID	DAT1	DAT2	DAT3	DAT4	DAT5	DAT6	CHECK
71H	数据头	80H	波形类型	保留	保留	保留	保留	保留	校验和

图 12-20　wave 模块生成波形命令包的定义

　　波形类型的定义如表 12-2 所示。注意，复位后，波形类型取值为 0x00。

表 12-2　波形类型的定义

BIT 位	定　义
7:0	波形类型：0x00 表示正弦波，0x01 表示三角波，0x02 表示方波

　　wave 模块的波形数据包的二级 ID 为 0x01，该数据包的定义如图 12-21 所示，一个波形数据包包含 5 个连续的波形数据，对应波形上连续的 5 个点。波形数据包每 8ms 由从机发送给主机一次。

模块ID	HEAD	二级ID	DAT1	DAT2	DAT3	DAT4	DAT5	DAT6	CHECK
71H	数据头	01H	波形数据1	波形数据2	波形数据3	波形数据4	波形数据5	保留	校验和

图 12-21　wave 模块波形数据包的定义

　　从机在接收到主机发送的命令后，向主机发送命令应答数据包，命令应答数据包的定义如图 12-22 所示。

模块ID	HEAD	二级ID	DAT1	DAT2	DAT3	DAT4	DAT5	DAT6	CHECK
01H	数据头	04H	模块ID	二级ID	应答消息	保留	保留	保留	校验和

图 12-22　命令应答数据包的定义

　　应答消息的定义如表 12-3 所示。

表 12-3　应答消息的定义

BIT 位	定　义
7:0	应答消息：0 表示命令成功，1 表示校验和错误，2 表示命令包长度错误，3 表示无效命令，4 表示命令参数数据错误，5 表示命令不接受

12.2.4　DAC 实验内部电路图

　　DAC 实验电路有 22 个引脚，引脚的名称、类型、约束及描述如表 12-4 所示。

表 12-4　DAC 实验电路引脚说明

引 脚 名 称	引 脚 类 型	引 脚 约 束	引 脚 描 述
clk_i	in	V10	时钟输入，50MHz
rst_n_i	in	N7	复位输入，低电平复位
host_to_mcu_rx_i	in	C18	主机发送给从机命令的接收引脚
ad_data_i[7:0]	in	K4, M3, L4, N3, M5, P3, N4, R3	ADC 数据输入
da_clk_o	out	P2	DAC 时钟输出
ad_clk_o	out	L3	ADC 时钟输出
mcu_to_host_tx_o	out	D17	从机给主机发送响应和数据的引脚
da_data_o[7:0]	out	P1, T2, T1, U2, U1, N5, T3, P4	DAC 数据输出

　　DAC 实验内部电路图如图 12-23 所示，u_dac 模块用于处理从主机发送给从机的命令，并且输出 DAC 时钟及 8 位 DAC 数据，u_adc 模块的作用则是接收来自 AD9280 芯片的 8 位 ADC 信号，并输出 ADC 时钟及将数据发送到主机进行处理。

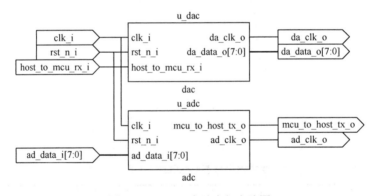

图 12-23　DAC 实验内部电路图

　　u_dac 模块内部电路图如图 12-24 所示，分为 u_uart_rec、u_uart_fifo、u_unpack、u_clk_gen_125hz 和 u_wave_generator 模块，其中，u_uart_rec 模块的作用是处理主机发送的命令，u_unpack 模块则用于对接收到的命令包进行解包操作，u_clk_gen_125hz 模块产生一个周期为 125Hz 的时钟，u_wave_generator 模块则用于生成和输出不同波形的数据信号。

　　u_wave_generator 模块的时序图如图 12-25 所示。da_clk_i 是周期为 125Hz 的时钟输入，也是系统的 DAC 时钟输出。da_data_o 在 da_clk_i 的每个上升沿进行一次波形数据输出的变化，经过 128 次数据变化后，波形完成一个完整周期的输出。s_sel_wave_i 为波形类型，其中 00 为正弦波，01 为三角波，10 为方波。

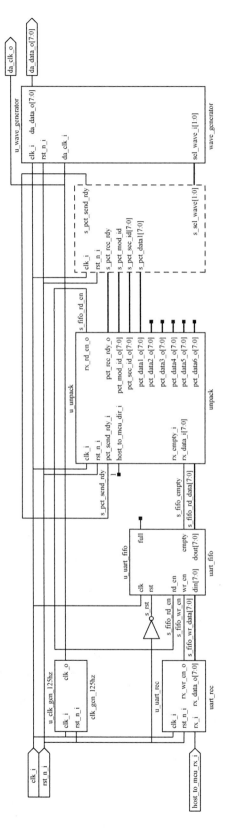

图12-24　u_dac模块内部电路图

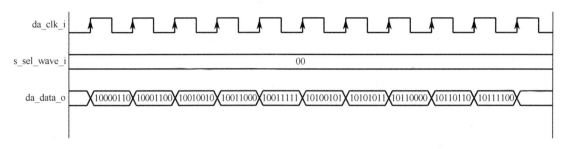

图 12-25　u_wave_generator 模块时序图

12.3　实验步骤

1. 复制工程文件夹并添加 VHDL 文件

将"D:\Spartan6FPGATest\Material"目录中的 exp11_dac 文件夹复制到"D:\Spartan6 FPGATest\Product"目录中。然后，双击运行"D:\Spartan6FPGATest\Product\exp11_dac\project"目录中的 dac_to_adc.xise 文件打开工程，该工程的顶层文件为 dac_to_adc.vhd。

2. 完善 wave_generator.vhd 文件

将程序清单 12-1 中的代码输入 wave_generator.vhd 文件的结构体部分，并参考 2.3 节步骤 5 检查语法，下面对关键语句进行解释。

（1）第 50 至 77 行代码：根据 sel_wave_i 控制读三角波、方波或正弦波地址循环递增。每个波形的一个完整周期均由 128 个点构成，地址由 0 递增到 127，地址循环递增波形则周期性变化。3 个波形数据分别存储在 triangle_generator、square_generator 和 sine_generator 模块中，通过地址便可以获取相应的数据。

（2）第 79 至 81 行代码：根据 sel_wave_i 选择不同的波形数据输出到 s_da_data，当 sel_wave_i 为 01 时输出为三角波数据，为 10 时输出方波数据，其余情况输出正弦波数据。

程序清单 12-1

```
1.  --------------------------------------------------------------------------
2.  --                           结构体
3.  --------------------------------------------------------------------------
4.  architecture rtl of wave_generator is
5.
6.  --------------------------------------------------------------------------
7.  --                           声明
8.  --------------------------------------------------------------------------
9.    --正弦波发生器
10.   component sine_generator is
11.     port(
12.       rst_n_i   : in  std_logic; --复位输入，低电平有效
13.       da_addr_i : in  std_logic_vector(6 downto 0); --DAC 地址输入
14.       da_data_o : out std_logic_vector(7 downto 0)  --DAC 数据输出
15.       );
16.   end component;
17.
18.   --方波发生器
19.   component square_generator is
20.     port(
```

```
21.        rst_n_i   : in  std_logic; --复位输入，低电平有效
22.        da_addr_i : in  std_logic_vector(6 downto 0); --DAC 地址输入
23.        da_data_o : out std_logic_vector(7 downto 0)  --DAC 数据输出
24.        );
25.    end component;
26.
27.    --三角波发生器
28.    component triangle_generator is
29.      port(
30.        rst_n_i   : in  std_logic; --复位输入，低电平有效
31.        da_addr_i : in  std_logic_vector(6 downto 0); --DAC 地址输入
32.        da_data_o : out std_logic_vector(7 downto 0)  --DAC 数据输出
33.        );
34.    end component;
35.
36.    signal s_square_addr   : std_logic_vector(6 downto 0); --读方波地址，一周期方波由 128
                                                                个点组成
37.    signal s_triangle_addr : std_logic_vector(6 downto 0); --读三角波地址，一周期三角波由
                                                                128 个点组成
38.    signal s_sine_addr     : std_logic_vector(6 downto 0); --读正弦波地址，一周期正弦波由
                                                                128 个点组成
39.
40.    signal s_triangle_data : std_logic_vector(7 downto 0); --三角波数据
41.    signal s_square_data   : std_logic_vector(7 downto 0); --方波数据
42.    signal s_sine_data     : std_logic_vector(7 downto 0); --正弦波数据
43.    signal s_da_data       : std_logic_vector(7 downto 0); --DA 数据
44.
45. begin
46.
47. ----------------------------------------------------------------------------
48. --                            功能描述
49. ----------------------------------------------------------------------------
50.    --根据 sel_wave_i 控制读三角波、方波或正弦波地址循环递增
51.    process(da_clk_i, rst_n_i)
52.    begin
53.      if(rst_n_i = '0') then
54.        s_triangle_addr <= (others => '0');
55.        s_square_addr   <= (others => '0');
56.        s_sine_addr     <= (others => '0');
57.      elsif rising_edge(da_clk_i) then
58.        if((sel_wave_i /= "01") and (sel_wave_i = "01")) then
59.          s_triangle_addr <= (others => '0');
60.        elsif(sel_wave_i = "01") then
61.          s_triangle_addr <= s_triangle_addr + 1;
62.        end if;
63.
64.        if((sel_wave_i /= "10") and (sel_wave_i = "10")) then
65.          s_square_addr <= (others => '0');
66.        elsif(sel_wave_i = "10") then
67.          s_square_addr <= s_square_addr + 1;
68.        end if;
69.
```

```
70.         if((sel_wave_i = "10" or sel_wave_i = "01")
71.            and (sel_wave_i /= "01") and (sel_wave_i /= "10")) then
72.             s_sine_addr <= (others => '0');
73.         elsif((sel_wave_i /= "01") and (sel_wave_i /= "10")) then
74.             s_sine_addr <= s_sine_addr + 1;
75.         end if;
76.       end if;
77.    end process;
78.
79.    --根据 sel_wave_i 选择不同的波形数据输出到 s_da_data
80.    s_da_data <= s_triangle_data when sel_wave_i = "01" else
81.      s_square_data when sel_wave_i = "10" else s_sine_data;
82.
83.    da_data_o <= s_da_data;
84.
85.     --正弦波发生器
86.     u_sine_generator : sine_generator
87.     port map(
88.        rst_n_i   => rst_n_i,
89.        da_addr_i => s_sine_addr,
90.        da_data_o => s_sine_data
91.     );
92.
93.     --方波发生器
94.     u_square_generator : square_generator
95.     port map(
96.        rst_n_i   => rst_n_i,
97.        da_addr_i => s_square_addr,
98.        da_data_o => s_square_data
99.     );
100.
101.     --三角波发生器
102.     u_triangle_generator : triangle_generator
103.     port map(
104.        rst_n_i   => rst_n_i,
105.        da_addr_i => s_triangle_addr,
106.        da_data_o => s_triangle_data
107.     );
108.
109. end rtl;
```

3. 完善 dac.vhd 文件

将程序清单 12-2 中的代码输入 dac.vhd 文件的结构体部分，并参考 2.3 节步骤 5 检查语法，下面对关键语句进行解释。

第 147 至 169 行代码：根据接收的上位机命令判断输出的波形类型。具体过程如下：当 rst_n_i 为 0 复位时，s_sel_wave 为 00，此时波形类型为正弦波，s_pct_send_rdy 也为 0，表示发送准备未完成；在 clk_i 的上升沿，当解包得到的 s_pct_mod_id（即模块 ID）为 MODULE_WAVE，s_pct_sec_id（即二级 ID）为 CMD_GEN_WAVE，同时 s_pct_rec_rdy 为 1（接收到的是正确的 PCT 协议包）时，根据解包得到的 s_pct_data1 的值改变 s_sel_wave 的值，得到相应的波形，如 s_pct_data1 的值为 TRIANGULAR_WAVE，则 s_sel_wave 的值为 01，波形类型变为三角波；此外，当 s_pct_rec_rdy 为 1 时，发送准备就绪，s_pct_send_rdy 为 1，反之则为 0。

程序清单 12-2

```
1.   --------------------------------------------------------------------
2.   --                            结构体
3.   --------------------------------------------------------------------
4.   architecture rtl of dac is
5.
6.   --------------------------------------------------------------------
7.   --                            声明
8.   --------------------------------------------------------------------
9.     component clk_gen_125hz is
10.      port(
11.        clk_i   : in  std_logic; --时钟输入，50MHz
12.        rst_n_i : in  std_logic; --复位输入，低电平有效
13.        clk_o   : out std_logic  --时钟输出，125Hz
14.        );
15.    end component;
16.
17.    component uart_rec is
18.      port(
19.        clk_i     : in  std_logic; --时钟输入，50MHz
20.        rst_n_i   : in  std_logic; --复位输入，低电平有效
21.        rx_i      : in  std_logic; --接收模块串行数据输入
22.        rx_data_o : out std_logic_vector(7 downto 0); --接收模块并行数据输出
23.        rx_wr_en_o : out std_logic  --接收模块并行数据输出写使能
24.        );
25.    end component;
26.
27.    component uart_fifo is
28.      port(
29.        clk   : in  std_logic; --FIFO 时钟信号
30.        rst   : in  std_logic; --FIFO 复位端口
31.        din   : in  std_logic_vector(7 downto 0); --FIFO 数据写入端口
32.        wr_en : in  std_logic; --FIFO 写使能
33.        rd_en : in  std_logic; --FIFO 读使能
34.        dout  : out std_logic_vector(7 downto 0); --FIFO 数据读出端口
35.        full  : out std_logic; --FIFO 为满标志
36.        empty : out std_logic  --FIFO 为空标志
37.        );
38.    end component;
39.
40.    component unpack is
41.      port(
42.        clk_i            : in  std_logic; --时钟输入，50MHz
43.        rst_n_i          : in  std_logic; --复位输入，低电平有效
44.        host_to_mcu_dir_i : in  std_logic; --1 表示主机到从机，0 表示从机到主机
45.        pct_mod_id_o     : out std_logic_vector(7 downto 0); --模块 ID
46.        pct_sec_id_o     : out std_logic_vector(7 downto 0); --二级 ID
47.        pct_data1_o      : out std_logic_vector(7 downto 0); --数据 1
48.        pct_data2_o      : out std_logic_vector(7 downto 0); --数据 2
```

```
49.        pct_data3_o       : out std_logic_vector(7 downto 0); --数据 3
50.        pct_data4_o       : out std_logic_vector(7 downto 0); --数据 4
51.        pct_data5_o       : out std_logic_vector(7 downto 0); --数据 5
52.        pct_data6_o       : out std_logic_vector(7 downto 0); --数据 6
53.        rx_data_i         : in  std_logic_vector(7 downto 0); --来自 FIFO 的并行数据输入
54.        rx_empty_i        : in  std_logic; --无并行数据等待传输（接收 FIFO 数据）标志位
55.        rx_rd_en_o        : out std_logic; --FIFO 并行数据读使能
56.        pct_send_rdy_i    : in  std_logic; --发送就绪标志，1 表示 unpack 模块可继续接收新数据
57.        pct_rec_rdy_o     : out std_logic  --unpack 模块接收到正确 PCT 通信协议包标志
58.        );
59.     end component;
60.
61.     component wave_generator is
62.       port(
63.         clk_i    : in std_logic; --时钟输入，50MHz
64.         rst_n_i  : in std_logic; --复位输入，低电平有效
65.         da_clk_i : in std_logic; --DA 时钟输入
66.         sel_wave_i : in std_logic_vector(1 downto 0); --00 为正弦波，01 为三角波，10 为方波
67.         da_data_o  : out std_logic_vector(7 downto 0) --DA 数据输出
68.         );
69.     end component;
70.
71.     signal s_sel_wave     : std_logic_vector(1 downto 0):= "00"; --波形选择，默认为正弦波
72.     signal s_pct_mod_id   : std_logic_vector(7 downto 0); --模块 ID
73.     signal s_pct_sec_id   : std_logic_vector(7 downto 0); --二级 ID
74.     signal s_pct_data1    : std_logic_vector(7 downto 0); --数据 1
75.     signal s_pct_data2    : std_logic_vector(7 downto 0); --数据 2
76.     signal s_pct_data3    : std_logic_vector(7 downto 0); --数据 3
77.     signal s_pct_data4    : std_logic_vector(7 downto 0); --数据 4
78.     signal s_pct_data5    : std_logic_vector(7 downto 0); --数据 5
79.     signal s_pct_data6    : std_logic_vector(7 downto 0); --数据 6
80.     signal s_pct_send_rdy : std_logic; --发送就绪标志，1 表示 unpack 模块可继续接收新数据
81.     signal s_pct_rec_rdy  : std_logic; --unpack 模块接收到正确 PCT 通信协议包标志
82.
83.     signal s_fifo_wr_en   : std_logic; --FIFO 写使能
84.     signal s_fifo_wr_data : std_logic_vector(7 downto 0); --FIFO 写数据端口
85.     signal s_fifo_empty   : std_logic; --FIFO 为空标志
86.     signal s_fifo_rd_en   : std_logic; --FIFO 读使能
87.     signal s_fifo_rd_data : std_logic_vector(7 downto 0); --FIFO 读数据端口
88.     signal s_rst          : std_logic; --FIFO 复位端口
89.     signal s_da_clk       : std_logic; --DA 时钟
90.
91.  begin
92.
93.  --------------------------------------------------------------------------------
94.  --                            功能描述
95.  --------------------------------------------------------------------------------
96.     u_clk_gen_125hz : clk_gen_125hz
97.     port map(
98.       clk_i   => clk_i,
99.       rst_n_i => rst_n_i,
100.      clk_o   => s_da_clk
```

```
101.    );
102.
103.    da_clk_o <= s_da_clk;
104.    s_rst    <= not rst_n_i;
105.
106.    u_uart_rec : uart_rec
107.    port map(
108.      clk_i       => clk_i,
109.      rst_n_i     => rst_n_i,
110.      rx_i        => host_to_mcu_rx_i,
111.      rx_data_o   => s_fifo_wr_data,
112.      rx_wr_en_o  => s_fifo_wr_en
113.      );
114.
115.    u_uart_fifo : uart_fifo
116.    port map(
117.      clk    => clk_i,
118.      rst    => s_rst,
119.      din    => s_fifo_wr_data,
120.      wr_en  => s_fifo_wr_en,
121.      rd_en  => s_fifo_rd_en,
122.      dout   => s_fifo_rd_data,
123.      full   => open,
124.      empty  => s_fifo_empty
125.      );
126.
127.    u_unpack : unpack
128.    port map(
129.      clk_i             => clk_i,
130.      rst_n_i           => rst_n_i,
131.      host_to_mcu_dir_i => '1',
132.      pct_mod_id_o      => s_pct_mod_id,
133.      pct_sec_id_o      => s_pct_sec_id,
134.      pct_data1_o       => s_pct_data1,
135.      pct_data2_o       => s_pct_data2,
136.      pct_data3_o       => s_pct_data3,
137.      pct_data4_o       => s_pct_data4,
138.      pct_data5_o       => s_pct_data5,
139.      pct_data6_o       => s_pct_data6,
140.      rx_data_i         => s_fifo_rd_data,
141.      rx_empty_i        => s_fifo_empty,
142.      rx_rd_en_o        => s_fifo_rd_en,
143.      pct_send_rdy_i    => s_pct_send_rdy,
144.      pct_rec_rdy_o     => s_pct_rec_rdy
145.      );
146.
147.    process(clk_i, rst_n_i)
148.    begin
149.      if(rst_n_i = '0') then
150.        s_sel_wave <= "00";
151.        s_pct_send_rdy <= '0';
152.      elsif rising_edge(clk_i) then
```

```
153.        if(s_pct_mod_id = MODULE_WAVE) and (s_pct_rec_rdy = '1') and
154.          (s_pct_sec_id = CMD_GEN_WAVE) then
155.            if(s_pct_data1 = TRIANGULAR_WAVE) then
156.              s_sel_wave <= "01";
157.            elsif(s_pct_data1 = SQUARE_WAVE) then
158.              s_sel_wave <= "10";
159.            else
160.              s_sel_wave <= "00";
161.            end if;
162.        end if;
163.        if(s_pct_rec_rdy = '1') then --当 unpack 模块接收到正确的 PCT 通信协议包时
164.          s_pct_send_rdy <= '1'; --使能发送就绪标志，表示 unpack 模块可以继续接收新数据
165.        else
166.          s_pct_send_rdy <= '0'; --清除发送就绪标志
167.        end if;
168.      end if;
169.    end process;
170.
171.    u_wave_generator : wave_generator
172.    port map(
173.      clk_i      => clk_i,
174.      da_clk_i   => s_da_clk,
175.      rst_n_i    => rst_n_i,
176.      sel_wave_i => s_sel_wave,
177.      da_data_o  => da_data_o
178.      );
179.
180. end rtl;
```

4. 完善 dac_to_adc.vhd 文件

将程序清单 12-3 中的代码输入 dac_to_adc.vhd 文件的结构体部分，并参考 2.3 节步骤 5 检查语法。

程序清单 12-3

```
1.  ------------------------------------------------------------------------
2.  --                         结构体
3.  ------------------------------------------------------------------------
4.  architecture rtl of dac_to_adc is
5.
6.  ------------------------------------------------------------------------
7.  --                         声明
8.  ------------------------------------------------------------------------
9.    component dac is
10.     port(
11.       clk_i            : in  std_logic; --时钟输入，50MHz
12.       rst_n_i          : in  std_logic; --复位输入，低电平有效
13.       host_to_mcu_rx_i : in  std_logic; --接收模块串行数据输入
14.       da_clk_o         : out std_logic; --DA 时钟输出
15.       da_data_o        : out std_logic_vector(7 downto 0) --DA 数据输出
16.       );
17.   end component;
18.
```

```
19.    component adc is
20.      port(
21.        clk_i              : in  std_logic; --时钟输入，50MHz
22.        rst_n_i            : in  std_logic; --复位输入，低电平有效
23.        ad_data_i          : in  std_logic_vector(7 downto 0); --AD 数据输入
24.        ad_clk_o           : out std_logic; --AD 时钟输出
25.        mcu_to_host_tx_o : out std_logic  --发送模块串行数据输出
26.        );
27.    end component;
28.
29.  begin
30.
31.  -------------------------------------------------------------------------------
32.  --                              功能描述
33.  -------------------------------------------------------------------------------
34.    u_dac : dac
35.    port map(
36.      clk_i              => clk_i,
37.      rst_n_i            => rst_n_i,
38.      host_to_mcu_rx_i => host_to_mcu_rx_i,
39.      da_clk_o           => da_clk_o,
40.      da_data_o          => da_data_o
41.      );
42.
43.    u_adc : adc
44.    port map(
45.      clk_i              => clk_i,
46.      rst_n_i            => rst_n_i,
47.      ad_data_i          => ad_data_i,
48.      ad_clk_o           => ad_clk_o,
49.      mcu_to_host_tx_o => mcu_to_host_tx_o
50.      );
51.
52.  end rtl;
```

5．仿真测试

检查完 dac_to_adc.vhd 文件的语法之后，对 dac_to_adc 模块进行仿真。本实验已经提供了完整的测试文件 dac_to_adc_tb.vhd，可以直接参考 2.3 节步骤 7 对 dac_to_adc 模块进行仿真。如图 12-26 所示，在 da_clk_o 的上升沿，波形数据 da_data_o 进行一次更新。

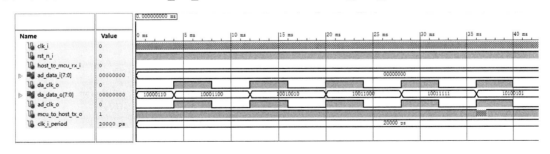

图 12-26　仿真测试结果

6．板级验证

本实验已提供了完整的引脚约束文件，参考 2.3 节步骤 9，将工程编译生成.bit 文件，并

且将其下载到 FPGA 高级开发系统上，把跳线帽插在 J_{303} 上，将 DAC 输出与 ADC 输入进行连接，通过 B 型 USB 线连接计算机，然后在本书配套资料包的"02.相关软件\信号采集工具"文件夹中，双击运行"信号采集工具.exe"文件。

在"信号采集工具"界面中，单击左侧的"扫描"按钮，选择通信-下载模块对应的串口号（不一定是 COM3，每台机器的 COM 编号可能会不同）。将波特率设置为 115200baud，数据位设置为 8 位，停止位设置为 1 位，校验位设置为 NONE，然后单击"打开"按钮（单击之后，按钮名称将切换为"关闭"），信号采集工具的状态栏显示"COM3 已打开，115200，8，One，None"；同时，在波形显示区可以实时观察正弦波，如图 12-27 所示，如果观察到的波形幅值过小或者波形是一条直线，则可以转动 A/D、D/A 转换模块的滑动变阻器来改变波形幅值。

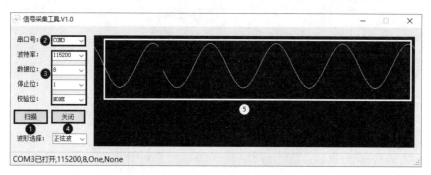

图 12-27　正弦波波形采集工具实测图

在信号采集工具窗口左下方的"波形选择"的下拉列表中选择"三角波"选项，可以在波形显示区实时观察到三角波，如图 12-28 所示。

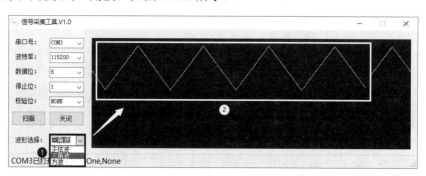

图 12-28　三角波波形采集工具实测图

同理，选择方波，可以在波形显示区实时观察到方波，如图 12-29 所示。

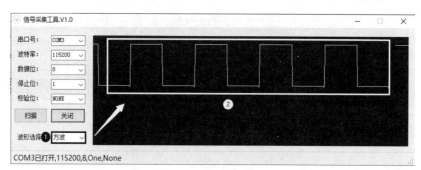

图 12-29　方波波形采集工具实测图

本 章 任 务

在本实验的基础上增加一个 DAC 输出波形处理模块，分别检测到 3 个独立按键 KEY₁、KEY₂、KEY₃，按下 KEY₁ 时，输出波形幅值按"原幅值→1/2 幅值→1/4 幅值→原幅值"的顺序每按一次进行一次切换；按下 KEY₂ 时，输出波形按"正弦波→三角波→方波→正弦波"的顺序每按一次进行一次切换；按下 KEY₃ 时，输出波形恢复初始状态，即"正弦波、原幅值"。

本 章 习 题

1．什么是 DAC？
2．简述 AD9708 芯片工作过程中的时序图。
3．AD9708 芯片的采样频率最大是多少？
4．计算本实验中 DAC 输出的正弦波周期。

第13章 ADC 实验

ADC，Analog-to-Digital Converter 的英文缩写，表示模数转换器，是指将连续变化的模拟信号转换为离散的数字信号的器件。在真实世界中的模拟信号，如温度、压力、声音或图像等，需要转换成更容易储存、处理和发射的数字形式。模数转换器可以实现这个功能，在各种不同的产品中都可以找到它的身影。

ADC 最早用于将无线信号向数字信号转换，如电视信号、长短播电台发送/接收信号等。

13.1 实验内容

本章通过学习 ADC，综合串口通信实验，实现 FPGA 输出 8 位的正弦波数据，使得 DAC 模块输出一个正弦波信号。这个正弦波信号通过跳线帽，将 D/A 模块的输出和 A/D 模块的输入连接起来。然后使用信号采集工具，通过串口读取 ADC 的数据输出，在 PC 端中的信号采集工具中显示正弦波。

13.2 实验原理

13.2.1 A/D、D/A 转换电路原理图

$2V_{pp}$ 单端配置输入如图 13-1 所示。A/D 转换电路由模拟电压输入接口、衰减电路和高速 A/D 芯片 AD9280 组成。AIN 的输入电压峰峰值为 2V，图 13-2 中的电路图根据图 13-1 设计。

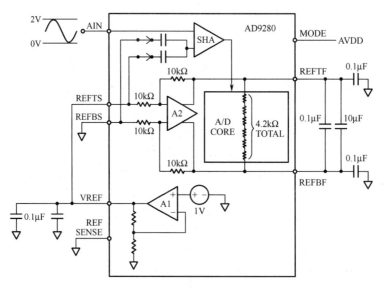

图 13-1 $2V_{pp}$ 单端配置输入

在 FPGA 高级开发系统上，XC6SLX16 芯片与 AD9280 芯片的 8 位输出数据 D0～D7 和时钟 CLK 连接，在模拟信号进入 AD9280 芯片之前，经过了 AD8065 芯片构建的衰减电路，衰减以后输入范围满足 A/D 芯片的输入范围（0～2V）。A/D 转换硬件电路如图 13-2 所示。

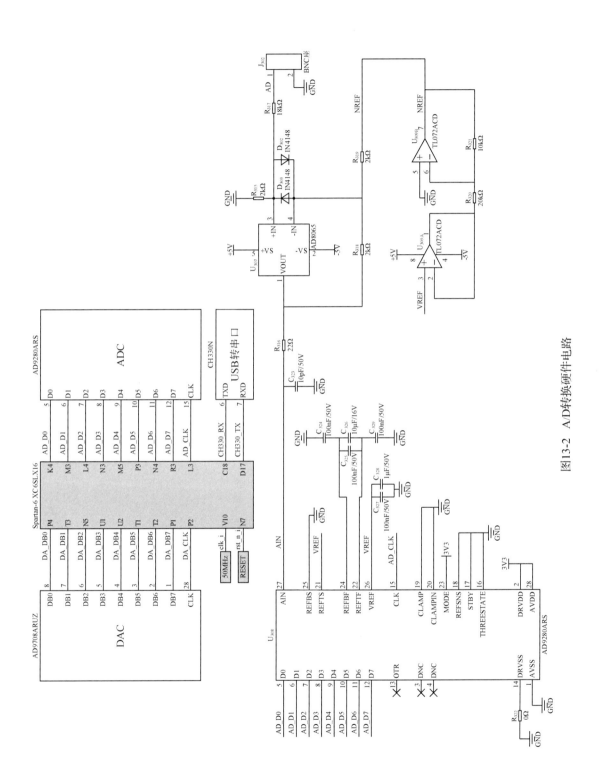

图13-2 A/D转换硬件电路

13.2.2　AD9280 芯片

AD9280 芯片是 ADI 公司生产的一款单芯片、8 位、32MSPS（Million Samples Per Second，每秒采样百万次）模数转换器，具有高性能、低功耗的特点。

AD9280 芯片引脚排列如图 13-3 所示，表 13-1 中是对 AD9280 芯片引脚的描述，该芯片有 28 个引脚。

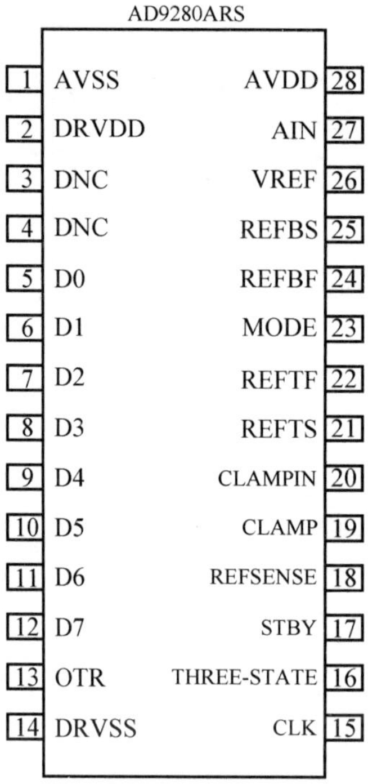

```
            AD9280ARS
     ┌─────────────────────┐
  1 │ AVSS          AVDD │ 28
  2 │ DRVDD          AIN │ 27
  3 │ DNC           VREF │ 26
  4 │ DNC          REFBS │ 25
  5 │ D0           REFBF │ 24
  6 │ D1            MODE │ 23
  7 │ D2           REFTF │ 22
  8 │ D3           REFTS │ 21
  9 │ D4        CLAMPIN │ 20
 10 │ D5          CLAMP │ 19
 11 │ D6        REFSENSE │ 18
 12 │ D7           STBY │ 17
 13 │ OTR    THREE-STATE │ 16
 14 │ DRVSS          CLK │ 15
     └─────────────────────┘
```

图 13-3　AD9280 芯片引脚

表 13-1　AD9280 芯片引脚说明

引脚编号	引脚名称	描　　述
1	AVSS	模拟地
2	DRVDD	数字驱动电源
3,4	DNC	空引脚
5～12	D0～D7	8 路模拟信号输出
13	OTR	超出范围指示器
14	DRVSS	数字地
15	CLK	时钟输入
16	THREE-STATE	该引脚接电源为高阻抗状态，接地为正常操作，接地即可
17	STBY	该引脚接电源为断电模式，接地为正常操作，接地即可
18	REFSENSE	参考选择，接地即可
19	CLAMP	该引脚接电源为启用钳位模式，接地为无钳位，接地即可
20	CLAMPIN	钳位基准输入，接地即可

引脚编号	引脚名称	描　　述
21	REFTS	顶部参考
22	REFTF	顶部参考去耦
23	MODE	模式选择，接电源
24	REFBF	底部参考去耦
25	REFBS	底部参考
26	VREF	内部参考电压输出
27	AIN	模拟输入
28	AVDD	模拟电源

AD9280 芯片的内部功能框图如图 13-4 所示，AD9280 芯片在时钟（CLK）的驱动下工作，用于控制所有内部转换的周期；AD9280 芯片内置片内采样保持放大器（SHA），同时采用多级差分流水线架构，保证了在 32MSPS 的数据转换速率下全温度范围内无失码；AD9280 芯片内部集成了可编程的基准源，根据系统需要也可以选择外部高精度基准满足系统的要求。AD9280 芯片输出的数据以二进制格式表示。当输入的模拟电压超出量程时，会拉高 OTR（Out-of-Range）信号；当输入的模拟电压在量程范围内时，OTR 信号为低电平。因此，可以通过 OTR 信号来判断输入的模拟电压是否在测量范围内。

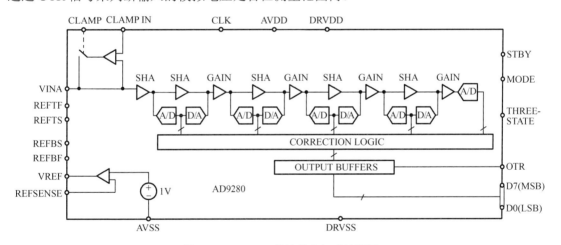

图 13-4　AD9280 芯片的内部功能框图

AD9280 芯片的时序图如图 13-5 所示。由时序图可知，AD9280 芯片在每个输入时钟 CLOCK 的上升沿对输入的模拟信号进行一次采集，采集数据由数据总线 DATA 输出，每个时钟周期 ADC 都会完成一次采集。模拟信号转换成数字信号并不是当前周期就能转换完成的，从采集模拟信号开始到输出数据为止需要经过 3 个时钟周期。在时钟 CLOCK 的上升沿采集的模拟电压信号 S1，经过 3 个时钟周期后（实际上再加上 25ns 的延迟），输出转换后的数据 DATA1。注意，AD9280 芯片的最大转换速率为 32MSPS，即输入的时钟最大频率为 32MHz。

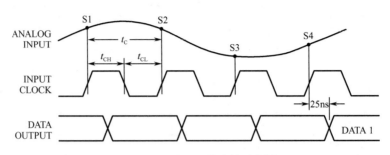

图 13-5　AD9280 芯片的时序图

AD9280 芯片支持输入的模拟电压范围是 0～2V，0V 对应输出的数字信号为 0，2V 对应输出的数字信号为 255。而 AD9708 芯片经外部电路后，输出的电压范围是-5～+5V，因此在 AD9280 芯片的模拟输入端增加电压衰减电路，使-5～+5V 的电压转换成 0～2V。那么实际上对于用户来说，当 AD9280 芯片的模拟输入接口连接-5V 电压时，A/D 输出的数据为 0；当 AD9280 芯片的模拟输入接口连接+5V 电压时，A/D 输出的数据为 255。当 AD9280 芯片模拟输入端接-5～+5V 的变化正弦波电压信号时，其转换后的数据也呈正弦波波形变化，波形如图 13-6 所示。

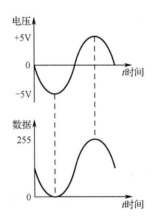

图 13-6　AD9280 芯片的输入电压和输出数据的波形图

13.2.3　ADC 实验内部电路图

ADC 实验电路有 22 个引脚，引脚名称、类型、约束及描述如表 12-4 所示。ADC 实验内部电路图则可参考图 12-23，由 u_dac 和 u_adc 模块组成，其中 u_adc 模块的作用是接收来自 AD9280 芯片的 8 位 ADC 信号，并且输出 ADC 时钟及将数据发送到主机进行处理。

u_adc 模块内部电路图如图 13-7 所示，分为 u_clk_gen_125hz、u_rec_ad_data、u_pack 和 u_uart_trans 模块。其中，u_clk_gen_125hz 产生一个周期为 125Hz 的时钟，u_rec_ad_data 模块的作用是接收 AD9280 芯片输出的 A/D 数据，u_pack 模块对 A/D 数据进行打包处理，u_uart_trans 模块则将打包好的数据发送到上位机。

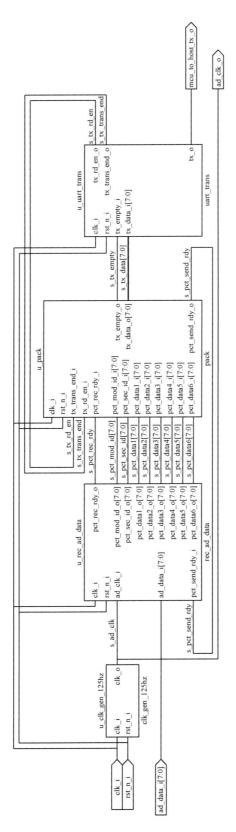

图13-7　u_adc模块内部电路图

13.3　实验步骤

1. 复制工程文件夹并添加 VHDL 文件

将"D:\Spartan6FPGATest\Material"目录中的 exp12_adc 文件夹复制到"D:\Spartan6 FPGATest\Product"目录中。然后，双击运行"D:\Spartan6FPGATest\Product\exp12_adc\project"目录中的 dac_to_adc.xise 文件打开工程，该工程的顶层文件为 dac_to_adc.vhd。

2. 完善 rec_ad_data.vhd 文件

将程序清单 13-1 中的代码输入 rec_ad_data.vhd 文件的结构体部分，并参考 2.3 节步骤 5 检查语法，下面对关键语句进行解释。

（1）第 41 至 52 行代码：产生数据准备就绪标志。在 clk_i 的上升沿，如果 s_wave_cnt 为 000 且 s_wave_cnt_reg 的值为 100，表示波形数据包的 5 个 A/D 数据准备就绪，则输出 pct_rec_ rdy_o 被置 1；如果 pct_send_rdy_i 为高电平，即数据已成功发送到其他模块，则将输出 pct_rec_rdy_o 置 0。

（2）第 54 至 80 行代码：输出模块 ID 和二级 ID，将串行数据 ad_data_i 根据计数器的值分别输出到 5 个并行输出 pct_data1_o～pct_data5_o，同时将数据包的第 6 个数据输出 pct_data6_o 置为 0。

程序清单 13-1

```
1.    -----------------------------------------------------------------------------
2.    --                              结构体
3.    -----------------------------------------------------------------------------
4.    architecture rtl of rec_ad_data is
5.
6.    -----------------------------------------------------------------------------
7.    --                              声明
8.    -----------------------------------------------------------------------------
9.      signal s_wave_cnt     : std_logic_vector(2 downto 0);
10.     signal s_wave_cnt_reg : std_logic_vector(2 downto 0);
11.
12.   begin
13.
14.   -----------------------------------------------------------------------------
15.   --                              功能描述
16.   -----------------------------------------------------------------------------
17.     --1 个波形数据包中包含 5 个 A/D 数据，每接收一个数据，s_wave_cnt 递增，范围为 0～4
18.     process(ad_clk_i, rst_n_i)
19.     begin
20.       if (rst_n_i = '0') then
21.         s_wave_cnt <= "000";
22.       elsif rising_edge(ad_clk_i) then
23.         if(s_wave_cnt = "100") then
24.           s_wave_cnt <= "000";
25.         else
26.           s_wave_cnt <= s_wave_cnt + 1;
27.         end if;
28.       end if;
29.     end process;
30.
```

```vhdl
31.    --s_wave_cnt_reg 延迟 1 个时钟周期
32.    process(clk_i, rst_n_i)
33.    begin
34.      if(rst_n_i = '0') then
35.        s_wave_cnt_reg <= "000";
36.      elsif rising_edge(clk_i) then
37.        s_wave_cnt_reg <= s_wave_cnt;
38.      end if;
39.    end process;
40.
41.    process(clk_i, rst_n_i)
42.    begin
43.      if(rst_n_i = '0') then
44.        pct_rec_rdy_o <= '0';
45.      elsif rising_edge(clk_i) then
46.        if(s_wave_cnt = "000" and s_wave_cnt_reg = "100") then
47.          pct_rec_rdy_o <= '1'; --5 个数据已经全部准备就绪，使能数据准备就绪标志
48.        elsif(pct_send_rdy_i = '1') then --如果该模块数据成功发送到其他模块
49.          pct_rec_rdy_o <= '0'; --清除该模块数据准备就绪标志
50.        end if;
51.      end if;
52.    end process;
53.
54.    pct_mod_id_o <= MODULE_WAVE;    --模块 ID
55.    pct_sec_id_o <= DAT_WAVE_WDATA; --二级 ID
56.
57.    process(ad_clk_i, rst_n_i)
58.    begin
59.      if(rst_n_i = '0') then
60.        pct_data1_o <= (others => '0');
61.        pct_data2_o <= (others => '0');
62.        pct_data3_o <= (others => '0');
63.        pct_data4_o <= (others => '0');
64.        pct_data5_o <= (others => '0');
65.      elsif rising_edge(ad_clk_i) then
66.        if(s_wave_cnt = "000") then
67.          pct_data1_o <= ad_data_i; --5 个数据存放于 1 个包，第 1 个数据
68.        elsif(s_wave_cnt = "001") then
69.          pct_data2_o <= ad_data_i; --第 2 个数据
70.        elsif(s_wave_cnt = "010") then
71.          pct_data3_o <= ad_data_i; --第 3 个数据
72.        elsif(s_wave_cnt = "011") then
73.          pct_data4_o <= ad_data_i; --第 4 个数据
74.        elsif(s_wave_cnt = "100") then
75.          pct_data5_o <= ad_data_i; --第 5 个数据
76.        end if;
77.      end if;
78.    end process;
79.
80.    pct_data6_o <= (others => '0'); --保留字节
81.
82.  end  rtl;
```

3. 完善 adc.vhd 文件

将程序清单 13-2 中的代码输入 adc.vhd 文件的结构体部分，并参考 2.3 节步骤 5 检查语法。

程序清单 13-2

```
1.   -------------------------------------------------------------------
2.   --                          结构体
3.   -------------------------------------------------------------------
4.   architecture rtl of adc is
5.
6.   -------------------------------------------------------------------
7.   --                          声明
8.   -------------------------------------------------------------------
9.     component clk_gen_125hz is
10.      port(
11.        clk_i   : in  std_logic; --时钟输入，50MHz
12.        rst_n_i : in  std_logic; --复位输入，低电平有效
13.        clk_o   : out std_logic  --时钟输出，125Hz
14.        );
15.    end component;
16.
17.    component uart_trans is
18.      port(
19.        clk_i          : in  std_logic; --时钟输入，50MHz
20.        rst_n_i        : in  std_logic; --复位输入，低电平有效
21.        tx_data_i      : in  std_logic_vector(7 downto 0); --发送模块并行数据输入
22.        tx_empty_i     : in  std_logic; --发送模块无并行数据等待传输标志位
23.        tx_o           : out std_logic; --发送模块串行数据输出
24.        tx_rd_en_o     : out std_logic; --发送模块并行数据输入读使能
25.        tx_trans_end_o : out std_logic  --发送模块数据发送完成标志
26.        );
27.    end component;
28.
29.    component pack is
30.      port(
31.        clk_i          : in  std_logic; --时钟输入，50MHz
32.        rst_n_i        : in  std_logic; --复位输入，低电平有效
33.        pct_mod_id_i   : in  std_logic_vector(7 downto 0); --模块 ID
34.        pct_sec_id_i   : in  std_logic_vector(7 downto 0); --二级 ID
35.        pct_data1_i    : in  std_logic_vector(7 downto 0); --数据 1
36.        pct_data2_i    : in  std_logic_vector(7 downto 0); --数据 2
37.        pct_data3_i    : in  std_logic_vector(7 downto 0); --数据 3
38.        pct_data4_i    : in  std_logic_vector(7 downto 0); --数据 4
39.        pct_data5_i    : in  std_logic_vector(7 downto 0); --数据 5
40.        pct_data6_i    : in  std_logic_vector(7 downto 0); --数据 6
41.        tx_trans_end_i : in  std_logic; --串口发送完成标志输入
42.        tx_data_o      : out std_logic_vector(7 downto 0); --发送数据端
43.        tx_empty_o     : out std_logic; --发送端无数据标志输出，0 表示有数据等待发送
44.        tx_rd_en_i     : in  std_logic; --发送读使能输入
45.        pct_rec_rdy_i  : in  std_logic; --pack 模块接收就绪标志输入
46.        pct_send_rdy_o : out std_logic  --数据成功发送到 pack 模块标志输出
47.        );
48.    end component;
```

```
49.
50.    component rec_ad_data is
51.      port(
52.        clk_i         : in  std_logic; --时钟输入，50MHz
53.        rst_n_i       : in  std_logic; --复位输入，低电平有效
54.        ad_clk_i      : in  std_logic; --A/D 时钟输入
55.        ad_data_i     : in  std_logic_vector(7 downto 0); --A/D 数据输入
56.        pct_mod_id_o  : out std_logic_vector(7 downto 0); --模块 ID
57.        pct_sec_id_o  : out std_logic_vector(7 downto 0); --二级 ID
58.        pct_data1_o   : out std_logic_vector(7 downto 0); --DAT1
59.        pct_data2_o   : out std_logic_vector(7 downto 0); --DAT2
60.        pct_data3_o   : out std_logic_vector(7 downto 0); --DAT3
61.        pct_data4_o   : out std_logic_vector(7 downto 0); --DAT4
62.        pct_data5_o   : out std_logic_vector(7 downto 0); --DAT5
63.        pct_data6_o   : out std_logic_vector(7 downto 0); --DAT6
64.        pct_send_rdy_i : in  std_logic; --该模块数据成功发送到其他模块标志输入
65.        pct_rec_rdy_o : out std_logic  --数据准备就绪标志输出
66.        );
67.    end component;
68.
69.    signal s_pct_mod_id   : std_logic_vector(7 downto 0); --模块 ID
70.    signal s_pct_sec_id   : std_logic_vector(7 downto 0); --二级 ID
71.    signal s_pct_data1    : std_logic_vector(7 downto 0); --DAT1
72.    signal s_pct_data2    : std_logic_vector(7 downto 0); --DAT2
73.    signal s_pct_data3    : std_logic_vector(7 downto 0); --DAT3
74.    signal s_pct_data4    : std_logic_vector(7 downto 0); --DAT4
75.    signal s_pct_data5    : std_logic_vector(7 downto 0); --DAT5
76.    signal s_pct_data6    : std_logic_vector(7 downto 0); --DAT6
77.    signal s_pct_send_rdy : std_logic; --数据成功由 rec_ad_data 模块发送到 pack 模块标志
78.    signal s_pct_rec_rdy  : std_logic; --数据准备就绪标志输出
79.
80.    signal s_rst          : std_logic; --s_rst <= not rst_n_i
81.    signal s_tx_trans_end : std_logic; --串口发送模块数据发送完成标志
82.    signal s_tx_data      : std_logic_vector(7 downto 0); --发送到串口发送模块的并行数据
83.    signal s_tx_empty     : std_logic; --无并行数据等待传输（发送数据到串口发送模块）标志
84.    signal s_tx_rd_en     : std_logic; --串口发送模块并行数据读使能
85.    signal s_ad_clk       : std_logic; --A/D 时钟
86.
87.  begin
88.
89.  --------------------------------------------------------------------------------
90.  --                              功能描述
91.  --------------------------------------------------------------------------------
92.    u_clk_gen_125hz : clk_gen_125hz
93.    port map(
94.      clk_i   => clk_i,
95.      rst_n_i => rst_n_i,
96.      clk_o   => s_ad_clk
97.      );
98.
99.    ad_clk_o <= s_ad_clk;
100.
```

```
101.    u_rec_ad_data : rec_ad_data
102.    port map(
103.       clk_i           => clk_i,
104.       rst_n_i         => rst_n_i,
105.       ad_clk_i        => s_ad_clk,
106.       ad_data_i       => ad_data_i,
107.       pct_mod_id_o    => s_pct_mod_id,
108.       pct_sec_id_o    => s_pct_sec_id,
109.       pct_data1_o     => s_pct_data1,
110.       pct_data2_o     => s_pct_data2,
111.       pct_data3_o     => s_pct_data3,
112.       pct_data4_o     => s_pct_data4,
113.       pct_data5_o     => s_pct_data5,
114.       pct_data6_o     => s_pct_data6,
115.       pct_send_rdy_i  => s_pct_send_rdy,
116.       pct_rec_rdy_o   => s_pct_rec_rdy
117.       );
118.
119.    u_uart_trans : uart_trans
120.    port map(
121.       clk_i           => clk_i,
122.       rst_n_i         => rst_n_i,
123.       tx_data_i       => s_tx_data,
124.       tx_empty_i      => s_tx_empty,
125.       tx_o            => mcu_to_host_tx_o,
126.       tx_rd_en_o      => s_tx_rd_en,
127.       tx_trans_end_o  => s_tx_trans_end
128.       );
129.
130.    u_pack : pack
131.    port map(
132.       clk_i           => clk_i,
133.       rst_n_i         => rst_n_i,
134.       pct_mod_id_i    => s_pct_mod_id,
135.       pct_sec_id_i    => s_pct_sec_id,
136.       pct_data1_i     => s_pct_data1,
137.       pct_data2_i     => s_pct_data2,
138.       pct_data3_i     => s_pct_data3,
139.       pct_data4_i     => s_pct_data4,
140.       pct_data5_i     => s_pct_data5,
141.       pct_data6_i     => s_pct_data6,
142.       tx_trans_end_i  => s_tx_trans_end,
143.       tx_data_o       => s_tx_data,
144.       tx_empty_o      => s_tx_empty,
145.       tx_rd_en_i      => s_tx_rd_en,
146.       pct_rec_rdy_i   => s_pct_rec_rdy,
147.       pct_send_rdy_o  => s_pct_send_rdy
148.       );
149.
150. end rtl;
```

4．仿真测试

检查完 dac_to_adc.vhd 文件的语法之后，对 dac_to_adc 模块进行仿真。本实验已经提供了完整的测试文件 dac_to_adc_tb.vhd，可以直接参考 2.3 节步骤 7 对 dac_to_adc 模块进行仿真，仿真结果参考图 12-26。因为本实验是将 DAC 产生的波形连接到 ADC 中，所以仿真模拟的 ADC 输入与 DAC 输出是一样的。可以看到，每接收到 5 个波形数据，mcu_to_host_tx_i 便会向上位机发送一次波形数据包。

5．板级验证

本实验已提供了完整的引脚约束文件，参考 2.3 节步骤 9，将工程编译生成.bit 文件，并且将其下载到 FPGA 高级开发系统上，然后参考 12.3 节步骤 6 进行验证。

本 章 任 务

在第 12 章任务的基础上增加一个频率处理模块，分别检测到 3 个独立按键 KEY_1、KEY_2、KEY_3。按下 KEY_1 时，输出波形幅值按 "原幅值→1/2 幅值→1/4 幅值→原幅值" 的顺序每按一次进行一次切换；按下 KEY_2 时，输出波形按"正弦波→三角波→方波→正弦波"的顺序每按一次进行一次切换；按下 KEY_3 时，DAC 输出频率及 ADC 采样频率按"原频率→2 倍频率→1/2 频率→原频率"的顺序每按一次进行一次切换。

本 章 习 题

1．什么是 ADC？

2．简述 AD9280 芯片工作过程中的时序图。

3．AD9280 芯片采样频率最大是多少？如果 AD9708 芯片的时钟频率大于 AD9280 芯片的采样频率，则波形会发生什么变化？

4．输入信号幅值超过 ADC 参考电压范围将会有什么后果？

5．如何通过 AD9280 芯片检测 7.4V 锂电池的电压？

第14章　体温测量与显示实验

从本章开始，将通过体温测量与显示、呼吸监测与显示、心电监测与显示、血氧监测与显示和血压测量与显示 5 个实验，介绍常见的人体生理参数（体温、呼吸、心电、血氧和血压）的测量与显示。这些实验涉及独立按键、串口通信、七段数码管显示、OLED 显示等模块，既用到 FPGA 高级开发系统，还用到人体生理参数监测系统。这 5 个实验与生物医学工程和医疗器械工程专业密切相关。

14.1　实验内容

通过 FPGA 高级开发系统读取人体生理参数监测系统（使用说明见附录 B）发送来的体温数据包，解包后将体温数据显示在七段数码管上，实验原理框图如图 14-1 所示。人体生理参数监测系统测量的体温值为连接到该系统的体温探头 1 和体温探头 2 感应到的温度值。

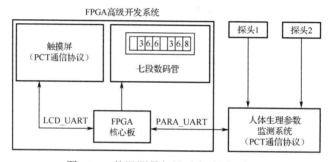

图 14-1　体温测量与显示实验原理框图

为了进行实验对照，还需要实现如下功能：①通过 PARA_UART 接收人体生理参数监测系统的数据包，并将接收的数据包通过 LCD_UART 发送至触摸屏；②通过 LCD_UART 接收触摸屏的命令包，并且将接收的命令包通过 PARA_UART 发送至人体生理参数监测系统。这样，就可以通过对比触摸屏（"体温测量与显示实验"界面）上显示的数值与七段数码管显示的数值，验证实验结果是否正确。

本实验需要将 PARA_UART 接收到的体温数据包进行解包处理，并且将解包后体温通道 1 的体温值显示在七段数码管的左侧，如图 14-2 所示。

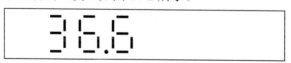

图 14-2　体温测量与显示实验结果

14.2　实验原理

14.2.1　体温数据包的 PCT 通信协议

完整的体温数据包和命令包参见本书配套资料包的 "08.软件资料\PCT 通信协议应用在 LY-M501 型人体生理参数监测说明.pdf" 文件。本实验只用到了体温数据包。

14.2.2　体温测量与显示实验内部电路图

体温测量与显示实验电路有 22 个引脚，引脚的名称、类型、约束及描述如表 14-1 所示。

表 14-1　体温测量与显示实验电路引脚说明

引 脚 名 称	引 脚 类 型	引 脚 约 束	引 脚 描 述
clk_i	in	V10	时钟输入，50MHz
rst_n_i	in	N7	复位输入，低电平复位
mcu_to_host_rx_i	in	E18	FPGA 接收监测系统数据的引脚
host_to_mcu_rx_i	in	K5	FPGA 接收显示屏命令的引脚
mcu_to_host_tx_o	out	K3	FPGA 发送数据给显示屏的引脚
host_to_mcu_tx_o	out	D18	FPGA 发送命令给监测系统的引脚
seg7_sel_o[7:0]	out	J6，J3，H5，H3， H4，G3，G6，F3	输出，控制七段数码管的位选引脚
seg7_seg_o[7:0]	out	G11，L15，K6，K15， K14，K13，L16，J7	输出，控制七段数码管的数据引脚

体温测量与显示实验内部电路图如图 14-3 所示。体温通道 1 数据和体温通道 2 数据从人体生理参数监测系统发送到 u_uart_mcu_to_host 模块，根据 PCT 通信协议对数据包进行解包操作，解包后的数据 s_t1dat_data[15:0]传输到 u_conv_num_temp1 模块中，数据转化为高、中、低位 3 组数据后，传输到 u_seg7_disp_temp 模块中显示。同时，在 u_uart_mcu_to_host 模块中，对解包后的数据进行打包，并通过 mcu_to_host_tx_o 引脚将数据包发送给触摸屏，从而实现在触摸屏上显示体温数据。

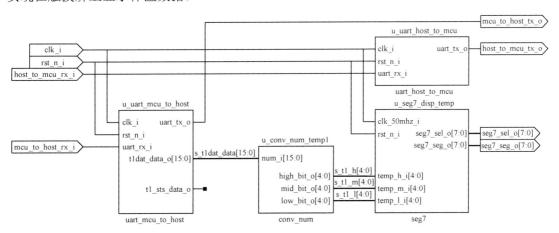

图 14-3　体温测量与显示实验内部电路图

体温数据包传输流程图如图 14-4 所示，FPGA 核心板通过 PARA_UART 接收来自人体生理参数监测系统发送的数据包，将数据包缓存到 FIFO 中，再从 FIFO 中获取数据包进行解包，然后对解包结果进行打包，最后将打包后的数据包通过 LCD_UART 发送至触摸屏。

体温数据包传输在 u_uart_mcu_to_host 模块中实现。u_uart_rec 模块用于接收来自人体生理参数监测系统的数据包，并且将数据包缓存在 u_uart_fifo 中，从 FIFO 中获取的数据包在 u_ pct_mcu_to_host 模块中进行解包和打包。t1dat_data_o[15:0]是解包后的其中一路的体温数据；t1_sts_data_o 是解包后的体温探头状态数据；s_tx_data[7:0]是打包后的数据包，通过 u_uart_trans 模块发送到触摸屏。

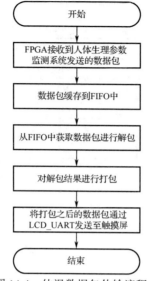

图 14-4　体温数据包传输流程图

七段数码管显示体温参数流程图如图 14-5 所示，在对解包结果进行处理的过程中，体温通道 1 的数据被保存到 FIFO 中。在 u_uart_mcu_to_host 模块中，通过 u_pct_mcu_to_host 模块解包得到 FIFO 中的体温数据，解包后的数据发送到 u_conv_num_temp1 模块，转化为高、中、低位 3 组数据，最后将转化后的数据发送到 u_seg7_disp_temp 模块，将数据的高、中、低位分别从左到右在七段数码管上显示。

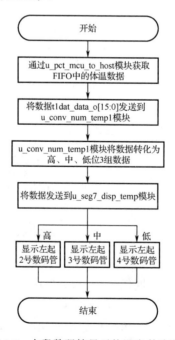

图 14-5　七段数码管显示体温参数流程图

体温数据包传输电路图如图 14-6 所示。

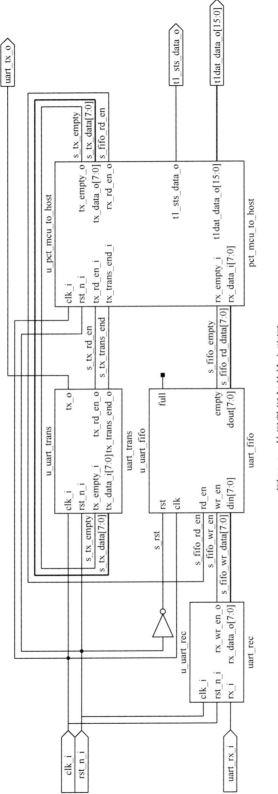

图14-6　体温数据包传输电路图

14.3 实验步骤

1. 复制工程文件夹并添加 VHDL 文件

将"D:\Spartan6FPGATest\Material"目录中的 exp13_temp 文件夹复制到"D:\Spartan6 FPGATest\Product"目录中。然后，双击运行"D:\Spartan6FPGATest\Product\exp13_temp\project"目录中的 temp.xise 文件打开工程，该工程的顶层文件为 temp.vhd。

2. 完善 pct_mcu_to_host.vhd 文件

打开 pct_mcu_to_host.vhd 文件，将程序清单 14-1 中的第 15 至 16 行代码输入实体声明部分，这部分代码完善的是 pct_mcu_to_host 模块中体温 1 数据和体温 1 探头状态的输出端口定义。

程序清单 14-1

```
1.   -------------------------------------------------------------------------
2.   --                          实体声明
3.   -------------------------------------------------------------------------
4.   entity pct_mcu_to_host is
5.     port(
6.       clk_i           : in  std_logic; --时钟输入，50MHz
7.       rst_n_i         : in  std_logic; --复位输入，低电平有效
8.       rx_data_i       : in  std_logic_vector(7 downto 0); --来自FIFO的并行数据输入
9.       rx_empty_i      : in  std_logic; --无并行数据等待传输（接收FIFO数据）标志位
10.      rx_rd_en_o      : out std_logic; --FIFO并行数据读使能
11.      tx_trans_end_i  : in  std_logic; --串口发送模块数据发送完成标志
12.      tx_data_o       : out std_logic_vector(7 downto 0); --发送到串口发送模块的并行数据
13.      tx_empty_o      : out std_logic; --无并行数据等待传输（发送数据到串口发送模块）标志
14.      tx_rd_en_i      : in  std_logic; --串口发送模块并行数据读使能
15.      t1_sts_data_o   : out std_logic; --体温1探头状态，1表示探头脱落
16.      t1dat_data_o    : out std_logic_vector(15 downto 0) --体温1数据
17.      );
18.  end entity;
```

在结构体的功能描述部分（关键字 begin 和 end rtl 之间），添加程序清单 14-2 中的进程代码，这段进程用于从解包结果中提取体温 1 探头状态和体温 1 数据，体温数据包的构成可参见本书配套资料包中的"08.软件资料\PCT 通信协议应用在 LY-M501 型人体生理参数监测说明.pdf"文件。然后参考 2.3 节步骤 5 检查语法。

程序清单 14-2

```
1.     --检测到体温数据时，显示到seg7
2.     process(clk_i, rst_n_i)
3.     begin
4.       if(rst_n_i = '0') then
5.         t1_sts_data_o <= '0'; --体温1探头状态，1表示探头脱落
6.         t1dat_data_o  <= (others => '0'); --体温1数据
7.       elsif rising_edge(clk_i) then
8.         if(s_pct_mod_id = MODULE_TEMP and s_pct_sec_id = DAT_TEMP_DATA)
9.           and (s_pct_send_rdy = '1') then
10.          t1_sts_data_o <= s_pct_data1(0);
11.          t1dat_data_o  <= s_pct_data2 & s_pct_data3;
12.        end if;
13.      end if;
14.    end process;
```

3. 完善 uart_mcu_to_host.vhd 文件

打开 uart_mcu_to_host.vhd 文件，将程序清单 14-3 中的第 10 至 11 行代码输入实体声明部分，这部分代码完善的是 uart_mcu_to_host 模块体温 1 数据和体温 1 探头状态的输出端口定义。

程序清单 14-3

```
1.    ------------------------------------------------------------------
2.    --                          实体声明
3.    ------------------------------------------------------------------
4.    entity uart_mcu_to_host is
5.      port(
6.        clk_i         : in  std_logic; --时钟输入，50MHz
7.        rst_n_i       : in  std_logic; --复位，低电平有效
8.        uart_rx_i     : in  std_logic; --串行数据输入
9.        uart_tx_o     : out std_logic; --串行数据输出
10.       t1_sts_data_o : out std_logic; --体温1探头状态，1表示探头脱落
11.       t1dat_data_o  : out std_logic_vector(15 downto 0) --体温1数据
12.       );
13.   end entity;
```

将程序清单 14-4 中的第 12 至 13 行代码输入结构体的 pct_mcu_to_host 元件声明部分。

程序清单 14-4

```
1.      component pct_mcu_to_host is
2.      port(
3.        clk_i         : in  std_logic; --时钟输入，50MHz
4.        rst_n_i       : in  std_logic; --复位输入，低电平有效
5.        rx_data_i     : in std_logic_vector(7 downto 0); --来自FIFO的并行数据输入
6.        rx_empty_i    : in std_logic;  --无并行数据等待传输（接收FIFO数据）标志位
7.        rx_rd_en_o    : out std_logic; --FIFO并行数据读使能
8.        tx_trans_end_i : in std_logic;  --串口发送模块数据发送完成标志
9.        tx_data_o     : out std_logic_vector(7 downto 0); --发送到串口发送模块的并行数据
10.       tx_empty_o    : out std_logic; --无并行数据等待传输（发送数据到串口发送模块）标志
11.       tx_rd_en_i    : in std_logic;  --串口发送模块并行数据读使能
12.       t1_sts_data_o : out std_logic; --体温1探头状态，1表示探头脱落
13.       t1dat_data_o  : out std_logic_vector(15 downto 0) --体温1数据
14.       );
15.     end component;
```

将程序清单 14-5 中的第 12 至 13 行代码输入结构体的 pct_mcu_to_host 元件例化部分，完成这些代码的输入之后，参考 2.3 节步骤 5 检查语法。

程序清单 14-5

```
1.    u_pct_mcu_to_host : pct_mcu_to_host
2.    port map(
3.      clk_i          => clk_i,
4.      rst_n_i        => rst_n_i,
5.      rx_data_i      => s_fifo_rd_data,
6.      rx_empty_i     => s_fifo_empty,
7.      rx_rd_en_o     => s_fifo_rd_en,
8.      tx_trans_end_i => s_tx_trans_end,
9.      tx_data_o      => s_tx_data,
10.     tx_empty_o     => s_tx_empty,
```

```
11.        tx_rd_en_i       => s_tx_rd_en,
12.        t1_sts_data_o    => t1_sts_data_o,
13.        t1dat_data_o     => t1dat_data_o
14.        );
```

4. 完善 temp.vhd 文件

打开 temp.vhd 文件，将程序清单 14-6 中的第 7 至 8 行代码代码输入结构体的
uart_mcu_to_host 元件声明部分。

程序清单 14-6

```
1.    component uart_mcu_to_host is
2.      port(
3.        clk_i         : in  std_logic; --时钟输入，50MHz
4.        rst_n_i       : in  std_logic; --复位，低电平有效
5.        uart_rx_i     : in  std_logic; --串行数据输入
6.        uart_tx_o     : out std_logic; --串行数据输出
7.        t1_sts_data_o : out std_logic; --体温 1 探头状态，1 表示探头脱落
8.        t1dat_data_o  : out std_logic_vector(15 downto 0) --体温 1 数据
9.        );
10.   end component;
```

将程序清单 14-7 中的代码输入结构体的声明部分（关键字 architecture 和 begin 之间）。

程序清单 14-7

```
1.    signal s_t1_sts_data : std_logic; --体温 1 探头状态，1 表示探头脱落
2.    signal s_t1dat_data  : std_logic_vector(15 downto 0); --体温 1 数据
3.
4.    signal s_t1_h : std_logic_vector(4 downto 0); --体温 1 最高位
5.    signal s_t1_m : std_logic_vector(4 downto 0); --体温 1 中间位
6.    signal s_t1_l : std_logic_vector(4 downto 0); --体温 1 最低位
```

将程序清单 14-8 中的第 7 至 8 行代码输入结构体的 uart_mcu_to_host 元件例化部分。

程序清单 14-8

```
1.    u_uart_mcu_to_host : uart_mcu_to_host
2.    port map(
3.      clk_i          => clk_i,
4.      rst_n_i        => rst_n_i,
5.      uart_rx_i      => mcu_to_host_rx_i,
6.      uart_tx_o      => mcu_to_host_tx_o,
7.      t1_sts_data_o  => s_t1_sts_data,
8.      t1dat_data_o   => s_t1dat_data
9.      );
```

将 temp.vhd 文件中 conv_num_temp1 元件例化连接的信号改为程序清单 14-9 中第 3 至 6
行的代码，这部分实现的是将体温 1 数据转换成高、中、低位 3 组数据，用于在 seg7 模块中
显示体温值。

程序清单 14-9

```
1.    u_conv_num_temp1 : conv_num
2.    port map(
3.      num_i      => s_t1dat_data,
4.      high_bit_o => s_t1_h,
5.      mid_bit_o  => s_t1_m,
```

```
6.        low_bit_o  => s_t1_l
7.      );
```

将 temp.vhd 文件中 seg7_disp_temp 的元件例化连接的信号改为程序清单 14-10 中的第 5 至 7 行的代码，完成这些代码的输入之后，参考 2.3 节步骤 5 检查语法。

程序清单 14-10

```
1.    u_seg7_disp_temp : seg7
2.    port map(
3.      clk_50mhz_i  => clk_i,
4.      rst_n_i      => rst_n_i,
5.      temp_l_i     => s_t1_l,
6.      temp_m_i     => '1' & s_t1_m(3 downto 0),--体温的中位数需要带小数点，所以将最高位置 1
7.      temp_h_i     => s_t1_h,
8.      seg7_sel_o   => seg7_sel_o,
9.      seg7_seg_o   => seg7_seg_o
10.     );
```

5. 板级验证

本实验已提供了完整的引脚约束文件，参考 2.3 节步骤 9，将工程编译生成.bit 文件，并且将其下载到 FPGA 高级开发系统上。下载完成后，将人体生理参数监测系统通过 USB 线连接到 FPGA 高级开发系统中的"参数板通信模块"的 USB 接口，将人体生理参数监测系统的"数据模式"设置为"演示模式"，将"通信模式"设置为"UART"，将"参数模式"设置为"五参"或"体温"。

可以观察到七段数码管上显示体温通道 1 的体温值（36.6），如图 14-7 所示。同时，将触摸屏切换到"体温测量与显示实验"界面，可以看到，触摸屏上的体温数值与七段数码管上的一致，表示实验成功。读者也可以将人体生理参数监测系统的"数据模式"设置为"实时模式"，通过体温探头测量模拟器的体温值。

图 14-7　体温测量与显示实验结果

本 章 任 务

在本实验的基础上增加以下功能：①在 pct_mcu_to_host 模块中，将解包结果中体温通道 2 数据和体温探头 2 状态信息分别保存在 t2_sts_data_o 和 t2_dat_data_o 中；②在 seg7 模块中显示体温通道 1 和体温通道 2 的体温值或探头脱落信息；③当两路体温探头连接时，七段数码管显示正常的体温值，如图 14-8 左图所示；④当两路体温探头未连接时，七段数码管的显示效果如图 14-8 右图所示。注意，本章任务需要将人体生理参数监测系统的"数据模式"由"演示模式"切换到"实时模式"，具体切换方式参见附录 B。

图 14-8　本章任务结果效果图

本 章 习 题

1. 本实验采用热敏电阻法测量人体体温，除此之外，是否还有其他方法可以测量人体体温？每种方法的优缺点是什么？

2. 如果体温通道 1 和体温通道 2 的探头均为连接状态，并且体温通道 1 和体温通道 2 的体温测量结果分别为 36.0℃和 36.2℃，那么定义的体温数据包应该是什么？

3. 人体生理参数监测系统发送到 FPGA 高级开发系统的体温数据包在哪个模块中进行解包处理？

第15章 呼吸监测与显示实验

本实验的设计思路是，由 FPGA 高级开发系统上的 FPGA 核心板对人体生理参数监测系统获取的呼吸率数据包进行解包，然后通过七段数码管显示呼吸率值（见图 15-1）。本实验要求在七段数码管上按照"RESP 20"的格式显示，如果导联脱落，则呼吸率数据包中的呼吸率为无效值，即"-100"，应按照"RESP --"的格式显示。

图 15-1 呼吸监测与显示实验结果

15.1 实验内容

呼吸监测与显示实验的原理框图如图 15-2 所示。该实验的数据来源于人体生理参数监测系统，该系统在"演示模式"下，呼吸率为 20 次/min；在"实时模式"下，需要将心电线缆的一端连接系统的 ECG/RESP 接口，另一端连接人体生理参数模拟器，才可以实时监测人体生理参数模拟器的呼吸信号。注意，在呼吸监测与显示实验中，禁止将心电线缆与人体相连。

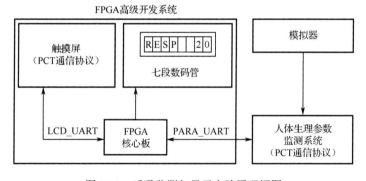

图 15-2 呼吸监测与显示实验原理框图

为了进行实验对照，还需要实现以下功能：①通过 PARA_UART 接收人体生理参数监测系统的数据包，并且将接收到的数据包通过 LCD_UART 发送至触摸屏；②通过 LCD_UART 接收触摸屏的命令包，并且将接收到的命令包通过 PARA_UART 发送至人体生理参数监测系统。这样，就可以通过对比触摸屏（"呼吸监测与显示实验"界面）上显示的数值与七段数码管显示的数值，验证实验是否正确。

15.2 实验原理

15.2.1 呼吸数据包的 PCT 通信协议

完整的呼吸率数据包和命令包参见本书配套资料包的"08.软件资料\PCT 通信协议应用

在 LY-M501 型人体生理参数监测说明.pdf"文件。本实验只用到了呼吸率数据包。

15.2.2　呼吸监测与显示实验内部电路图

呼吸监测与显示实验也涉及 22 个引脚，与第 14 章的相同，引脚说明如表 14-1 所示。

呼吸监测与显示实验内部电路图如图 15-3 所示。呼吸率数据从人体生理参数监测系统发送到 u_uart_mcu_to_host 模块，根据 PCT 通信协议对数据包进行解包操作，解包后的数据 s_rrdat_data[15:0]传输到 u_conv_num_rr 模块中，数据转化为高、中、低位 3 组数据后，传输到 u_seg7_disp_resp 模块中显示；同时，在 u_uart_mcu_to_host 模块中，对解包后的数据进行打包，并通过 mcu_to_host_tx_o 引脚将数据包发送给触摸屏，从而实现在触摸屏上显示呼吸波形和呼吸率数据。

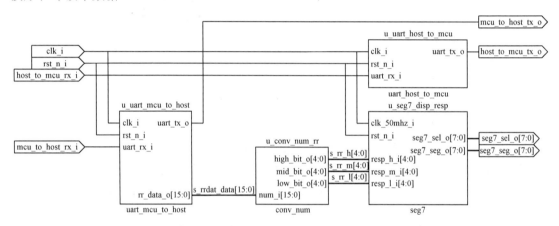

图 15-3　呼吸监测与显示实验内部电路图

呼吸数据包的传输流程和在七段数码管上的显示都与第 14 章的一致，此处不再介绍，可参考体温测量与显示实验。

15.3　实验步骤

1. 复制工程文件夹并添加 VHDL 文件

将"D:\Spartan6FPGATest\Material"目录中的 exp14_resp 文件夹复制到"D:\Spartan6 FPGATest\Product"目录中。然后，双击运行"D:\Spartan6FPGATest\Product\exp14_resp\project"目录中的 resp.xise 文件打开工程，该工程的顶层文件为 resp.vhd。

2. 完善 pct_mcu_to_host.vhd 文件

打开 pct_mcu_to_host.vhd 文件，将程序清单 15-1 中的第 15 行代码输入实体声明部分，这部分代码完善的是 pct_mcu_to_host 模块呼吸率数据的输出端口定义。

程序清单 15-1

```
1.  -----------------------------------------------------------------------
2.  --                          实体声明
3.  -----------------------------------------------------------------------
4.  entity pct_mcu_to_host is
5.    port(
6.      clk_i          : in  std_logic; --时钟输入，50MHz
7.      rst_n_i        : in  std_logic; --复位输入，低电平有效
```

```
8.       rx_data_i      : in  std_logic_vector(7 downto 0); --来自FIFO的并行数据输入
9.       rx_empty_i     : in  std_logic; --无并行数据等待传输（接收FIFO数据）标志位
10.      rx_rd_en_o     : out std_logic; --FIFO并行数据读使能
11.      tx_trans_end_i : in  std_logic; --串口发送模块数据发送完成标志
12.      tx_data_o      : out std_logic_vector(7 downto 0); --发送到串口发送模块的并行数据
13.      tx_empty_o     : out std_logic; --无并行数据等待传输（发送数据到串口发送模块）标志
14.      tx_rd_en_i     : in  std_logic; --串口发送模块并行数据读使能
15.      rrdat_data_o   : out std_logic_vector(15 downto 0) --呼吸率数据
16.      );
17. end entity;
```

在结构体的功能描述部分（关键字 begin 和 end rtl 之间），添加程序清单 15-2 中的进程代码，这段代码用于从解包结果中提取出呼吸率数据，呼吸率数据包的构成参见本书配套资料包的"08.软件资料\PCT 通信协议应用在 LY-M501 型人体生理参数监测说明.pdf"文件。然后参考 2.3 节步骤 5 检查语法。

程序清单 15-2

```
1.   --检测到呼吸率数据时，显示到seg7
2.   process(clk_i, rst_n_i)
3.   begin
4.     if(rst_n_i = '0') then
5.       rrdat_data_o <= (others => '0'); --呼吸率数据
6.     elsif rising_edge(clk_i) then
7.       if(s_pct_mod_id = MODULE_RESP and s_pct_sec_id = DAT_RESP_RR)
8.         and (s_pct_send_rdy = '1') then
9.         rrdat_data_o <= s_pct_data1 & s_pct_data2;
10.      end if;
11.    end if;
12.  end process;
```

3. 完善 uart_mcu_to_host.vhd 文件

打开 uart_mcu_to_host.vhd 文件，将程序清单 15-3 中的第 10 行代码输入实体声明部分，这部分代码完善的是 uart_mcu_to_host 模块呼吸率数据的输出端口定义。

程序清单 15-3

```
1.   -------------------------------------------------------------------------------
2.   --                          实体声明
3.   -------------------------------------------------------------------------------
4.   entity uart_mcu_to_host is
5.     port(
6.       clk_i        : in  std_logic; --时钟输入，50MHz
7.       rst_n_i      : in  std_logic; --复位输入，低电平有效
8.       uart_rx_i    : in  std_logic; --串行数据输入
9.       uart_tx_o    : out std_logic; --串行数据输出
10.      rrdat_data_o : out std_logic_vector(15 downto 0) --呼吸率数据
11.      );
12.  end entity;
```

将程序清单 15-4 中的第 12 行代码输入结构体的 pct_mcu_to_host 元件声明部分。

程序清单 15-4

```
1.   component pct_mcu_to_host is
2.     port(
```

```
3.      clk_i           : in  std_logic; --时钟输入，50MHz
4.      rst_n_i         : in  std_logic; --复位输入，低电平有效
5.      rx_data_i       : in  std_logic_vector(7 downto 0); --来自 FIFO 的并行数据输入
6.      rx_empty_i      : in  std_logic; --无并行数据等待传输（接收 FIFO 数据）标志位
7.      rx_rd_en_o      : out std_logic; --FIFO 并行数据读使能
8.      tx_trans_end_i  : in  std_logic; --串口发送模块数据发送完成标志
9.      tx_data_o       : out std_logic_vector(7 downto 0); --发送到串口发送模块的并行数据
10.     tx_empty_o      : out std_logic; --无并行数据等待传输（发送数据到串口发送模块）标志
11.     tx_rd_en_i      : in  std_logic; --串口发送模块并行数据读使能
12.     rrdat_data_o    : out std_logic_vector(15 downto 0)  --呼吸率数据
13.     );
14. end component;
```

将程序清单 15-5 中的第 12 行代码输入结构体的 pct_mcu_to_host 元件例化部分，然后参考 2.3 节步骤 5 检查语法。

程序清单 15-5

```
1.  u_pct_mcu_to_host : pct_mcu_to_host
2.  port map(
3.      clk_i           => clk_i,
4.      rst_n_i         => rst_n_i,
5.      rx_data_i       => s_fifo_rd_data,
6.      rx_empty_i      => s_fifo_empty,
7.      rx_rd_en_o      => s_fifo_rd_en,
8.      tx_trans_end_i  => s_tx_trans_end,
9.      tx_data_o       => s_tx_data,
10.     tx_empty_o      => s_tx_empty,
11.     tx_rd_en_i      => s_tx_rd_en,
12.     rrdat_data_o    => rrdat_data_o
13.     );
```

4. 完善 resp.vhd 文件

打开 resp.vhd 文件，将程序清单 15-6 中的第 7 行代码输入结构体的 uart_mcu_to_host 元件声明部分。

程序清单 15-6

```
1.  component uart_mcu_to_host is
2.    port(
3.      clk_i        : in  std_logic; --时钟输入，50MHz
4.      rst_n_i      : in  std_logic; --复位输入，低电平有效
5.      uart_rx_i    : in  std_logic; --串行数据输入
6.      uart_tx_o    : out std_logic; --串行数据输出
7.      rrdat_data_o : out std_logic_vector(15 downto 0) --呼吸率数据
8.      );
9.    end component;
```

将程序清单 15-7 中的代码输入结构体的声明部分（关键字 architecture 和 begin 之间），这部分代码是结构体的中间信号定义。

程序清单 15-7

```
1.  signal s_rrdat_data  : std_logic_vector(15 downto 0); --呼吸率数据
2.
3.  signal s_rr_h : std_logic_vector(4 downto 0); --呼吸率最高位
```

```
4.    signal s_rr_m : std_logic_vector(4 downto 0); --呼吸率中间位
5.    signal s_rr_l : std_logic_vector(4 downto 0); --呼吸率最低位
```

将程序清单 15-8 中的第 7 行代码输入结构体的 uart_mcu_to_host 元件例化部分。

程序清单 15-8

```
1.    u_uart_mcu_to_host : uart_mcu_to_host
2.    port map(
3.      clk_i         => clk_i,
4.      rst_n_i       => rst_n_i,
5.      uart_rx_i     => mcu_to_host_rx_i,
6.      uart_tx_o     => mcu_to_host_tx_o,
7.      rrdat_data_o  => s_rrdat_data
8.      );
```

将 resp.vhd 文件中 conv_num 元件例化连接的信号改为程序清单 15-9 中第 3 至 6 行的代码，这部分代码用于将呼吸率数据转换成高、中、低位 3 组数据，用于在 seg7 模块中显示呼吸率值。

程序清单 15-9

```
1.    u_conv_num_rr : conv_num
2.    port map(
3.      num_i      => s_rrdat_data,
4.      high_bit_o => s_rr_h,
5.      mid_bit_o  => s_rr_m,
6.      low_bit_o  => s_rr_l
7.      );
```

将 resp.vhd 文件中 seg7_disp_temp 的元件例化连接的信号改为程序清单 15-10 中第 5 至 7 行的代码，然后参考 2.3 节步骤 5 检查语法。

程序清单 15-10

```
1.    u_seg7_disp_resp : seg7
2.    port map(
3.      clk_50mhz_i => clk_i,
4.      rst_n_i     => rst_n_i,
5.      resp_l_i    => s_rr_l,
6.      resp_m_i    => s_rr_m,
7.      resp_h_i    => s_rr_h,
8.      seg7_sel_o  => seg7_sel_o,
9.      seg7_seg_o  => seg7_seg_o
10.     );
```

5. 板级验证

本实验已提供了完整的引脚约束文件，参考 2.3 节步骤 9，将工程编译生成.bit 文件，并且将其下载到 FPGA 高级开发系统上。下载完成后，将人体生理参数监测系统通过 USB 连接线连接到 FPGA 高级开发系统右侧的 USB 接口上，将人体生理参数监测系统的"数据模式"设置为"演示模式"，将"通信模式"设置为"UART"，将"参数模式"设置为"五参"或"呼吸"。

可以观察到，七段数码管上显示呼吸率值（20），如图 15-4 所示。同时，将触摸屏切换到"呼吸监测与显示实验"界面，可以观察到触摸屏上显示的呼吸率值与七段数码管显示的一致，表示实验成功。读者也可以将人体生理参数监测系统的"数据模式"设置为"实时模式，通过心电线缆测量模拟器的呼吸率。

图 15-4 呼吸测量与显示实验结果

本 章 任 务

在本实验的基础上增加以下功能：①当呼吸率值不为-100（1111111110011100）时，七段数码管显示正常的呼吸率值，如图 15-5 左图所示，同时 LED_0 保持熄灭状态；②当呼吸率值为-100 时，七段数码管显示"RESP --"，如图 15-5 右图所示，同时 LED_0 每 500ms 闪烁一次。注意，需要将人体生理参数监测系统的"数据模式"由"演示模式"切换到"实时模式"，切换方式参见附录 B，并通过心电线缆将人体生理参数监测系统连接到人体生理参数模拟器。

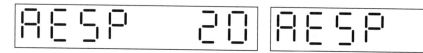

图 15-5 本章任务结果效果图

本 章 习 题

1. 呼吸率的单位是次/min，解释该单位的意义。

2. 正常成人呼吸率的取值范围是什么？正常新生儿呼吸率的取值范围是什么？

3. 如果呼吸率为 25 次/min，则该呼吸率数据包是什么？

4. 本实验采用阻抗法测呼吸，通过人体生理参数模拟器验证人体生理参数监测系统采用的是 RA-LA 导联连接方式，还是 RA-LL 导联连接方式。

5. 除了阻抗法测呼吸，还有哪些方法可以测量呼吸？

6. 什么是腹式呼吸？什么是胸式呼吸？

第 16 章 心电监测与显示实验

本实验的设计思路是：FPGA 高级开发系统上的 FPGA 核心板对人体生理参数监测系统发送的心率和心电导联信息数据包进行解包，然后将心率值和 RA 导联信息显示到 OLED 显示屏上。心率按照“HR：60”格式显示，如果心率为无效值（-100 代表无效值），则显示“HR：---”；当导联脱落时，显示“RA:OFF”，当导联连接时，显示“RA:ON”。本章任务要求在 OLED 显示屏上显示所有导联脱落信息和心率值。

16.1 实验内容

心电监测与显示实验原理如图 16-1 所示。该实验的数据来源于人体生理参数监测系统，该系统在“演示模式”下工作，心率为 60 次/min；若在“实时模式”下，则需要将心电线缆的一端连接该系统的 ECG/RESP 接口，另一端连接人体生理参数模拟器，这样才可以实时监测模拟器的心电信号。注意，不允许将心电线缆与人体连接。

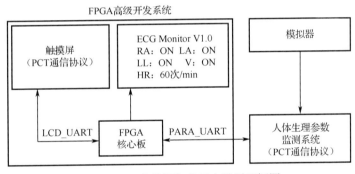

图 16-1 心电监测与显示实验原理框图

为了进行实验对照，还需要实现如下功能：①通过 PARA_UART 接收人体生理参数监测系统的数据包，并且将接收到的数据包通过 LCD_UART 发送至触摸屏；②通过 LCD_UART 接收触摸屏的命令包，并且将接收到的命令包通过 PARA_UART 发送至人体生理参数监测系统。这样，就可以通过对比触摸屏（“心电监测与显示实验”界面）上显示的数值与 OLED 显示屏上的数值，验证实验是否正确。

本实验需要将 PARA_UART 接收的心率和心电导联信息数据包进行解包处理，并且将解包结果中的心率值和 RA 导联信息显示在 OLED 显示屏上，其他 3 个导联信息固定显示为 OFF，如图 16-2 所示（在本章中，bpm 表示心率的单位次/min）。

0	8	16	24	32	40	48	56	64	72	80	88	96	104	112	120
E	C	G		M	o	n	i	t	o	r		V	1	.	0
	R	A	:		O	N		L	A	:	O	F	F		
	L	L	:	O	F	F			V	:	O	F	F		
	H	R	:		6	0	b	p	m						

图 16-2 心电监测与显示实验结果

16.2　实验原理

16.2.1　心电数据包的 PCT 通信协议

完整的心电数据包和命令包参见本书配套资料包的"08.软件资料\PCT 通信协议应用在 LY-M501 型人体生理参数监测说明.pdf"文件。本实验只用到了心电数据包。

16.2.2　心电监测与显示实验内部电路图

心电监测与显示实验电路有 11 个引脚，引脚的名称、类型、约束及描述如表 16-1 所示。

表 16-1　心电监测与显示实验电路引脚说明

引 脚 名 称	引 脚 类 型	引 脚 约 束	引 脚 描 述
clk_i	in	T8	时钟输入，50MHz
rst_n_i	in	L3	复位输入，低电平复位
mcu_to_host_rx_i	in	M3	FPGA 接收监测系统数据的引脚
host_to_mcu_rx_i	in	C7	FPGA 接收显示屏命令的引脚
mcu_to_host_tx_o	out	C8	FPGA 发送数据给显示屏的引脚
host_to_mcu_tx_o	out	R1	FPGA 发送命令给监测系统的引脚
oled_cs_o	out	L8	连接 OLED 模块的 CS 引脚
oled_res_o	out	L5	连接 OLED 模块的 RES 引脚
oled_dc_o	out	N9	连接 OLED 模块的 DC 引脚
oled_sck_o	out	P9	连接 OLED 模块的 SCK 引脚
oled_din_o	out	P8	连接 OLED 模块的 DIN 引脚

心电监测与显示实验内部电路图如图 16-3 所示。心率和心电导联信息数据从人体生理参数监测系统发送到 u_uart_mcu_to_host 模块，根据 PCT 通信协议对数据包进行解包操作，解包后的心率数据 s_hrdat_data[15:0]和 RA 导联信息数据 s_ra_sts_data 传输到 u_oled_disp_ecg 模块中显示；同时，在 u_uart_mcu_to_host 模块中，对解包后的数据进行打包，并通过 mcu_to_host_tx_o 引脚将数据包发送给触摸屏，从而实现在触摸屏上显示心电波形、心电导联信息和心率数据。

心电数据包的传输流程与体温的一致，此处不再介绍，可参考体温测量与显示实验。

OLED 显示心电参数流程图如图 16-4 所示，在对解包结果进行处理的过程中，心电参数数据被保存至 FIFO 中。在 u_uart_mcu_to_host 模块中，通过 u_pct_mcu_to_host 模块解包得到 FIFO 中的心电参数数据，将解包后的心率和导联信息数据发送到 u_oled_disp_ecg 模块。

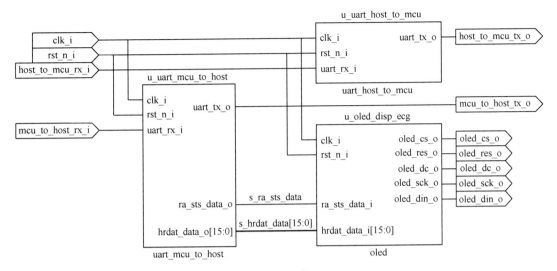

图 16-3　心电监测与显示实验内部电路图

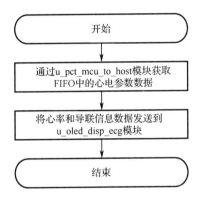

图 16-4　OLED 显示心电参数流程图

16.3　实验步骤

1. 复制工程文件夹并添加 VHDL 文件

将"D:\Spartan6FPGATest\Material"目录中的"exp15_ecg"文件夹复制到"D:\Spartan6
FPGATest\Product"目录中。然后,双击运行"D:\Spartan6FPGATest\Product\exp15_ecg\project"
目录中的 ecg.xise 文件打开工程,该工程的顶层文件为 ecg.vhd。

2. 完善 pct_mcu_to_host.vhd 文件

打开 pct_mcu_to_host.vhd 文件,将程序清单 16-1 中的第 15 至 16 行代码输入实体声明部
分,这部分代码完善的是 pct_mcu_to_host 模块心电 RA 探头状态和心率数据的输出端口定义。

程序清单 16-1

```
1.  -----------------------------------------------------------------------------
2.  --                          实体声明
3.  -----------------------------------------------------------------------------
4.  entity pct_mcu_to_host is
5.    port(
6.      clk_i          : in  std_logic; --时钟输入,50MHz
7.      rst_n_i        : in  std_logic; --复位输入,低电平有效
```

```
8.      rx_data_i     : in  std_logic_vector(7 downto 0); --来自 FIFO 的并行数据输入
9.      rx_empty_i    : in  std_logic; --无并行数据等待传输（接收 FIFO 数据）标志位
10.     rx_rd_en_o    : out std_logic; --FIFO 并行数据读使能
11.     tx_trans_end_i : in  std_logic; --串口发送模块数据发送完成标志
12.     tx_data_o     : out std_logic_vector(7 downto 0); --发送到串口发送模块的并行数据
13.     tx_empty_o    : out std_logic; --无并行数据等待传输（发送数据到串口发送模块）标志
14.     tx_rd_en_i    : in  std_logic; --串口发送模块并行数据读使能
15.     ra_sts_data_o : out std_logic; --心电 RA 探头状态，1 表示探头脱落
16.     hrdat_data_o  : out std_logic_vector(15 downto 0) --心率数据
17.     );
18. end entity;
```

在结构体的功能描述部分（关键字 begin 和 end rtl 之间），添加程序清单 16-2 中的进程代码，这段代码用于从解包结果中提取心电 RA 探头状态和心率数据，心电数据包的构成参见本书配套资料包的"08.软件资料\PCT 通信协议应用在 LY-M501 型人体生理参数监测说明.pdf"文件。然后参考 2.3 节步骤 5 检查语法。

程序清单 16-2

```
1.  --检测到 ECG 数据时，显示到 OLED
2.  process(clk_i, rst_n_i)
3.  begin
4.    if(rst_n_i = '0') then
5.      ra_sts_data_o <= '0'; --ECG 的 RA 探头状态，1 表示探头脱落
6.      hrdat_data_o  <= (others => '0'); --心率数据
7.    elsif rising_edge(clk_i) then
8.      if(s_pct_mod_id = MODULE_ECG and s_pct_sec_id = DAT_ECG_LEAD)
9.        and(s_pct_send_rdy = '1') then
10.       ra_sts_data_o <= s_pct_data1(2);
11.     elsif(s_pct_mod_id = MODULE_ECG and s_pct_sec_id = DAT_ECG_HR)
12.       and(s_pct_send_rdy = '1') then
13.       hrdat_data_o <= s_pct_data1 & s_pct_data2;
14.     end if;
15.   end if;
16. end process;
```

3. 完善 uart_mcu_to_host.vhd 文件

打开 uart_mcu_to_host.vhd 文件，将程序清单 16-3 中的第 10 至 11 行代码输入实体声明部分，这部分代码完善的是 uart_mcu_to_host 模块心电 RA 探头数据和心率数据的输出端口定义。

程序清单 16-3

```
1.  -----------------------------------------------------------------------------
2.  --                          实体声明
3.  -----------------------------------------------------------------------------
4.  entity uart_mcu_to_host is
5.    port(
6.      clk_i         : in  std_logic; --时钟输入，50MHz
7.      rst_n_i       : in  std_logic; --复位，低电平有效
8.      uart_rx_i     : in  std_logic; --串行数据输入
9.      uart_tx_o     : out std_logic; --串行数据输出
10.     ra_sts_data_o : out std_logic; --心电 RA 探头状态，1 表示探头脱落
11.     hrdat_data_o  : out std_logic_vector(15 downto 0) --心率数据
12.     );
13. end entity;
```

将程序清单 16-4 中的第 12 至 13 行代码输入结构体的 pct_mcu_to_host 元件声明部分。

程序清单 16-4

```
1.      component pct_mcu_to_host is
2.      port(
3.        clk_i          : in  std_logic; --时钟输入，50MHz
4.        rst_n_i        : in  std_logic; --复位输入，低电平有效
5.        rx_data_i      : in std_logic_vector(7 downto 0); --来自FIFO的并行数据输入
6.        rx_empty_i     : in std_logic;   --无并行数据等待传输（接收FIFO数据）标志位
7.        rx_rd_en_o     : out std_logic; --FIFO并行数据读使能
8.        tx_trans_end_i : in std_logic;   --串口发送模块数据发送完成标志
9.        tx_data_o      : out std_logic_vector(7 downto 0); --发送到串口发送模块的并行数据
10.       tx_empty_o     : out std_logic; --无并行数据等待传输（发送数据到串口发送模块）标志
11.       tx_rd_en_i     : in std_logic;   --串口发送模块并行数据读使能
12.       ra_sts_data_o  : out std_logic; --ECG 的 RA 探头状态，1 表示探头脱落
13.       hrdat_data_o   : out std_logic_vector(15 downto 0) --心率数据
14.       );
15.     end component;
```

将程序清单 16-5 中的第 12 至 13 行代码输入结构体的 pct_mcu_to_host 元件例化部分，完成这些代码的输入之后，参考 2.3 节步骤 5 检查语法。

程序清单 16-5

```
1.      u_pct_mcu_to_host : pct_mcu_to_host
2.      port map(
3.        clk_i          => clk_i,
4.        rst_n_i        => rst_n_i,
5.        rx_data_i      => s_fifo_rd_data,
6.        rx_empty_i     => s_fifo_empty,
7.        rx_rd_en_o     => s_fifo_rd_en,
8.        tx_trans_end_i => s_tx_trans_end,
9.        tx_data_o      => s_tx_data,
10.       tx_empty_o     => s_tx_empty,
11.       tx_rd_en_i     => s_tx_rd_en,
12.       ra_sts_data_o  => ra_sts_data_o,
13.       hrdat_data_o   => hrdat_data_o
14.       );
```

4. 完善 oled.vhd 文件

打开 oled.vhd 文件，将程序清单 16-6 中第 8 至 9 行的代码输入 oled 模块的实体声明中。

程序清单 16-6

```
1.      -------------------------------------------------------------------------------
2.      --                              实体声明
3.      -------------------------------------------------------------------------------
4.      entity oled is
5.       port(
6.        clk_i          : in  std_logic; --时钟输入，50MHz
7.        rst_n_i        : in  std_logic; --复位输入，低电平有效
8.        ra_sts_data_i  : in  std_logic; --ECG 的 RA 探头状态，1 表示探头脱落
9.        hrdat_data_i   : in  std_logic_vector(15 downto 0); --心率数据
10.       oled_cs_o      : out std_logic; --OLED 片选信号，低电平有效
11.       oled_res_o     : out std_logic; --OLED 复位引脚，低电平有效
12.       oled_dc_o      : out std_logic; --OLED 数据/命令控制，1 表示传输数据，0 表示传输命令
13.       oled_sck_o     : out std_logic; --OLED 时钟线
```

```
14.        oled_din_o    : out std_logic  --OLED 数据线
15.        );
16.  end entity;
```

将程序清单 16-7 中的代码输入结构体的声明部分（关键字 architecture 和 begin 之间），这部分是 OLED 心电数据显示相关的数组类型和中间信号定义。

程序清单 16-7

```
1.    --连接和脱落状态，脱落为 OFF，连接为 ON
2.    type t_arr_disp_on_off is array (0 to 2) of character;
3.
4.    signal s_arr_ra_sts_disp : t_arr_disp_on_off; --ECG 的 LA 探头状态
5.    signal s_hrdat_data      : std_logic_vector(15 downto 0); --心率数据
6.
7.    signal s_arr_hrdat_char : t_arr_disp_num_char; --心率数据转换之后的字符
8.    signal s_arr_hrdat_disp : t_arr_disp_num_char; --OLED 上显示的心率/无效心率
```

将程序清单 16-8 中的代码输入结构体的声明部分（关键字 architecture 和 begin 之间），这部分是结构体的 oled_disp_num 元件声明部分。

程序清单 16-8

```
1.    component oled_disp_num is
2.      port(
3.        num_i     : in  std_logic_vector(15 downto 0); --数据输入
4.        arr_char_o : out t_arr_disp_num_char --字符输出
5.        );
6.    end component;
```

将程序清单 16-9 中的代码输入结构体的功能描述部分（关键字 begin 和 end rtl 之间），然后参考 2.3 节步骤 5 检查语法，下面对关键语句进行解释。

（1）第 1 至 3 行代码：当心率小于 300 时，显示的数值为实际心率值，反之则显示为 0。

（2）第 5 至 9 行代码：oled_disp_num 的元件例化。

（3）第 11 至 17 行代码：根据 RA 探头状态信号显示字符，RA 脱落时显示 OFF，连接时显示 ON；显示实时心率值。

（4）第 19 至 26 行代码：设置 OLED 的 4 行 64 个待显示字符。

程序清单 16-9

```
1.    --"100101100"为 300，即心率的最大值
2.    s_hrdat_data <= hrdat_data_i when(hrdat_data_i <= "0000000100101100")
3.      else "0000000000000000";
4.
5.    u_oled_disp_hrdat : oled_disp_num
6.    port map(
7.      num_i     => s_hrdat_data,
8.      arr_char_o => s_arr_hrdat_char
9.      );
10.
11.   --ECG 的 RA 探头状态，脱落为 OFF，连接为 ON
12.   s_arr_ra_sts_disp <= (' ', 'O', 'N') when ra_sts_data_i = '0'
13.     else ('O','F','F');
14.
15.   --"100101100"为 300，即心率的最大值，"1111111110011100"为-100，即无效数
16.   --心率值大于 300，或为-100 时，心率值无效，显示"---"
```

```
17.    s_arr_hrdat_disp <= (s_arr_hrdat_char(2), s_arr_hrdat_char(1), s_arr_hrdat_char(0));
18.
19.    --设置 OLED 的 4 行 64 个待显示字符
20.    s_arr_row0_char <= ('E', 'C', 'G', ' ', 'M', 'o', 'n', 'i', 't', 'o', 'r', ' ', 'V', '1',
                                                                        '.', '0');
21.
22.    s_arr_row1_char <= (' ', 'R', 'A', ':', s_arr_ra_sts_disp(0), s_arr_ra_sts_disp(1),
                         s_arr_ra_sts_disp(2), ' ', ' ', 'L', 'A', ':', 'O', 'F', 'F', ' ');
23.
24.    s_arr_row2_char <= (' ', 'L', 'L', ':', 'O', 'F', 'F', ' ', ' ', ' ', 'V', ':', 'O', 'F',
                                                                        'F', ' ');
25.
26.    s_arr_row3_char <= (' ', 'H', 'R', ':', s_arr_hrdat_disp(0), s_arr_hrdat_disp(1),
                         s_arr_hrdat_disp(2), 'b', 'p', 'm', ' ', ' ', ' ', ' ', ' ', ' ');
```

5. 完善 ecg.vhd 文件

打开 ecg.vhd 文件，将程序清单 16-10 中的第 7 至 8 行代码输入 uart_mcu_to_host 元件声明部分。

程序清单 16-10

```
1.    component uart_mcu_to_host is
2.      port(
3.        clk_i          : in  std_logic; --时钟输入，50MHz
4.        rst_n_i        : in  std_logic; --复位，低电平有效
5.        uart_rx_i      : in  std_logic; --串行数据输入
6.        uart_tx_o      : out std_logic; --串行数据输出
7.        ra_sts_data_o  : out std_logic; --心电 RA 探头状态，1 表示探头脱落
8.        hrdat_data_o   : out std_logic_vector(15 downto 0) --心率数据
9.        );
10.   end component;
```

将程序清单 16-11 中的第 5 至 6 行代码输入 oled 元件声明部分。

程序清单 16-11

```
1.    component oled is
2.      port(
3.        clk_i          : in  std_logic; --时钟输入，50MHz
4.        rst_n_i        : in  std_logic; --复位输入，低电平有效
5.        ra_sts_data_i  : in  std_logic; --ECG 的 RA 探头状态，1 表示探头脱落
6.        hrdat_data_i   : in  std_logic_vector(15 downto 0); --心率数据
7.        oled_cs_o      : out std_logic; --OLED 片选信号，低电平有效
8.        oled_res_o     : out std_logic; --OLED 复位引脚，低电平有效
9.        oled_dc_o      : out std_logic; --OLED 数据/命令控制，1 表示传输数据，0 表示传输命令
10.       oled_sck_o     : out std_logic; --OLED 时钟线
11.       oled_din_o     : out std_logic  --OLED 数据线
12.       );
13.   end component;
```

将程序清单 16-12 中的代码输入结构体的声明部分（关键字 architecture 和 begin 之间），这部分是 ecg 模块结构体的中间信号定义。

程序清单 16-12

```
1.    signal s_ra_sts_data : std_logic; --ECG 的 RA 探头状态，1 表示探头脱落
2.
```

```
3.     signal s_hrdat_data  : std_logic_vector(15 downto 0); --心率数据
```

将程序清单 16-13 中的第 7 至 8 行代码输入 u_uart_mcu_to_host 元件例化部分，这部分代码用于输出 RA 导联信息和心率值。

程序清单 16-13

```
1.     u_uart_mcu_to_host : uart_mcu_to_host
2.     port map(
3.       clk_i           => clk_i,
4.       rst_n_i         => rst_n_i,
5.       uart_rx_i       => mcu_to_host_rx_i,
6.       uart_tx_o       => mcu_to_host_tx_o,
7.       ra_sts_data_o   => s_ra_sts_data,
8.       hrdat_data_o    => s_hrdat_data
9.       );
```

最后将程序清单 16-14 中第 5 至 6 行代码输入 u_oled_disp_ecg 元件例化部分，这部分代码用于将 RA 导联信息和心率值输入 oled 模块中进行显示。

程序清单 16-14

```
1.     u_oled_disp_ecg : oled
2.     port map(
3.       clk_i           => clk_i,
4.       rst_n_i         => rst_n_i,
5.       ra_sts_data_i   => s_ra_sts_data,
6.       hrdat_data_i    => s_hrdat_data,
7.       oled_cs_o       => oled_cs_o,
8.       oled_res_o      => oled_res_o,
9.       oled_dc_o       => oled_dc_o,
10.      oled_sck_o      => oled_sck_o,
11.      oled_din_o      => oled_din_o
12.      );
```

6. 板级验证

本实验已提供了完整的引脚约束文件，参考 2.3 节步骤 9，将工程编译生成.bit 文件，并将其下载到 FPGA 高级开发系统上。下载完成后，将人体生理参数监测系统通过 USB 连接线连接到 FPGA 高级开发系统右侧的 USB 接口上，将人体生理参数监测系统的"数据模式"设置为"演示模式"，将"通信模式"设置为"UART"，将"参数模式"设置为"五参"或"心电"。

可以观察到，OLED 显示屏上显示 ECG 的 RA 导联脱落信息（ON 表示连接、OFF 表示脱落）和心率值，如图 16-5 所示。同时，将触摸屏切换到"心电监测与显示实验"界面，可以观察到触摸屏上的 RA 导联脱落信息和心率值与 OLED 显示屏上的一致，表示实验成功。读者也可以将人体生理参数监测系统的"数据模式"设置为"实时模式"，通过心电线缆测量模拟器的心率和导联脱落信息。

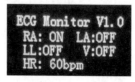

图 16-5 心电测量与显示实验结果

本 章 任 务

在本实验的基础上增加以下功能：①在 pct_mcu_to_host 模块中获取心电导联信息，将 LA、LL 和 V 导联信息分别保存于 la_sts_data_o、ll_sts_data_o 和 v_sts_data_o 中，并且最终显示到 OLED 显示屏上；②当所有导联正常连接时，OLED 显示屏显示的心电参数格式如图 16-6 左图所示；③当所有导联脱落时，OLED 显示屏显示的心电参数格式如图 16-6 右图所示。注意，本章任务需要将人体生理参数监测系统的"数据模式"由"演示模式"切换到"实时模式"，切换方式参考附录 B，并通过心电线缆将人体生理参数监测系统连接到模拟器。

0 8 16 24 32 40 48 56 64 72 80 88 96 104 112 120															
E	C	G		M	o	n	i	t	o	r		V	1	.	0
R	A	:		O	N		L	A	:		O	N			
L	L	:		O	N			V	:		O	N			
H	R	:			6	0	b	p	m						

0 8 16 24 32 40 48 56 64 72 80 88 96 104 112 120															
E	C	G		M	o	n	i	t	o	r		V	1	.	0
R	A	:	O	F	F		L	A	:	O	F	F			
L	L	:	O	F	F			V	:	O	F	F			
H	R	:	-	-	-	b	p	m							

图 16-6 显示效果图

本 章 习 题

1. 简述心电信号检测原理。

2. 心电的导联信息 RA、LA、RL、LL 和 V 分别代表什么？

3. 正常成人心率的取值范围是什么？正常新生儿心率的取值范围是什么？

4. 如果心率为 80 次/min，则心率数据包是什么？

第17章 血氧监测与显示实验

本实验的基本原理是，由 FPGA 高级开发系统上的 FPGA 核心板将人体生理参数监测系统发送来的血氧波形数据包和血氧参数数据包解包，并在 OLED 显示屏上显示血氧饱和度值和探头脱落信息。血氧饱和度按照"SPO2：96%"的格式显示，如果血氧饱和度为无效值（-100代表无效值），则显示为"SPO2：--%"的格式；探头脱落时显示为"SO：OFF"，探头连接时显示为"SO：ON"。本章任务是在 OLED 显示屏上显示出探头脱落信息和手指脱落信息，以及血氧饱和度值和脉率值。

17.1 实验内容

FPGA 高级开发系统读取人体生理参数监测系统发送来的血氧波形数据包和血氧参数数据包，并将其解包，然后将解包之后的血氧饱和度和脉率值以及探头脱落信息和手指脱落信息显示在 OLED 显示屏上，如图 17-1 所示。本实验的数据来源于人体生理参数监测系统，该系统在"演示模式"下，血氧饱和度为 96%，脉率为 75 次/min；在"实时模式"下，需要将血氧探头的一端连接系统侧面的 SPO2 接口，另一端连接人体生理参数模拟器或人体手指，这样就可以实时监测模拟器或人体的血氧信号。本实验的结果如图 17-2 所示，其中，手指脱落信息显示为"FO:OFF"，同时在本章中 bpm 表示脉率的单位次/min。

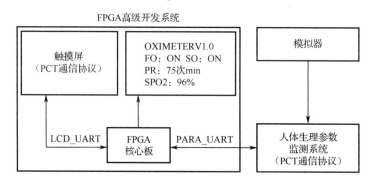

图 17-1 血氧监测与显示实验原理框图

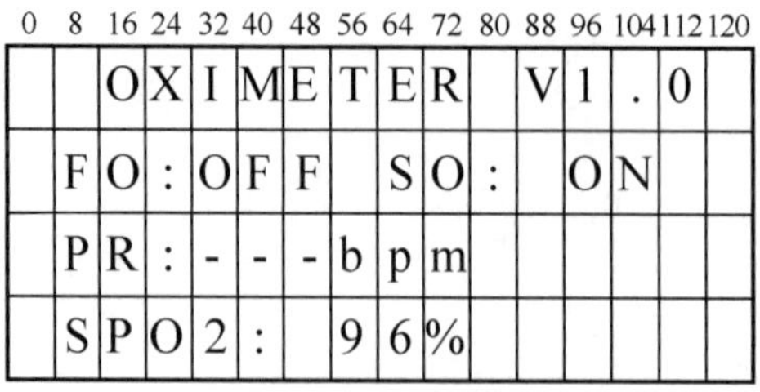

图 17-2 血氧监测与显示实验结果

为了进行实验对照，还需要实现如下功能：①通过 PARA_UART 接收人体生理参数监测系统的数据包，并且将其通过 LCD_UART 发送至触摸屏；②通过 LCD_UART 接收触摸屏的命令包，并且将通过 PARA_UART 发送至人体生理参数监测系统。这样，就可以通过对比触摸屏（"血氧监测与显示实验"界面）上显示的数值与 OLED 显示屏上的数值，验证实验是否正确。

17.2　实验原理

17.2.1　血氧数据包的 PCT 通信协议

完整的血氧数据包和命令包参见本书配套资料包的"08.软件资料\PCT 通信协议应用在 LY-M501 型人体生理参数监测说明.pdf"文件。本实验只用到了血氧波形数据包和血氧参数数据包。

17.2.2　血氧监测与显示实验内部电路图

血氧监测与显示实验电路有 11 个引脚，与第 16 章的相同，引脚说明如表 16-1 所示。

血氧监测与显示实验内部电路图如图 17-3 所示。血氧波形数据包和血氧参数数据包从人体生理参数监测系统发送到 u_uart_mcu_to_host 模块，根据 PCT 通信协议对数据包进行解包操作，解包后的探头状态 s_so_sts_data 和血氧饱和度数据 s_spo2dat_data[7:0] 传输到 u_oled_disp_spo2 模块中显示；同时，在 u_uart_mcu_to_host 模块中，对解包结果进行打包，并通过 mcu_to_host_tx_o 引脚将数据包发送给触摸屏，从而实现在触摸屏上显示血氧波形、血氧导联信息和脉搏数据。

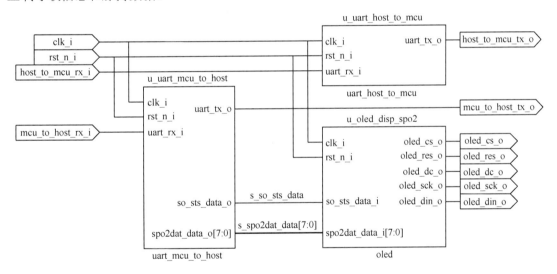

图 17-3　血氧监测与显示实验内部电路图

血氧数据包传输流程与体温的一致，OLED 显示血氧参数流程与心电的一致，此处不再介绍，可参考体温测量与显示和心电监测与显示实验。

17.3　实验步骤

1. 复制工程文件夹并添加 VHDL 文件

将"D:\Spartan6FPGATest\Material"目录中的 exp16_spo2 文件夹复制到"D:\Spartan6 FPGATest\Product"目录中。然后，双击运行"D:\Spartan6FPGATest\Product\exp16_spo2\project"目录中的 spo2.xise 文件打开工程，该工程的顶层文件为 spo2.vhd。

2. 完善 pct_mcu_to_host.vhd 文件

打开 pct_mcu_to_host.vhd 文件，将程序清单 17-1 的第 15 至 16 行代码输入实体声明部分，这部分代码完善的是 pct_mcu_to_host 模块 SPO2 探头状态和血氧饱和度数据的输出端口定义。

程序清单 17-1

```
1.   --------------------------------------------------------------------------------
2.   --                               实体声明
3.   --------------------------------------------------------------------------------
4.   entity pct_mcu_to_host is
5.     port(
6.       clk_i           : in  std_logic; --时钟输入，50MHz
7.       rst_n_i         : in  std_logic; --复位输入，低电平有效
8.       rx_data_i       : in  std_logic_vector(7 downto 0); --来自 FIFO 的并行数据输入
9.       rx_empty_i      : in  std_logic; --无并行数据等待传输（接收 FIFO 数据）标志位
10.      rx_rd_en_o      : out std_logic; --FIFO 并行数据读使能
11.      tx_trans_end_i  : in  std_logic; --串口发送模块数据发送完成标志
12.      tx_data_o       : out std_logic_vector(7 downto 0); --发送到串口发送模块的并行数据
13.      tx_empty_o      : out std_logic; --无并行数据等待传输（发送数据到串口发送模块）标志
14.      tx_rd_en_i      : in  std_logic; --串口发送模块并行数据读使能
15.      so_sts_data_o   : out std_logic; --SPO2 的探头状态，1 表示探头脱落
16.      spo2dat_data_o  : out std_logic_vector(7 downto 0)    --血氧饱和度数据
17.      );
18.  end entity;
```

在结构体的功能描述部分（关键字 begin 和 end rtl 之间），添加程序清单 17-2 中的进程代码，这段代码用于从解包得到的血氧数据包中提取出 SPO2 探头状态和血氧饱和度数据，血氧数据包的构成可参见本书配套资料包的 "08.软件资料\PCT 通信协议应用在 LY-M501 型人体生理参数监测说明.pdf" 文件。然后参考 2.3 节步骤 5 检查语法。

程序清单 17-2

```
1.   --检测到 SPO2 数据时，显示到 OLED
2.   process(clk_i, rst_n_i)
3.   begin
4.     if(rst_n_i = '0') then
5.       so_sts_data_o  <= '0'; --SPO2 的探头状态，1 表示探头脱落
6.       spo2dat_data_o <= (others => '0'); --血氧饱和度数据
7.     elsif rising_edge(clk_i) then
8.       if(s_pct_mod_id = MODULE_SPO2 and s_pct_sec_id = DAT_SPO2_WAVE)
9.         and (s_pct_send_rdy = '1') then
10.        so_sts_data_o <= s_pct_data6(4);
11.      elsif(s_pct_mod_id = MODULE_SPO2 and s_pct_sec_id = DAT_SPO2_DATA)
12.        and (s_pct_send_rdy = '1') then
13.        spo2dat_data_o <= s_pct_data4;
14.      end if;
15.    end if;
16.  end process;
```

3. 完善 uart_mcu_to_host.vhd 文件

打开 uart_mcu_to_host.vhd 文件，将程序清单 17-3 中的第 10 至 11 行代码输入实体声明部分,这部分代码完善的是 uart_mcu_to_host 模块 SPO2 探头状态和血氧饱和度数据的输出端口定义。

程序清单 17-3

```
1.  ----------------------------------------------------------------
2.  --                        实体声明
3.  ----------------------------------------------------------------
4.  entity uart_mcu_to_host is
5.    port(
6.      clk_i          : in  std_logic; --时钟输入，50MHz
7.      rst_n_i        : in  std_logic; --复位输入，低电平有效
8.      uart_rx_i      : in  std_logic; --串行数据输入
9.      uart_tx_o      : out std_logic; --串行数据输出
10.     so_sts_data_o  : out std_logic; --SPO2 的探头状态，1 表示探头脱落
11.     spo2dat_data_o : out std_logic_vector(7 downto 0)   --血氧饱和度数据
12.     );
13. end entity;
```

将程序清单 17-4 中的第 12 至 13 行代码输入结构体的 pct_mcu_to_host 元件声明部分。

程序清单 17-4

```
1.    component pct_mcu_to_host is
2.    port(
3.      clk_i          : in  std_logic; --时钟输入，50MHz
4.      rst_n_i        : in  std_logic; --复位输入，低电平有效
5.      rx_data_i      : in  std_logic_vector(7 downto 0); --来自 FIFO 的并行数据输入
6.      rx_empty_i     : in  std_logic; --无并行数据等待传输（接收 FIFO 数据）标志位
7.      rx_rd_en_o     : out std_logic; --FIFO 并行数据读使能
8.      tx_trans_end_i : in  std_logic; --串口发送模块数据发送完成标志
9.      tx_data_o      : out std_logic_vector(7 downto 0); --发送到串口发送模块的并行数据
10.     tx_empty_o     : out std_logic; --无并行数据等待传输（发送数据到串口发送模块）标志
11.     tx_rd_en_i     : in  std_logic; --串口发送模块并行数据读使能
12.     so_sts_data_o  : out std_logic; --SPO2 的探头状态，1 表示探头脱落
13.     spo2dat_data_o : out std_logic_vector(7 downto 0)   --血氧饱和度数
14.     );
15.   end component;
```

将程序清单 17-5 中的第 12 至 13 行代码输入结构体的 pct_mcu_to_host 元件例化部分，然后参考 2.3 节步骤 5 检查语法。

程序清单 17-5

```
1.    u_pct_mcu_to_host : pct_mcu_to_host
2.    port map(
3.      clk_i          => clk_i,
4.      rst_n_i        => rst_n_i,
5.      rx_data_i      => s_fifo_rd_data,
6.      rx_empty_i     => s_fifo_empty,
7.      rx_rd_en_o     => s_fifo_rd_en,
8.      tx_trans_end_i => s_tx_trans_end,
9.      tx_data_o      => s_tx_data,
10.     tx_empty_o     => s_tx_empty,
11.     tx_rd_en_i     => s_tx_rd_en,
12.     so_sts_data_o  => so_sts_data_o,
13.     spo2dat_data_o => spo2dat_data_o
14.     );
```

4. 完善 oled.vhd 文件

打开 oled.vhd 文件，将程序清单 17-6 中第 8 至 9 行的代码输入 oled 模块的实体声明中。

程序清单 17-6

```
1.   --------------------------------------------------------------------------------
2.   --                              实体声明
3.   --------------------------------------------------------------------------------
4.   entity oled is
5.     port(
6.       clk_i          : in  std_logic; --时钟输入，50MHz
7.       rst_n_i        : in  std_logic; --复位输入，低电平有效
8.       so_sts_data_i  : in  std_logic; --SPO2 的探头状态，1 表示探头脱落
9.       spo2dat_data_i : in  std_logic_vector(7 downto 0);  --血氧饱和度数据
10.      oled_cs_o      : out std_logic; --OLED 片选信号，低电平有效
11.      oled_res_o     : out std_logic; --OLED 复位引脚，低电平有效
12.      oled_dc_o      : out std_logic; --OLED 数据/命令控制，1 表示传输数据，0 表示传输命令
13.      oled_sck_o     : out std_logic; --OLED 时钟线
14.      oled_din_o     : out std_logic  --OLED 数据线
15.      );
16.  end entity;
```

将程序清单 17-7 中的代码输入结构体的声明部分（关键字 architecture 和 begin 之间），这部分是 OLED 血氧数据显示相关的数组类型和中间信号定义。

程序清单 17-7

```
1.   --连接和脱落状态，脱落为 OFF，连接为 ON
2.   type t_arr_disp_on_off is array (0 to 2) of character;
3.
4.   signal s_arr_so_sts_disp : t_arr_disp_on_off; --SPO2 的探头状态
5.
6.   signal s_spo2dat_data : std_logic_vector(15 downto 0);   --血氧饱和度数据
7.
8.   signal s_arr_spo2dat_char : t_arr_disp_num_char; --血氧饱和度数据转换之后的字符
9.   signal s_arr_spo2dat_disp : t_arr_disp_num_char; --OLED 显示的血氧饱和度/无效血氧饱和度
```

将程序清单 17-8 中的代码输入结构体的声明部分（关键字 architecture 和 begin 之间），这部分是结构体的 oled_disp_num 元件声明部分。

程序清单 17-8

```
1.   component oled_disp_num is
2.     port(
3.       num_i     : in  std_logic_vector(15 downto 0); --数据输入
4.       arr_char_o : out t_arr_disp_num_char --字符输出
5.       );
6.     end component;
```

将程序清单 17-9 中的代码输入结构体的功能描述部分（关键字 begin 和 end rtl 之间），然后参考 2.3 节步骤 5 检查语法，下面对关键语句进行解释。

（1）第 1 至 3 行代码：当血氧小于 100 时为有效值，显示的数值为实际血氧饱和度，反之则显示为 0。此外，将 "00000000" 与 spo2dat_data_i 进行拼接是因为调用的模块 oled_disp_num 输入为 16 位。

（2）第 5 至 9 行代码：oled_disp_num 的元件例化。

（3）第 11 至 16 行代码：根据 SPO2 探头状态信号显示字符，SPO2 探头脱落时显示 OFF，连接时显示 ON；根据 spo2dat_data_i 的值是否为有效值进行显示，有效时显示实际血氧饱和度，无效时显示"---"。

（4）第 19 至 25 行代码：设置 OLED 的 4 行 64 个待显示字符。

程序清单 17-9

```
1.     --"1100100"为100，即最大值
2.     s_spo2dat_data <= "00000000" & spo2dat_data_i when(spo2dat_data_i <= "01100100")
3.      else "0000000000000000";
4.
5.     u_oled_disp_spo2dat : oled_disp_num
6.     port map(
7.       num_i      => s_spo2dat_data,
8.       arr_char_o => s_arr_spo2dat_char
9.       );
10.
11.    --SPO2 的 FO（手指）、SO（探头）状态，脱落为 OFF，连接为 ON
12.    s_arr_so_sts_disp <= (' ', 'O', 'N') when so_sts_data_i = '0' else ('O','F','F');
13.
14.    --"01100100"为100，即最大值，"10011100"为-100，即无效值
15.    s_arr_spo2dat_disp <= ('-', '-', '-') when (spo2dat_data_i > "01100100" or spo2dat_data_i
                                                = "10011100") else
16.                      (s_arr_spo2dat_char(2), s_arr_spo2dat_char(1), s_arr_spo2dat_char(0));
17.
18.    --设置 OLED 的 4 行 64 个待显示字符
19.    s_arr_row0_char <= (' ', ' ', 'O', 'X', 'I', 'M', 'E', 'T', 'E', 'R', ' ', 'V', '1', '.',
                                                '0', ' ');
20.
21.    s_arr_row1_char <= (' ', 'F', 'O', ':', 'O','F','F', ' ', ' ', 'S', 'O', ':',
                  s_arr_so_sts_disp(0), s_arr_so_sts_disp(1), s_arr_so_sts_disp(2), ' ');
22.
23.    s_arr_row2_char <= (' ', 'F', 'R', ':', '-', '-', '-', 'b', 'p', 'm', ' ', ' ', ' ', ' ',
                                                ' ', ' ');
24.
25.    s_arr_row3_char <= (' ', 'S', 'P', 'O', '2', ':', s_arr_spo2dat_disp(0), s_arr_spo2dat_disp(1),
                  s_arr_spo2dat_disp(2), '%', ' ', ' ', ' ', ' ', ' ', ' ');
```

5. 完善 spo2.vhd 文件

打开 spo2.vhd 文件，将程序清单 17-10 中的第 7 至 8 行代码输入 spo2.vhd 文件中的 uart_mcu_to_host 元件声明部分。

程序清单 17-10

```
1.     component uart_mcu_to_host is
2.      port(
3.        clk_i         : in  std_logic; --时钟输入，50MHz
4.        rst_n_i       : in  std_logic; --复位输入，低电平有效
5.        uart_rx_i     : in  std_logic; --串行数据输入
6.        uart_tx_o     : out std_logic; --串行数据输出
7.        so_sts_data_o : out std_logic; --SPO2 的探头状态，1 表示探头脱落
8.        spo2dat_data_o : out std_logic_vector(7 downto 0)    --血氧饱和度数据
9.        );
10.    end component;
```

将程序清单 17-11 中的第 5 至 6 行代码输入 OLED 元件声明部分。

程序清单 17-11

```
1.    component oled is
2.      port(
3.        clk_i          : in  std_logic; --时钟输入，50MHz
4.        rst_n_i        : in  std_logic; --复位输入，低电平有效
5.        so_sts_data_i  : in  std_logic; --SPO2 的探头状态，1 表示探头脱落
6.        spo2dat_data_i : in  std_logic_vector(7 downto 0);  --血氧饱和度数据
7.        oled_cs_o      : out std_logic; --OLED 片选信号，低电平有效
8.        oled_res_o     : out std_logic; --OLED 复位引脚，低电平有效
9.        oled_dc_o      : out std_logic; --OLED 数据/命令控制，1 表示传输数据，0 表示传输命令
10.       oled_sck_o     : out std_logic; --OLED 时钟线
11.       oled_din_o     : out std_logic  --OLED 数据线
12.     );
13.   end component;
```

将程序清单 17-12 中的代码输入结构体的声明部分（关键字 architecture 和 begin 之间），这部分是 spo2 模块结构体的中间信号定义。

程序清单 17-12

```
1.    signal s_so_sts_data  : std_logic; --SPO2 的探头状态，1 表示探头脱落
2.    signal s_spo2dat_data : std_logic_vector(7 downto 0);  --血氧饱和度数据
```

将程序清单 17-13 中的第 7 至 8 行代码输入 u_uart_mcu_to_host 元件例化部分，这部分代码用于输出血氧探头状态和血氧饱和度数据。

程序清单 17-13

```
1.    u_uart_mcu_to_host : uart_mcu_to_host
2.    port map(
3.      clk_i            => clk_i,
4.      rst_n_i          => rst_n_i,
5.      uart_rx_i        => mcu_to_host_rx_i,
6.      uart_tx_o        => mcu_to_host_tx_o,
7.      so_sts_data_o    => s_so_sts_data,
8.      spo2dat_data_o   => s_spo2dat_data
9.    );
```

最后将程序清单 17-14 中的第 5 至 6 行代码输入 u_oled_disp_spo2 元件例化部分，这部分代码用于将血氧探头状态和血氧饱和度数据输入 oled 模块中进行显示。

程序清单 17-14

```
1.    u_oled_disp_spo2 : oled
2.    port map(
3.      clk_i          => clk_i,
4.      rst_n_i        => rst_n_i,
5.      so_sts_data_i  => s_so_sts_data,
6.      spo2dat_data_i => s_spo2dat_data,
7.      oled_cs_o      => oled_cs_o,
8.      oled_res_o     => oled_res_o,
9.      oled_dc_o      => oled_dc_o,
10.     oled_sck_o     => oled_sck_o,
11.     oled_din_o     => oled_din_o
12.   );
```

6. 板级验证

本实验已提供了完整的引脚约束文件，参考 2.3 节步骤 9，将工程编译生成.bit 文件，并且将其下载到 FPGA 高级开发系统上。下载完成后，将人体生理参数监测系统通过 USB 连接线连接到 FPGA 高级开发系统右侧的 USB 接口上，将人体生理参数监测系统的"数据模式"设置为"演示模式"，将"通信模式"设置为"UART"，将"参数模式"设置为"五参"或"血氧"。

可以看到，OLED 显示屏上显示探头脱落信息（SO 为 Sensor Off 的缩写，ON 表示连接，OFF 表示脱落）及血氧饱和度值（96%），如图 17-4 所示。同时，将 FPGA 高级开发系统的触摸屏切换到"血氧监测与显示实验"界面，可以观察到触摸屏上的探头脱落信息和血氧饱和度值与 OLED 显示屏上的一致，表示实验成功。读者也可以将人体生理参数监测系统的"数据模式"设置为"实时模式"，通过血氧探头测量模拟器的血氧饱和度和探头脱落信息。

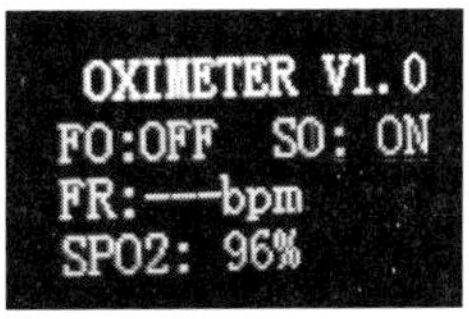

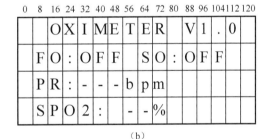

图 17-4 血氧监测与显示实验结果

本 章 任 务

在本实验的基础上增加以下功能：①在 pct_mcu_to_host 模块中获取脉率和手指脱落信息，将脉率和手指脱落信息分别保存于 prdat_data_o 和 fo_sts_data_o，并且将其显示在 OLED 显示屏上；②当探头和手指正常连接时，OLED 显示屏显示的血氧参数格式如图 17-5（a）所示；③当探头和手指脱落时，OLED 显示屏显示的血氧参数格式如图 17-5（b）所示。注意，需要将人体生理参数监测系统的"数据模式"由"演示模式"切换到"实时模式"，切换方式参见附录 B，并通过血氧探头将人体生理参数监测系统连接到人体生理参数模拟器或人体手指。

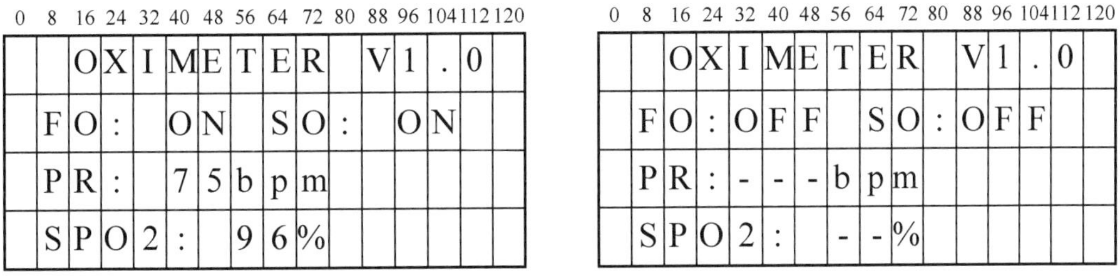

图 17-5 本章任务结果效果图

本 章 习 题

1. 简述血氧信号检测原理。

2. 脉率和心率有什么区别？

3. 正常成人血氧饱和度的取值范围是什么？正常新生儿血氧饱和度的取值范围是什么？

4. 如果血氧波形数据 1～5 均为 128，血氧探头和手指均为脱落状态，那么血氧波形数据包应该如何定义？

第18章　血压测量与显示实验

本实验的基本原理是，通过 FPGA 高级开发系统上的按键控制无创血压测量的启动和中止，由 FPGA 核心板对人体生理参数监测系统发送过来的无创血压实时数据包、无创血压测量结果数据包、无创血压测量结束数据包进行解包，并在 OLED 显示屏上实时显示袖带压、收缩压、舒张压和脉率。本章任务要求当 FPGA 核心板接收到的实时袖带压、收缩压、舒张压和脉率为无效值时，显示为"---"。另外，按下按键 KEY$_1$ 启动无创血压测量，人体生理参数监测系统开始，每 200ms 显示一次实时袖带压；当接收到测量结束标志时，显示收缩压、舒张压和脉率；按下按键 KEY$_2$，无创血压测量停止。

18.1　实验内容

FPGA 高级开发系统读取并解包人体生理参数监测系统发送过来的无创血压实时数据包、无创血压测量结果数据包、无创血压测量结束数据包，然后将实时袖带压、收缩压、舒张压和脉率值显示在 OLED 显示屏上，如图 18-1 所示。启动测量和停止测量由按键 KEY$_1$ 和 KEY$_2$ 控制。数据源是人体生理参数监测系统，该系统在"演示模式"下，收缩压、舒张压和脉率分别为 120mmHg、80mmHg 和 60 次/min；在"实时模式"下，需要将袖带连接线（黑色）的一端连接到系统侧面的 NBP 接口，另一端连接到血压袖带，这样就可以实时监测人体生理参数模拟器或人体的血压信号。本实验的结果如图 18-2 所示（在本章中，bpm 表示脉率的单位为次/min）。

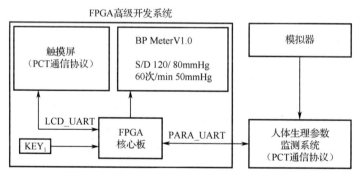

图 18-1　血压测量与显示实验原理框图

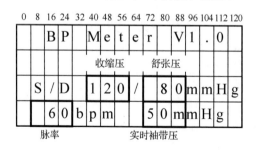

图 18-2　血压测量与显示实验结果

为了进行实验对照，还需要实现如下功能：①通过 PARA_UART 接收人体生理参数监测系统的数据包，并且将其通过 LCD_UART 发送至触摸屏；②通过 LCD_UART 接收触摸屏的命令包，并且将其通过 PARA_UART 发送至人体生理参数监测系统。这样，就可以通过对比触摸屏（"血压测量与显示实验"界面）上显示的数值与 OLED 显示屏上的数值，验证实验是否正确。

18.2　实验原理

18.2.1　血压数据包的 PCT 通信协议

完整的血压数据包和命令包参见本书配套资料包的"08.软件资料\PCT 通信协议应用在 LY-M501 型人体生理参数监测说明.pdf"文件。本实验涉及的血压数据包括无创血压实时数据包、无创血压测量结束数据包、无创血压测量结果数据包；血压命令包括无创血压启动测量命令包、无创血压中止测量命令包。

18.2.2　血压测量与显示实验内部电路图

血压测量与显示实验电路有 12 个引脚，引脚的名称、类型、约束及描述如表 18-1 所示。

表 18-1　血压测量与显示实验电路引脚说明

引 脚 名 称	引 脚 类 型	引 脚 约 束	引 脚 描 述
clk_i	in	T8	时钟输入，50MHz
rst_n_i	in	L3	复位输入，低电平复位
btn1_i	in	B5	按键输入，按下为低电平
mcu_to_host_rx_i	in	M3	FPGA 接收监测系统数据的引脚
host_to_mcu_rx_i	in	C7	FPGA 接收显示屏命令的引脚
mcu_to_host_tx_o	out	C8	FPGA 发送数据给显示屏的引脚
host_to_mcu_tx_o	out	R1	FPGA 发送命令给监测系统的引脚
oled_cs_o	out	L8	连接 OLED 模块的 CS 引脚
oled_res_o	out	L5	连接 OLED 模块的 RES 引脚
oled_dc_o	out	N9	连接 OLED 模块的 D/C 引脚
oled_sck_o	out	P9	连接 OLED 模块的 SCK 引脚
oled_din_o	out	P8	连接 OLED 模块的 DIN 引脚

血压测量与显示实验内部电路图如图 18-3 所示。血压测量数据包从人体生理参数监测系统发送到 u_uart_mcu_to_host 模块，根据 PCT 通信协议对数据包进行解包操作，解包后的收缩压数据 s_sysdat_data[15:0]、舒张压数据 s_diadat_data[15:0]、脉率数据 s_prdat_data[15:0]和实时袖带压数据 s_cufpredat_data[15:0]传输到 u_oled_disp_nbp 模块中显示；同时，在 u_uart_mcu_to_host 模块中，对解包后的数据进行打包，并通过 mcu_to_host_tx_o 引脚将数据包发送给触摸屏，从而实现在触摸屏上显示收缩压、舒张压、脉率和实时袖带压数据。host_to_mcu_rx_i 引脚接收来自触摸屏的命令包，在 u_uart_host_to_mcu 模块中根据 PCT 通信协议对命令包进行解包，再对解包数据进行打包，并且将打包后的命令包通过 host_to_mcu_tx_o 引脚发送到人体生理参数监测系统，人体生理参数监测系统根据接收的命令执行相应操作。btn1_i 为按键 KEY₁ 的输入引脚，按下为低电平，对应启动测量命令，也是通过 u_uart_host_to_mcu 模块将命令发送到人体生理参数监测系统。

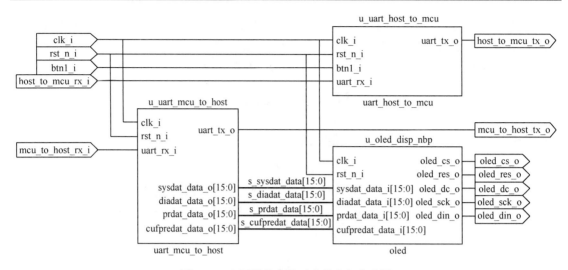

图 18-3 血压测量与显示实验内部电路图

血压命令包传输流程图如图 18-4 所示，FPGA 核心板通过 LCD_UART 接收来自触摸屏发送过来的命令包，将命令包缓存到 FIFO 中，再从 FIFO 中获取命令包进行解包，同时获取按键 btn1_i 的状态，然后根据解包结果及 btn1_i 的状态进行打包，最后将打包之后的结果通过 PARA_UART 发送至人体生理参数监测系统。

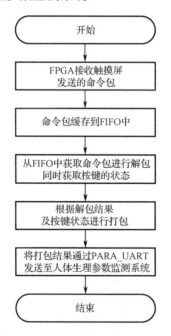

图 18-4 血压命令包传输流程图

血压命令包传输在 u_uart_host_to_mcu 模块中实现，传输电路图如图 18-5 所示。u_uart_rec 模块用于接收来自触摸屏发送的命令包，并将命令包缓存在 u_uart_fifo 中，从 FIFO 中获取的命令包在 u_pct_host_to_mcu 模块中进行解包，按键状态 btn1_i 经去抖模块处理后也发送到 u_pct_host_to_mcu 中，u_pct_host_to_mcu 模块根据解包结果和 btn1_i 的状态进行相应命令包的打包，s_tx_data[7:0] 是打包后的命令包，通过 u_uart_trans 模块发送到人体生理参数监测系统。

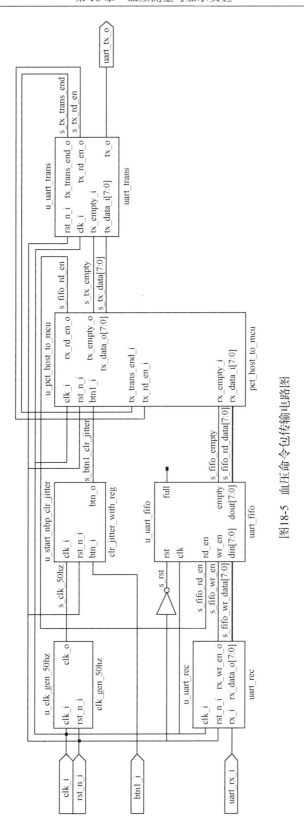

图18-5　血压命令包传输电路图

血压数据包传输流程与体温的一致，OLED 显示血压参数流程与心电的一致，此处不再介绍，可参考体温测量与显示实验和心电监测与显示实验。

18.3　实验步骤

1. 复制工程文件夹并添加 VHDL 文件

将 "D:\Spartan6FPGATest\Material" 目录中的 exp17_nbp 文件夹复制到 "D:\Spartan6 FPGATest\Product" 目录中。然后，双击运行 "D:\Spartan6FPGATest\Product\exp17_nbp\project" 目录中的 nbp.xise 文件打开工程，该工程的顶层文件为 nbp.vhd。

2. 完善 pct_mcu_to_host.vhd 文件

打开 pct_mcu_to_host.vhd 文件，将程序清单 18-1 中的第 15 至 18 行代码输入实体声明部分，这部分代码完善的是 pct_mcu_to_host 模块收缩压、舒张压、脉率和实时袖带压数据的输出端口定义。

程序清单 18-1

```
1.  ----------------------------------------------------------------------
2.  --                         实体声明
3.  ----------------------------------------------------------------------
4.  entity pct_mcu_to_host is
5.    port(
6.      clk_i           : in  std_logic; --时钟输入，50MHz
7.      rst_n_i         : in  std_logic; --复位输入，低电平有效
8.      rx_data_i       : in  std_logic_vector(7 downto 0); --来自FIFO的并行数据输入
9.      rx_empty_i      : in  std_logic; --无并行数据等待传输（接收FIFO数据）标志位
10.     rx_rd_en_o      : out std_logic; --FIFO并行数据读使能
11.     tx_trans_end_i  : in  std_logic; --串口发送模块数据发送完成标志
12.     tx_data_o       : out std_logic_vector(7 downto 0); --发送到串口发送模块的并行数据
13.     tx_empty_o      : out std_logic; --无并行数据等待传输（发送数据到串口发送模块）标志
14.     tx_rd_en_i      : in  std_logic; --串口发送模块并行数据读使能
15.     sysdat_data_o   : out std_logic_vector(15 downto 0); --收缩压数据
16.     diadat_data_o   : out std_logic_vector(15 downto 0); --舒张压数据
17.     prdat_data_o    : out std_logic_vector(15 downto 0); --脉率数据
18.     cufpredat_data_o : out std_logic_vector(15 downto 0)  --实时袖带压数据
19.     );
20. end entity;
```

在结构体的功能描述部分（关键字 begin 和 end rtl 之间），添加程序清单 18-2 中的进程代码，这段代码用于从解包结果中提取出收缩压、舒张压、脉率和实时袖带压的数据，血压数据包的构成可参考本书配套资料包的 "08.软件资料\PCT 通信协议应用在 LY-M501 型人体生理参数监测说明.pdf" 文件，然后参考 2.3 节步骤 5 检查语法。

程序清单 18-2

```
1.  --检测到NBP数据时，显示到OLED
2.  process(clk_i, rst_n_i)
3.  begin
4.    if(rst_n_i = '0') then
5.      sysdat_data_o    <= (others => '0'); --收缩压数据
6.      diadat_data_o    <= (others => '0'); --舒张压数据
7.      prdat_data_o     <= (others => '0'); --脉率数据
8.      cufpredat_data_o <= (others => '0'); --实时袖带压数据
```

```
9.        elsif rising_edge(clk_i) then
10.         if(s_pct_mod_id = MODULE_NBP and s_pct_sec_id = DAT_NBP_CUFPRE)
11.           and (s_pct_send_rdy = '1') then
12.           cufpredat_data_o <= s_pct_data1 & s_pct_data2;
13.         elsif(s_pct_mod_id = MODULE_NBP and s_pct_sec_id = DAT_NBP_RSLT1)
14.           and (s_pct_send_rdy = '1') then
15.           sysdat_data_o <= s_pct_data1 & s_pct_data2;
16.           diadat_data_o <= s_pct_data3 & s_pct_data4;
17.         elsif(s_pct_mod_id = MODULE_NBP and s_pct_sec_id = DAT_NBP_RSLT2)
18.           and (s_pct_send_rdy = '1') then
19.           prdat_data_o <= s_pct_data1 & s_pct_data2;
20.         end if;
21.       end if;
22.   end process;
```

3. 完善 uart_mcu_to_host.vhd 文件

打开 uart_mcu_to_host.vhd 文件，将程序清单 18-3 中的第 10 至 13 行代码输入实体声明部分，这部分代码完善的是 uart_mcu_to_host 模块收缩压、舒张压、脉率和实时袖带压数据的输出端口定义。

程序清单 18-3

```
1.    ----------------------------------------------------------------------------
2.    --                                实体声明
3.    ----------------------------------------------------------------------------
4.    entity uart_mcu_to_host is
5.      port(
6.        clk_i              : in  std_logic; --时钟输入，50MHz
7.        rst_n_i            : in  std_logic; --复位输入，低电平有效
8.        uart_rx_i          : in  std_logic; --串行数据输入
9.        uart_tx_o          : out std_logic; --串行数据输出
10.       sysdat_data_o      : out std_logic_vector(15 downto 0); --收缩压数据
11.       diadat_data_o      : out std_logic_vector(15 downto 0); --舒张压数据
12.       prdat_data_o       : out std_logic_vector(15 downto 0); --脉率数据
13.       cufpredat_data_o   : out std_logic_vector(15 downto 0)   --实时袖带压数据
14.       );
15.   end entity;
```

将程序清单 18-4 中的第 12 至 15 行代码输入结构体的 pct_mcu_to_host 元件声明部分。

程序清单 18-4

```
1.     component pct_mcu_to_host is
2.       port(
3.         clk_i           : in  std_logic; --时钟输入，50MHz
4.         rst_n_i         : in  std_logic; --复位输入，低电平有效
5.         rx_data_i       : in  std_logic_vector(7 downto 0); --来自 FIFO 的并行数据输入
6.         rx_empty_i      : in  std_logic; --无并行数据等待传输（接收 FIFO 数据）标志位
7.         rx_rd_en_o      : out std_logic; --FIFO 并行数据读使能
8.         tx_trans_end_i  : in  std_logic; --串口发送模块数据发送完成标志
9.         tx_data_o       : out std_logic_vector(7 downto 0); --发送到串口发送模块的并行数据
10.        tx_empty_o      : out std_logic; --无并行数据等待传输（发送数据到串口发送模块）标志
11.        tx_rd_en_i      : in  std_logic; --串口发送模块并行数据读使能
12.        sysdat_data_o   : out std_logic_vector(15 downto 0); --收缩压数据
13.        diadat_data_o   : out std_logic_vector(15 downto 0); --舒张压数据
```

```
14.       prdat_data_o      : out std_logic_vector(15 downto 0); --脉率数据
15.       cufpredat_data_o : out std_logic_vector(15 downto 0)   --实时袖带压数据
16.     );
17.   end component;
```

最后，将程序清单 18-5 中的第 12 至 15 行代码输入结构体的 pct_mcu_to_host 元件例化部分，然后参考 2.3 节步骤 5 检查语法。

程序清单 18-5

```
1.   u_pct_mcu_to_host : pct_mcu_to_host
2.   port map(
3.     clk_i             => clk_i,
4.     rst_n_i           => rst_n_i,
5.     rx_data_i         => s_fifo_rd_data,
6.     rx_empty_i        => s_fifo_empty,
7.     rx_rd_en_o        => s_fifo_rd_en,
8.     tx_trans_end_i    => s_tx_trans_end,
9.     tx_data_o         => s_tx_data,
10.    tx_empty_o        => s_tx_empty,
11.    tx_rd_en_i        => s_tx_rd_en,
12.    sysdat_data_o     => sysdat_data_o,
13.    diadat_data_o     => diadat_data_o,
14.    prdat_data_o      => prdat_data_o,
15.    cufpredat_data_o => cufpredat_data_o
16.    );
```

4. 完善 pct_host_to_mcu.vhd 文件

打开 pct_host_to_mcu.vhd 文件，将程序清单 18-6 中的代码输入结构体的声明部分（关键字 architecture 和 begin 之间），这部分代码是 pct_host_to_mcu 模块相关中间信号的定义。

程序清单 18-6

```
1.   signal s_btn1_reg1 : std_logic := '1'; --按键 1 延迟 1 个时钟周期信号
2.   signal s_btn1_reg2 : std_logic := '1'; --按键 1 延迟 2 个时钟周期信号
3.   signal s_btn1_cmd_flag : std_logic := '0'; --按键 1 按下标志
```

将程序清单 18-7 中的代码输入结构体的功能描述部分（关键字 begin 和 end rtl 之间），这部分代码是在检测去抖之后的按键的下降沿。

程序清单 18-7

```
1.    process(clk_i, rst_n_i)
2.    begin
3.      if(rst_n_i = '0') then
4.        s_btn1_reg1 <= '1';
5.        s_btn1_reg2 <= '1';
6.      elsif rising_edge(clk_i) then
7.        s_btn1_reg1 <= btn1_i;
8.        s_btn1_reg2 <= s_btn1_reg1;
9.      end if;
10.   end process;
11.
12.   --检测去抖之后的按键的下降沿
13.   process(clk_i, rst_n_i)
14.   begin
```

```
15.     if(rst_n_i = '0') then
16.       s_btn1_cmd_flag <= '0';
17.     elsif rising_edge(clk_i) then
18.       if(s_btn1_reg1 = '0') then
19.         s_btn1_cmd_flag <= '1'; --检测到按键 1 按下时，将 s_btn1_cmd_flag 置 1
20.       elsif(s_btn1_cmd_flag = '1' and s_pct_send_rdy = '1') then
21.         s_btn1_cmd_flag <= '0'; --数据成功发送到 pack 模块，清除标志位
22.       end if;
23.     end if;
24.   end process;
```

最后，输入程序清单 18-8 中的代码，这部分代码是根据按键的状态选择发送不同的命令包，在按键 KEY$_1$ 按下时发送 BTN1 的命令包。然后参考 2.3 节步骤 5 检查语法。

程序清单 18-8

```
1.    --选择发送不同的命令包到从机
2.    s_pct_mod_id <= BTN1_MOD_ID when s_btn1_cmd_flag = '1' else s_pct_mod_id_host;
3.
4.    s_pct_sec_id <= BTN1_SEC_ID when s_btn1_cmd_flag = '1' else s_pct_sec_id_host;
5.
6.    s_pct_data1 <= BTN1_DAT1    when s_btn1_cmd_flag = '1' else s_pct_data1_host;
7.
8.    s_pct_data2 <= BTN1_DAT2    when s_btn1_cmd_flag = '1' else s_pct_data2_host;
9.
10.   s_pct_data3 <= BTN1_DAT3    when s_btn1_cmd_flag = '1' else s_pct_data3_host;
11.
12.   s_pct_data4 <= BTN1_DAT4    when s_btn1_cmd_flag = '1' else s_pct_data4_host;
13.
14.   s_pct_data5 <= BTN1_DAT5    when s_btn1_cmd_flag = '1' else s_pct_data5_host;
15.
16.   s_pct_data6 <= BTN1_DAT6    when s_btn1_cmd_flag = '1' else s_pct_data6_host;
17.
18.   s_pct_rec_rdy <= '1'        when s_btn1_cmd_flag = '1' else s_pct_rec_rdy_host;
19.
20.   --检测到按键 1 按下时，将 s_pct_send_rdy_host 置 0 表示数据成功发送到 pack 模块
21.   s_pct_send_rdy_host <= '0' when s_btn1_cmd_flag = '1' else s_pct_send_rdy;
```

5. 完善 oled.vhd 文件

打开 oled.vhd 文件，将程序清单 18-9 中的第 8 至 11 行代码输入 OLED 模块的实体声明中。

程序清单 18-9

```
1.    --------------------------------------------------------------------------
2.    --                            实体声明
3.    --------------------------------------------------------------------------
4.    entity oled is
5.      port(
6.        clk_i            : in  std_logic; --时钟输入，50MHz
7.        rst_n_i          : in  std_logic; --复位输入，低电平有效
8.        sysdat_data_i    : in std_logic_vector(15 downto 0); --收缩压数据
9.        diadat_data_i    : in std_logic_vector(15 downto 0); --舒张压数据
10.       prdat_data_i     : in std_logic_vector(15 downto 0); --脉率数据
11.       cufpredat_data_i : in std_logic_vector(15 downto 0); --实时袖带压数据
12.       oled_cs_o        : out std_logic; --OLED 片选信号，低电平有效
```

```
13.      oled_res_o        : out std_logic; --OLED 复位引脚，低电平有效
14.      oled_dc_o         : out std_logic; --OLED 数据/命令控制，1 表示传输数据，0 表示传输命令
15.      oled_sck_o        : out std_logic; --OLED 时钟线
16.      oled_din_o        : out std_logic  --OLED 数据线
17.      );
18.  end entity;
```

将程序清单 18-10 中的代码输入结构体的声明部分（关键字 architecture 和 begin 之间），这部分代码是 OLED 血压数据显示相关中间信号的定义和 oled_disp_num 元件声明。

程序清单 18-10

```
1.   signal s_sysdat_data      : std_logic_vector(15 downto 0); --收缩压数据
2.   signal s_diadat_data      : std_logic_vector(15 downto 0); --舒张压数据
3.   signal s_prdat_data       : std_logic_vector(15 downto 0); --脉率数据
4.   signal s_cufpredat_data   : std_logic_vector(15 downto 0); --实时袖带压数据
5.
6.   signal s_arr_sysdat_char  : t_arr_disp_num_char; --收缩压数据转换之后的字符
7.   signal s_arr_sysdat_disp  : t_arr_disp_num_char; --OLED 上显示的收缩压/无效收缩压
8.
9.   signal s_arr_diadat_char  : t_arr_disp_num_char; --舒张压数据转换之后的字符
10.  signal s_arr_diadat_disp  : t_arr_disp_num_char; --OLED 上显示的舒张压/无效舒张压
11.
12.  signal s_arr_prdat_char   : t_arr_disp_num_char; --脉率数据转换之后的字符
13.  signal s_arr_prdat_disp   : t_arr_disp_num_char; --OLED 上显示的脉率/无效脉率
14.
15.  signal s_arr_cufpredat_char : t_arr_disp_num_char; --袖带压数据转换之后的字符
16.  signal s_arr_cufpredat_disp : t_arr_disp_num_char; --OLED 上显示的袖带压/无效袖带压
17.
18.  component oled_disp_num is
19.    port(
20.      num_i     : in  std_logic_vector(15 downto 0); --数据输入
21.      arr_char_o : out t_arr_disp_num_char --字符输出
22.      );
23.  end component;
```

将程序清单 18-11 中的代码输入结构体的功能描述部分（关键字 begin 和 end rtl 之间），然后参考 2.3 节步骤 5 检查语法，下面对关键语句进行解释。

（1）第 1 至 9 行代码：当血压各项参数值小于 300 时，信号为实际的血压参数值，反之信号为 0。

（2）第 11 至 33 行代码：oled_disp_num 的元件例化。

（3）第 35 至 47 行代码：设置要显示的 4 个血压参数及 OLED 的 4 行 64 个待显示字符。

程序清单 18-11

```
1.   --"100101100"为 300，即最大值
2.   s_sysdat_data <= sysdat_data_i when(sysdat_data_i <= "0000000100101100")
3.     else "0000000000000000";
4.   s_diadat_data <= diadat_data_i when(diadat_data_i <= "0000000100101100")
5.     else "0000000000000000";
6.   s_prdat_data <= prdat_data_i when(prdat_data_i <= "0000000100101100")
7.     else "0000000000000000";
8.   s_cufpredat_data <= cufpredat_data_i when(cufpredat_data_i <= "0000000100101100")
9.     else "0000000000000000";
```

```
10.
11.    u_oled_disp_sysdat : oled_disp_num
12.    port map(
13.      num_i       => s_sysdat_data,
14.      arr_char_o => s_arr_sysdat_char
15.      );
16.
17.    u_oled_disp_diadat : oled_disp_num
18.    port map(
19.      num_i       => s_diadat_data,
20.      arr_char_o => s_arr_diadat_char
21.      );
22.
23.    u_oled_disp_prdat : oled_disp_num
24.    port map(
25.      num_i       => s_prdat_data,
26.      arr_char_o => s_arr_prdat_char
27.      );
28.
29.    u_oled_disp_cufpredat : oled_disp_num
30.    port map(
31.      num_i       => s_cufpredat_data,
32.      arr_char_o => s_arr_cufpredat_char
33.      );
34.
35.    s_arr_sysdat_disp <= (s_arr_sysdat_char(2), s_arr_sysdat_char(1), s_arr_sysdat_char(0));
36.    s_arr_diadat_disp <= (s_arr_diadat_char(2), s_arr_diadat_char(1), s_arr_diadat_char(0));
37.    s_arr_prdat_disp <= (s_arr_prdat_char(2), s_arr_prdat_char(1), s_arr_prdat_char(0));
38.    s_arr_cufpredat_disp <= (s_arr_cufpredat_char(2), s_arr_cufpredat_char(1), s_arr_
                                                        cufpredat_char(0));
39.
40.    --设置OLED的4行64个待显示字符
41.    s_arr_row0_char <= (' ', ' ', 'B', 'P', ' ', 'M', 'e', 't', 'e', 'r', ' ', 'V', '1', '.',
                                                        '0', ' ');
42.
43.    s_arr_row1_char <= (' ', ' ', ' ', ' ', ' ', ' ', ' ', ' ', ' ', ' ', ' ', ' ', ' ', ' ',
                                                        ' ', ' ');
44.
45.    s_arr_row2_char <= (' ', 'S', '/', 'D', ' ', s_arr_sysdat_disp(0), s_arr_sysdat_disp(1),
                                                        s_arr_sysdat_disp(2),
                              '/', s_arr_diadat_disp(0), s_arr_diadat_disp(1), s_arr_diadat_
                                                        disp(2), 'm', 'm', 'H', 'g');
46.
47.    s_arr_row3_char <= (' ', s_arr_prdat_disp(0), s_arr_prdat_disp(1), s_arr_prdat_disp(2),
                                                        'b', 'p', 'm', ' ',
                              s_arr_cufpredat_disp(0), s_arr_cufpredat_disp(1), s_arr_cufpredat_
                                                        disp(2), 'm', 'm', 'H', 'g', ' ');
```

6. 完善 nbp.vhd 文件

打开 nbp.vhd 文件，将程序清单 18-12 中的第 7 至 10 行代码输入 uart_mcu_to_host 元件声明部分。

程序清单 18-12

```
1.    component uart_mcu_to_host is
2.      port(
3.        clk_i            : in  std_logic; --时钟输入，50MHz
4.        rst_n_i          : in  std_logic; --复位输入，低电平有效
5.        uart_rx_i        : in  std_logic; --串行数据输入
6.        uart_tx_o        : out std_logic; --串行数据输出
7.        sysdat_data_o    : out std_logic_vector(15 downto 0); --收缩压数据
8.        diadat_data_o    : out std_logic_vector(15 downto 0); --舒张压数据
9.        prdat_data_o     : out std_logic_vector(15 downto 0); --脉率数据
10.       cufpredat_data_o : out std_logic_vector(15 downto 0)  --实时袖带压数据
11.      );
12.   end component;
```

将程序清单 18-13 中的第 5 至 8 行代码输入 OLED 元件声明部分。

程序清单 18-13

```
1.    component oled is
2.      port(
3.        clk_i            : in  std_logic; --时钟输入，50MHz
4.        rst_n_i          : in  std_logic; --复位输入，低电平有效
5.        sysdat_data_i    : in std_logic_vector(15 downto 0); --收缩压数据
6.        diadat_data_i    : in std_logic_vector(15 downto 0); --舒张压数据
7.        prdat_data_i     : in std_logic_vector(15 downto 0); --脉率数据
8.        cufpredat_data_i : in std_logic_vector(15 downto 0); --实时袖带压数据
9.        oled_cs_o        : out std_logic;--OLED 片选信号，低电平有效
10.       oled_res_o       : out std_logic;--OLED 复位引脚，低电平有效
11.       oled_dc_o        : out std_logic;--OLED 数据/命令控制，1 表示传输数据，0 表示传输命令
12.       oled_sck_o       : out std_logic;--OLED 时钟线
13.       oled_din_o       : out std_logic --OLED 数据线
14.      );
15.   end component;
```

将程序清单 18-14 中的代码输入结构体的声明部分（关键字 architecture 和 begin 之间），这部分代码是 nbp 模块结构体的中间信号定义。

程序清单 18-14

```
1.    signal s_sysdat_data    : std_logic_vector(15 downto 0); --收缩压数据
2.    signal s_diadat_data    : std_logic_vector(15 downto 0); --舒张压数据
3.    signal s_prdat_data     : std_logic_vector(15 downto 0); --脉率数据
4.    signal s_cufpredat_data : std_logic_vector(15 downto 0); --实时袖带压数据
```

将程序清单 18-15 中的第 7 至 10 行代码输入 uart_mcu_to_host 的元件例化部分。

程序清单 18-15

```
1.    u_uart_mcu_to_host : uart_mcu_to_host
2.      port map(
3.        clk_i            => clk_i,
4.        rst_n_i          => rst_n_i,
5.        uart_rx_i        => mcu_to_host_rx_i,
6.        uart_tx_o        => mcu_to_host_tx_o,
7.        sysdat_data_o    => s_sysdat_data,
8.        diadat_data_o    => s_diadat_data,
9.        prdat_data_o     => s_prdat_data,
```

```
10.        cufpredat_data_o => s_cufpredat_data
11.      );
```

将程序清单 18-16 中的第 5 至 8 行代码输入 oled_disp_nbp 的元件例化部分。

程序清单 18-16

```
1.    u_oled_disp_nbp : oled
2.    port map(
3.      clk_i              => clk_i,
4.      rst_n_i            => rst_n_i,
5.      sysdat_data_i      => s_sysdat_data,
6.      diadat_data_i      => s_diadat_data,
7.      prdat_data_i       => s_prdat_data,
8.      cufpredat_data_i   => s_cufpredat_data,
9.      oled_cs_o          => oled_cs_o,
10.     oled_res_o         => oled_res_o,
11.     oled_dc_o          => oled_dc_o,
12.     oled_sck_o         => oled_sck_o,
13.     oled_din_o         => oled_din_o
14.    );
```

7. 板级验证

本实验已提供了完整的引脚约束文件，参考 2.3 节步骤 9，将工程编译生成.bit 文件，并且将其下载到 FPGA 高级开发系统上。下载完成后，将人体生理参数监测系统通过 USB 连接线连接到 FPGA 高级开发系统右侧的 USB 接口上，将人体生理参数监测系统的"数据模式"设置为"演示模式"，将"通信模式"设置为"UART"，将"参数模式"设置为"五参"或"血压"。

按下按键 KEY₁，启动血压测量。在测量过程中，OLED 显示屏右下方显示实时袖带压；测量结束后，OLED 显示屏显示收缩压（120mmHg）、舒张压（80mmHg）及脉率（60 次/min），如图 18-6 所示。然后，将 FPGA 高级开发系统的触摸屏切换到"血压测量与显示实验"界面，可以观察到触摸屏上的收缩压、舒张压和脉率值与 OLED 显示屏上的一致，表示实验成功。读者也可以将人体生理参数监测系统的"数据模式"设置为"实时模式"，通过袖带测量模拟器的血压。

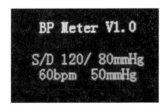

图 18-6　血压测量与显示实验结果图

本 章 任 务

在本实验的基础上增加以下功能：①人体生理参数监测系统在"实时模式"下，FPGA 核心板接收到的实时袖带压、收缩压、舒张压和脉率为无效值（-100 代表无效值）时，OLED 显示屏上以"---"格式显示；②按下按键 KEY₁，启动无创血压测量，OLED 显示屏上的实时袖带压、收缩压、舒张压和脉率以"---"格式显示；③随着人体生理参数监测系统开始测量，每 200ms 显示一次实时袖带压；④接收到测量结束标志时，显示收缩压、舒张压、脉率及最终的实时袖带压值；⑤在任何情况下，按下按键 KEY$_2$ 将中止无创血压测量，OLED 显示屏上的实时袖带压、收缩压、舒张压和脉率均以"---"格式显示。

本 章 习 题

1. 血压测量有几种方法？简述示波法测量血压的原理。

2. 正常成人收缩压和舒张压的取值范围是什么？正常新生儿收缩压和舒张压的取值范围是什么？

3. 完整的无创血压启动测量命令包和无创血压中止测量命令包分别是什么？

4. 如何通过计算机的串口助手发送完整的无创血压启动测量命令包和无创血压中止测量命令包到 FPGA 高级开发系统，实现启动和中止测量血压的目的？

附录 A　FPGA 开发常用模块引脚约束

表 A-1　时钟和复位输入引脚约束

网　络　名	芯　片　引　脚
FPGA_CLK	V10
RESET	N7

表 A-2　USB 转串口引脚约束

网　络　名	芯　片　引　脚
CH330_RX	C18
CH330_TX	D17

表 A-3　LCD 触摸屏引脚约束

网　络　名	芯　片　引　脚
LCD_RX	K5
LCD_TX	K3

表 A-4　OLED 显示屏引脚约束

网　络　名	芯　片　引　脚
OLED_CS	F4
OLED_RES	E3
OLED_DC	E4
OLED_SCK	D3
OLED_DIN	F5

表 A-5　参数板接口引脚约束

网　络　名	芯　片　引　脚
PARA_RX	E18
PARA_TX	D18

表 A-6　独立按键引脚约束

网　络　名	芯　片　引　脚
KEY1	G13
KEY2	F13
KEY3	H12
KEY4	H13

表 A-7　拨动开关引脚约束

网　络　名	芯　片　引　脚	网　络　名	芯　片　引　脚
SW0	F15	SW8	E11
SW1	C15	SW9	D12
SW2	C13	SW10	C14
SW3	C12	SW11	F14
SW4	F9	SW12	C9
SW5	F10	SW13	C10
SW6	G9	SW14	C11
SW7	F11	SW15	D11

表 A-8　LED 引脚约束

网络名及颜色	芯　片　引　脚	网络名及颜色	芯　片　引　脚
LED0（红）	G14	LED4（红）	H14
LED1（黄）	F16	LED5（黄）	H16
LED2（绿）	H15	LED6（绿）	J13
LED3（白）	G16	LED7（白）	J16

表 A-9　七段数码管引脚约束

网　络　名	芯　片　引　脚	网　络　名	芯　片　引　脚
SEL0	F3	SELA	J7
SEL1	G6	SELB	L16
SEL2	G3	SELC	K13
SEL3	H4	SELD	K14
SEL4	H3	SELE	K15
SEL5	H5	SELF	K6
SEL6	J3	SELG	L15
SEL7	J6	SELDP	G11

表 A-10　DA/AD 转换引脚约束

网　络　名	芯　片　引　脚	网　络　名	芯　片　引　脚
DA_CLK	P2	AD_CLK	L3
DA_DB0	P4	AD_D0	R3
DA_DB1	T3	AD_D1	N4
DA_DB2	N5	AD_D2	P3
DA_DB3	U1	AD_D3	M5
DA_DB4	U2	AD_D4	N3
DA_DB5	T1	AD_D5	L4
DA_DB6	T2	AD_D6	M3
DA_DB7	P1	AD_D7	K4

表 A-11　矩阵键盘引脚约束

网　络　名	芯　片　引　脚	网　络　名	芯　片　引　脚
COL0	F18	ROW0	C17
COL1	F17	ROW1	J18
COL2	H17	ROW2	H18
COL3	G18	ROW3	E12

附录 B　人体生理参数监测系统使用说明

人体生理参数监测系统（型号：LY-M501）用于采集人体五大生理参数（体温、血氧、呼吸、心电、血压）信号，并对这些信号进行处理，最终将处理后的数字信号通过 USB 连接线、蓝牙或 Wi-Fi 发送到不同的主机平台，如医疗电子单片机开发系统、医疗电子 FGPA 开发系统、医疗电子 DSP 开发系统、医疗电子嵌入式开发系统、emWin 软件平台、MFC 软件平台、WinForm 软件平台、Matlab 软件平台和 Android 移动平台等，实现人体生理参数监测系统与各主机平台之间的交互。

图 B-1 是人体生理参数监测系统正面视图，其中，左键为"功能"按键，右键为"模式"按键，中间的显示屏用于显示一些简单的参数信息。

图 B-1　人体生理参数监测系统正面视图

图 B-2 是人体生理参数监测系统的按键和显示界面，通过"功能"按键可以控制人体生理参数监测系统按照"背光模式"→"数据模式"→"通信模式"→"参数模式"的顺序在不同模式之间循环切换。

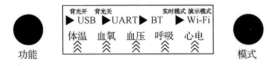

图 B-2　人体生理参数监测系统按键和显示界面

"背光模式"包括"背光开"和"背光关"，系统默认为"背光开"；"数据模式"包括"实时模式"和"演示模式"，系统默认为"演示模式"；"通信模式"包括 USB、UART、BT 和 Wi-Fi，系统默认为 USB；"参数模式"包括"五参""体温""血氧""血压""呼吸""心电"，系统默认为"五参"。

通过"功能"按键，切换到"背光模式"，然后通过"模式"按键切换人体生理参数监测系统显示屏背光的开启和关闭，如图 B-3 所示。

图 B-3　背光开启和关闭模式

通过"功能"按键，切换到"数据模式"，然后通过"模式"按键在"演示模式"和"实时模式"之间切换，如图 B-4 所示。在"演示模式"，人体生理参数监测系统不连接模拟器，也可以向主机发送人体生理参数模拟数据；在"实时模式"，人体生理参数监测系统需要连接模拟器，向主机发送模拟器的实时数据。

图 B-4　演示模式和实时模式

通过"功能"按键，切换到"通信模式"，然后通过"模式"按键在 USB、UART、BT 和 Wi-Fi 之间切换，如图 B-5 所示。在 USB 通信模式，人体生理参数监测系统通过 USB 连接线与主机平台进行通信，USB 连接线上的信号是 USB 信号；在 UART 通信模式，人体生理参数监测系统通过 USB 连接线与主机平台进行通信，USB 连接线上的信号是 UART 信号；在 BT 通信模式，人体生理参数监测系统通过蓝牙与主机平台进行通信；在 Wi-Fi 通信模式，人体生理参数监测系统通过 Wi-Fi 与主机平台进行通信。

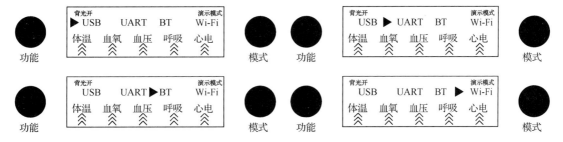

图 B-5　四种通信模式

通过"功能"按键，切换到"参数模式"，然后通过"模式"按键在"五参""体温""血氧""血压""呼吸""心电"之间切换，如图 B-6 所示。系统默认为"五参"模式，在这种模式，人体生理参数监测系统会将五个参数数据全部发送至主机平台；在"体温"模式，只发送体温数据；在"血氧"模式，只发送血氧数据；在"血压"模式，只发送血压数据；在"呼吸"模式，只发送呼吸数据；在"心电"模式，只发送心电数据。

图 B-7 是人体生理参数监测系统侧面视图。NBP 接口用于连接血压袖带；SPO2 接口用于连接血氧探头；TMP1 和 TMP2 接口用于连接两路体温探头；ECG/RESP 接口用于连接心电线缆；USB/UART 接口用于连接 USB 连接线；12V 接口用于连接 12V 电源适配器；拨动开关用于控制人体生理参数监测系统的电源开关。

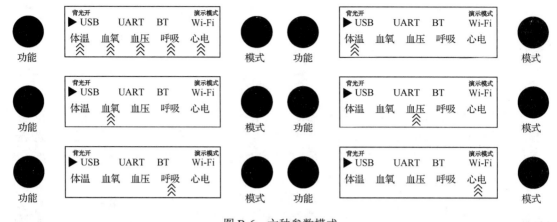

图 B-6　六种参数模式

图 B-7　人体生理参数监测系统侧面视图

附录 C 《VHDL 语言程序设计规范》
（LY-STD009—2019）简介

本规范是由深圳市乐育科技有限公司 2019 年发布的《VHDL 语言程序设计规范》，版本为 LY-STD009—2019。该规范详细介绍了 VHDL 语言的程序设计规范，包括排版、注释、命名、编码等；其内容还包括 VHDL 文件模板和 UCF 文件模板，并对这两个模板进行了详细说明。遵循代码书写规则和规范可以使程序更加规范和高效，对用户理解和维护代码起到至关重要的作用。

C.1 排版

（1）程序块采用缩进风格编写，缩进的空格数为 2 个。对于由开发工具自动生成的代码，可以存在不一致。

（2）须将 Tab 键设定为 2 个空格，以免用不同的编辑器阅读程序时出现因 Tab 键所设置的空格数目不同而造成的程序布局不整齐。对于由开发工具自动生成的代码，可以存在不一致。

（3）相对独立的模块之间及信号说明后，必须加空行。

例如：

```
component clk_gen_1hz is
port(
  clk_i   : in  std_logic;    --时钟输入，频率为50MHz
  rst_n_i : in  std_logic;    --复位输入，低电平有效
  clk_o   : out std_logic     --时钟输出，频率为1Hz
  );
end component;
--------------------------------空行隔开--------------------------------
signal curr_state : t_state;  --当前状态
signal next_state : t_state;  --下一状态
--------------------------------空行隔开--------------------------------
signal s_clk_1hz : std_logic; --1Hz 时钟信号
signal s_cnt     : std_logic_vector(1 downto 0);  --计数信号
```

（4）不允许把多个短语句写在一行中，即一行只写一条语句，但允许注释和 VHDL 语句在同一行上。

例如，

```
led1_o <= not s_cnt1; led2_o <= not s_cnt2;
```

应该写为：

```
led1_o <= not s_cnt1;
led2_o <= not s_cnt2;
```

（5）当两个以上的关键字、信号、参数进行对等操作时，它们之间的操作符之前、之后或前后要加空格。

例如：

```
signal s_cnt : std_logic_vector(3 downto 0);
s_cnt <= s_cnt + "0001";
```

C.2　注释

注释是源码程序中非常重要的一部分，通常情况下规定有效的注释量不得少于 20%。注释原则是有助于对程序的阅读理解，所以注释语言必须准确、简明扼要。注释不宜太多也不宜太少，内容要一目了然，意思要表达准确，避免有歧义。总之，该加注释的一定要加，不必要的注释就一定不加。

（1）边写代码边注释，修改代码的同时也要修改相应的注释，以保证注释与代码的一致性。不再有用的注释要删除。

（2）注释描述需要使用 "--"。

（3）注释的内容要清楚、明了，含义准确，防止注释二义性。避免在注释中使用缩写，特别是非常用的缩写。

（4）注释应考虑程序易读性及外观排版的因素，使用的语言若是中文、英文兼有的，建议多使用中文，除非能用非常流利准确的英文表达。注释描述需要对齐。

C.3　命名

标识符的命名要清晰、明了，有明确含义，同时使用完整的单词或大家基本可以理解的缩写，避免使人产生误解。

较短的单词可通过去掉 "元音" 字母形成缩写，较长的单词可取单词的头几个字母形成缩写；另外，一些单词有大家公认的缩写。建议按照表 C-1 所示的缩写方式命名。

表 C-1　命名缩写方式

全　称	缩　写	全　称	缩　写
clock	clk	count	cnt
reset	rst	request	req
clear	clr	control	ctrl
address	addr	arbiter	arb
data_in	din	pointer	ptr
data_out	dout	segment	seg
interrupt request	int_req	memory	mem
read enable	rd_en	register	reg
write enable	wr_en	valid	vld

1．复位和时钟输入命名

（1）全局异步复位输入信号命名为 rst_i/rst_n_i；多复位域则命名为 rst_xxx_i/rst_xxx_n_i，xxx 代表复位域含义缩写；同步复位输入信号命名为 srst_i/srst_n_i。

（2）时钟输入信号：单一时钟域命名为 clk_i；多时钟域命名为 clk_xxx_i，xxx 代表时钟域含义缩写。

2．文件和模块命名

一个模块为一个文件，且文件名与模块名要保持一致。文件和模块命名按照所有字母小写且两个单词之间用下画线连接的方式进行。

例如：

```
seg7_digital_led
receive_top
```

3．常量命名

VHDL 中的常量命名均按照所有字母大写且两个单词之间用下画线连接的方式进行。

例如：

```
SYS_CLOCK
RX_IDLE
RX_START
```

4．信号命名

VHDL 中的信号命名按照所有字母小写且两个单词之间用下画线连接的方式进行，并且要有 s_前缀，低电平有效的信号，应该以_n 结尾。

例如：

```
s_ram_addr
s_cs_n
```

5．例化模块命名

VHDL 中的例化模块命名按照所有字母小写且两个单词之间用下画线连接的方式进行，并且要有 u_前缀。

例如：

```
u_receiver
u_seg7_digital_led1
u_seg7_digital_led2
```

C.4　编码规范

1．RTL 级代码风格

RTL 指 Register Transfer Level，即寄存器传输级，代码显式定义每个 DFF，组合电路描述每个 DFF 之间的信号传输过程。当前的主流工具对 RTL 级的综合、优化及仿真技术非常成熟。

不建议采用行为级甚至更高级的语言来描述硬件，代码的可控性、可跟踪性及可移植性难以保证。

2．组合时序电路分开原则

```
curr_state =↑(next_state);
next_state = f1(inputs, curr_state);
outputs = f2(inputs, curr_state);
```

DFF 和组合逻辑描述分开，注意敏感列表的完备性、电路的对应性等问题。

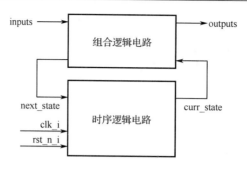

图 C-1　数字逻辑电路模型

例如，图 C-1 中的电路可以描述如下：

```
//时序电路部分，异步复位
process(clk_i, rst_n_i)
begin
  if(rst_n_i = '1') then
    curr_state <= ZERO;
  elsif(rising_edge(clk_i)) then
    curr_state <= next_state;
  end if;
end process;

//组合电路部分
next_state = f1(inputs, curr_state);
outputs = f2(inputs, curr_state);
```

3．复位

所有 DFF 必须加异步低电平/高电平有效复位信号，同步复位根据实际情况决定是否添加。

C.5　VHDL 文件模板

VHDL 文件模块由模块描述区、引用库区、实体声明区、结构体区组成。下面对各个模块举例说明。

1．模块描述区

```
---------------------------------------------------------------
-- 模块名称：code_demo.vhd
-- 模块摘要：代码样例
-- 当前版本：1.0.0
-- 模块作者：SZLY(COPYRIGHT 2018 - 2020 SZLY. All rights reserved.)
-- 完成日期：2019 年 01 月 01 日
-- 模块内容：
-- 注意事项：
---------------------------------------------------------------
-- 取代版本：
-- 模块作者：
-- 完成日期：
-- 修改内容：
-- 修改文件：
---------------------------------------------------------------
```

2．引用库区

```
------------------------------------------------------------------
--                              引用库
------------------------------------------------------------------
library ieee;
use ieee.std_logic_1164.all;
use ieee.std_logic_arith.all;
use ieee.std_logic_unsigned.all;
```

3．实体声明区

```
------------------------------------------------------------------
--                             实体声明
------------------------------------------------------------------
entity code_demo is
  port(
    clk_50mhz_i : in  std_logic; --时钟输入，50MHz
    rst_n_i     : in  std_logic; --复位输入，低电平有效

    led_o       : out std_logic_vector(3 downto 0) --LED 输出，4 位
    );
end code_demo;
```

4．结构体区

```
------------------------------------------------------------------
--                              结构体
------------------------------------------------------------------
architecture rtl of code_demo is

  constant LED3_ON : std_logic_vector(3 downto 0) := "0111";   --LED3 点亮
  constant LED2_ON : std_logic_vector(3 downto 0) := "1011";   --LED2 点亮
  constant LED1_ON : std_logic_vector(3 downto 0) := "1101";   --LED1 点亮
  constant LED0_ON : std_logic_vector(3 downto 0) := "1110";   --LED0 点亮
  constant LED_OFF : std_logic_vector(3 downto 0) := "1111";   --全部 LED 熄灭


  type t_state is (ZERO,    --状态 ZERO
                   ONE,     --状态 ONE
                   TWO,     --状态 TWO
                   THREE);  --状态 THREE

  --元件声明描述
  component clk_gen_1hz is
  port(
    clk_i   : in  std_logic;    --时钟输入，频率为 50MHz
    rst_n_i : in  std_logic;    --复位输入，低电平有效
    clk_o   : out std_logic     --时钟输出，频率为 1Hz
    );
  end component;

  signal curr_state : t_state;   --当前状态
  signal next_state : t_state;   --下一状态
```

```vhdl
  signal s_clk_1hz : std_logic; --1Hz 时钟信号
  signal s_cnt     : std_logic_vector(1 downto 0);  --计数信号

begin

  --元件实例化说明
  u_clk_gen_1hz : clk_gen_1hz
  port map(
    clk_i   => clk_50mhz_i,
    rst_n_i => rst_n_i,
    clk_o   => s_clk_1hz
    );

  --进程说明
  process(s_clk_1hz, rst_n_i)
  begin
    if(rst_n_i = '0') then
      curr_state <= ZERO;
    elsif(rising_edge(s_clk_1hz)) then
      curr_state <= next_state;
    end if;
  end process;

  --进程说明
  process(curr_state)
  begin
    case curr_state is
      when ZERO  =>
        s_cnt <= "00";
        next_state <= ONE;
      when ONE   =>
        s_cnt <= "01";
        next_state <= TWO;
      when TWO =>
        s_cnt <= "10";
        next_state <= THREE;
      when THREE  =>
        s_cnt <= "11";
        next_state <= ZERO;
    end case;
  end process;

  --进程说明
  process(s_cnt)
  begin
    case s_cnt is
      when "00"   => led_o <= LED3_ON;
      when "01"   => led_o <= LED2_ON;
      when "10"   => led_o <= LED1_ON;
      when "11"   => led_o <= LED0_ON;
      when others => led_o <= LED_OFF;
    end case;
```

```
end process;

end rtl;
```

C.6 UCF 文件模板

UCF 文件由模块描述区和引脚约束组成，样例如下：

```
#------------------------------------------------------------------------
#- 模块名称: code_demo.ucf
#- 模块摘要: 引脚约束代码样例
#- 当前版本: 1.0.0
#- 模块作者: SZLY(COPYRIGHT 2018 - 2020 SZLY. All rights reserved.)
#- 完成日期: 2019 年 01 月 01 日
#- 模块内容:
#- 注意事项:
#------------------------------------------------------------------------
#- 取代版本:
#- 模块作者:
#- 完成日期:
#- 修改内容:
#- 修改文件:
#------------------------------------------------------------------------

#时钟输入引脚约束
NET clk_50mhz_i LOC = T8  | IOSTANDARD = "LVCMOS33";
Net clk_50mhz_i TNM_NET = sys_clk;
TIMESPEC TS_sys_clk = PERIOD sys_clk 50MHz;

#复位输入引脚约束
NET rst_n_i    LOC = L3  | IOSTANDARD = "LVCMOS33";   #核心板上的 RESET 按键

#LED 输出引脚约束
NET led_o<0>   LOC = J11 | IOSTANDARD = "LVCMOS33";   #LED0
NET led_o<1>   LOC = M14 | IOSTANDARD = "LVCMOS33";   #LED1
NET led_o<2>   LOC = M15 | IOSTANDARD = "LVCMOS33";   #LED2
NET led_o<3>   LOC = M13 | IOSTANDARD = "LVCMOS33";   #LED3
```

附录 D ASCII 码表

ASCII 值	控制字符	ASCII 值	控制字符	ASCII 值	控制字符	ASCII 值	控制字符
0	NUL	32	(space)	64	@	96	`
1	SOH	33	!	65	A	97	a
2	STX	34	"	66	B	98	b
3	ETX	35	#	67	C	99	c
4	EOT	36	$	68	D	100	d
5	ENQ	37	%	69	E	101	e
6	ACK	38	&	70	F	102	f
7	BEL	39	'	71	G	103	g
8	BS	40	(	72	H	104	h
9	HT	41	)	73	I	105	i
10	LF	42	*	74	J	106	j
11	VT	43	+	75	K	107	k
12	FF	44	,	76	L	108	l
13	CR	45	-	77	M	109	m
14	SO	46	.	78	N	110	n
15	SI	47	/	79	O	111	o
16	DLE	48	0	80	P	112	p
17	DC1	49	1	81	Q	113	q
18	DC2	50	2	82	R	114	r
19	DC3	51	3	83	S	115	s
20	DC4	52	4	84	T	116	t
21	NAK	53	5	85	U	117	u
22	SYN	54	6	86	V	118	v
23	ETB	55	7	87	W	119	w
24	CAN	56	8	88	X	120	x
25	EM	57	9	89	Y	121	y
26	SUB	58	:	90	Z	122	z
27	ESC	59	;	91	[	123	{
28	FS	60	<	92	\	124		
29	GS	61	=	93	]	125	}
30	RS	62	>	94	^	126	~
31	US	63	?	95	_	127	DEL

参 考 文 献

[1] 夏宇闻，韩彬. Verilog 数字系统设计教程[M]. 北京：北京航空航天大学出版社，2017.

[2] 吴厚航，尤恺元，杨亮. Xilinx Artix-7 FPGA 快速入门、技巧及实例[M]. 北京：清华大学出版社，2019.

[3] 徐洋，黄智宇，李彦，等. 基于 Verilog HDL 的 FPGA 设计与工程应用[M]. 北京：人民邮电出版社，2009.

[4] 潘松，黄继业. EDA 技术实用教程——VHDL 版[M]. 北京：科学出版社，2018.

[5] 吴厚航. 边练边学——快速入门 Verilog/VHDL[M]. 北京：北京航空航天大学出版社，2017.

[6] 田耘，胡彬，徐文波. Xilinx ISE Design Suite 10.x FPGA 开发指南[M]. 北京：人民邮电出版社，2008.

[7] 袁玉卓，曾凯锋，梅雪松. FPGA 自学笔记-设计与验证[M]. 北京：北京航空航天大学出版社，2017.

[8] 佩德罗尼. VHDL 数字电路设计教程[M]. 乔庐峰，等，译. 北京：电子工业出版社，2013.

[9] 田耘，徐文波. Xilinx FPGA 开发实用教程[M]. 北京：清华大学出版社，2008.

[10] 吴厚航. 深入浅出玩转 FPGA[M]. 北京：北京航空航天大学出版社，2017.

[11] 刘军. 例说 STM32[M]. 北京：北京航空航天大学出版社，2011.

[12] 王春平，张晓华，赵翔. Xilinx 可编程逻辑器件设计与开发[M]. 北京：人民邮电出版社，2011.

[13] 王杰，王诚，谢龙汉. Xilinx FPGA/CPLD 设计手册[M]. 北京：人民邮电出版社，2011.

[14] 周立功. EDA 实验与实践[M]. 北京：北京航空航天大学出版社，2007.